# R과 Excel을 활용한 데이터 모델링

**오진호** 지음

자유아카데미

# 머리말

현대 사회에서 빅데이터(Big Data)는 21세기의 원유라고 비유할 정도의 소중한 자원 중 하나로 자리매김하고 있으며, 학계 · 기업 · 정부기관 등의 다양한 분야에서 그 중요성이 더욱 커지고 있다. 이에 따라 빅데이터로부터 주요 정보를 효과적으로 도출하고 분석하기 위한 기술과 인력 역시 매우 필요한 실정이다. 빅데이터는 숫자, 이미지, 영상, 문자, 위치정보 등 종류가 다양하다. 이렇게 다양한 종류의 시각화와 분석 방법 중 데이터 모델링(Data Modeling)은 빅데이터의 구조와 관계를 형식화하고 표현하는 프로세스로, 빅데이터가 표현하고자 하는 숨은 정보를 통계적 방법으로 도출하여 모델(model)로 표현하고 시각화하는 통계적 모델링과 유사하다고 할 수 있다.

예전에는 데이터를 처리하고 분석하는 통계분석가가 주목을 받는 시대였다면, 앞으로는 빅데이터를 수집 · 정리하고 통계적 방법으로 유의한 정보를 도출하여 이해하기 쉽게 시각화할 뿐만 아니라 더 나아가 데이터가 표현하고자 하는 숨은 정보를 찾아내는 데이터과학자(Data Scientist)가 주목받을 것이 분명하다. 데이터과학자는 통계 방법 중 하나인 데이터 모델링을 통해 데이터에서 숨은 패턴과 같은 정보, 지식을 넘어 지혜를 도출해낸다.

이에 필자는 통계학 지식과 엑셀, 그리고 통계프로그램인 R을 활용하여 데이터 모델링을 학습하고자 하는 독자들을 위해 본서를 집필하였다. 통계학은 빅데이터를 이해하고 분석하기 위한 필수적인 도구이며, 엑셀과 R은 빅데이터를 모델링하고 시각화하는 데 매우 효과적인 도구로 널리 사용되고 있다. 이 두 가지를 결합하여 활용하면 데이터 모델링에 대한 이해를 높이고, 실제로 데이터를 가공하고 분석하는 능력을 키울 수 있다.

본서의 전반부에서는 기초통계학 지식 및 빅데이터 분류와 속성에 대해 다루고, 후반부에서는 데이터 모델의 개념에 대해 공부한다. 더 세부적으로, 1장에서는 통계학의 3가지 주제와 빅데이터 정의, 종류, 요약, 그리고 데이터 모델(data model)과 모델링(modeling)의 차이를 소개한다. 2장에서는 빅데이터 시각화 방법과 오류 그리고 주의사항을 다루며, 3장에서는 데이터 모델링 결과를 통계적으로 해석하기 위한 표본분포, 추정, 가설검정 등과 같은 통계이론을 학습한다. 4장에서는 합리적인 정형 데이터 모델링 방법과 비정형 데이터의 대표적인 분석법인 텍스트마이닝(text mining)을 다루며, 5장에서는 비정형 데이터의 감성분석과 소셜 네트워크 분석을 공부한다. 6장에서는 다중선형회귀모형 및 변수 선택과 최적 모델링을 다루는 정형 데이터 최적 모델링을 학습하며, 끝으로 7장에서는 인공지능 평가와 데이터 분할, voting, bagging, boosting, stacking 등과 같은 앙상블 알고리즘과 같은 인공지능 빅데이터 모델링 R 프로그램을 다룬다.

좋은 책을 만들기 위해 최선을 다했지만 부족한 부분이 있을 수 있다. 이 점은 양해를 바라며 출간 후 나올 수 있는 수정사항 등은 자유아카데미 홈페이지(www.freeca.com) 자료실에 제공할 예정이니 참고하기를 바란다. 통계학과 더불어 데이터 모델링은 급변하는 21세기에 선도적인 역할을 담당할 이들에게 창의적 사고에 기초한 통계 리터러시(literacy) 배양에 필요한 선제적 전문지식이 될 것이다. 본서를 통해 이런 능력 배양에 조금이나마 도움이 되기를 기원한다.

2024년 2월

저자 씀

# 차 례

## 1장 통계학의 3가지 주제와 빅데이터


**1.1 통계학의 3가지 주제** 2

1. 통계학이란 2
2. 모집단과 표본 3
3. 자료의 요약 6
4. 자료의 변동 7
5. 중심위치와 변동 지표 9

**1.2 빅데이터 정의와 종류** 21

1. 빅데이터와 통계 21
2. 빅데이터 정의와 역사 22
3. 빅데이터 종류 25
4. 정형 데이터 28
5. 반정형 데이터 31
6. 빅데이터와 인공지능 시대 도래에 따른 비정형 데이터 33

**1.3 빅데이터 정리와 요약** 35

1. 정형 데이터 정리와 요약 35
2. 비정형 데이터 정리와 요약 39

**1.4 데이터모델과 모델링** 43

1. 데이터모델 43
2. 데이터모델링 45

## 2장 빅데이터 시각화


**2.1 시각화 방법** 50

1. 정형 데이터 시각화 50
2. 비정형 데이터 시각화 64

**2.2 시각화 오류** 70

1. 인식왜곡지수 70
2. 비율효과 72
3. 3D 차트의 왜곡 74

**2.3 시각화 주의사항** 75

1. y축과 범례 75
2. 계급간격 78
3. 내포비율 시각화 81
4. 시각적 도표 83


## 3장 기초 통계 이론


**3.1 확률변수와 표본분포** 86

1. 변수 86
2. 확률변수 87
3. 이산확률변수, 연속확률변수와 확률분포 88
4. 정규확률분포 93
5. 표준정규분포 97
6. 모집단분포와 표본분포 102
7. 표본평균분포와 중심극한정리 104
8. 표본비율분포와 중심극한정리 107

**3.2 통계적 추정** 110

1. 추정 문제 110

2. 점추정과 구간추정 111
3. 모평균의 구간추정 113
4. 모비율의 구간추정 122

3.3 통계적 가설검정 124
1. 가설검정 문제 125
2. 기각역과 검정통계량 131
3. 가설검정 절차 134

4장 모델링과 텍스트마이닝

4.1 합리적인 모델링 146
1. 두 변수 관계 146
2. 합리적인 관계 직선과 예측 151
3. 평균점을 지난다 154
4. 적합 직선과 $y$축과의 거리 155
5. 최소제곱법에 의한 회귀직선 156
6. 회귀직선 설명력 160
7. 회귀계수($\beta_0$과 $\beta_1$) 추정과 검정 164
8. 최적단순회귀모형 도출 절차 167
9. 엑셀의 '데이터분석' 기능을 활용한 회귀분석 169
10. KESS를 활용한 회귀분석 172

4.2 텍스트마이닝 175
1. 두 가지 가설 175
2. 토큰화와 축약 177
3. 대소문자 변환과 정규표현식 178
4. 어간 추출과 원형 복원 178
5. 내용어 강조와 불용어 삭제 179
6. R 프로그램을 활용한 텍스트마이닝과 워드클라우드 180

# 5장 감성분석과 소셜 네트워크 분석


**5.1 감성분석** 188

1. 감성점수 188
2. R 프로그램을 활용한 감성분석 191
3. Excel을 활용한 감성분석 195

**5.2 소셜 네트워크 분석** 198

1. 네트워크 지표 198
2. 소셜 네트워크 분석 201
3. 소셜 네트워크 시각화 205


# 6장 정형 데이터 최적 모델링


**6.1 다중선형회귀모형** 212

1. 독립변수가 2개 이상 212
2. 독립변수 확장 경우에 고려할 문제 213
3. 선형관계 216

**6.2 변수선택과 최적 모델링** 217

1. 변수선택 217
2. 변수선택 방법 218
3. 변수선택 기준 221
4. 최적 모델링 223

**6.3 Body fat 자료의 분석** 223

1. 모든 가능한 회귀 225
2. 전진선택법 227
3. 후진제거법 228
4. 단계별 회귀 230

5. 최적회귀방정식 도출 231
6. 최적회귀방정식 활용 235

7장 인공지능 빅데이터 모델링

7.1 인공지능 평가와 데이터 분할 238
1. 인공지능 평가 238
2. 데이터 분할 242

7.2 앙상블 알고리즘 244
1. 앙상블이란? 244
2. Voting 246
3. Bagging 247
4. Random Forest 248
5. Boosting 249
6. Stacking 252
7. 앙상블의 한계 254

7.3 R을 활용한 앙상블 모델링 255
1. Bagging 255
2. Boosting 257
3. Random Forest 259
4. Stacking 261

참고문헌 269
부록 275
찾아보기 277

1장

# 통계학의 3가지 주제와 빅데이터


**1.1** 통계학의 3가지 주제
**1.2** 빅데이터 정의와 종류
**1.3** 빅데이터 정리와 요약
**1.4** 데이터모델과 모델링

# 1 통계학의 3가지 주제

## 1. 통계학이란

통계는 '사회의 창'이라는 말이 있다. 사회의 변모는 통계로 나타나며, 미래 불확실성(uncertainty)이 존재하지만 앞으로 일어날 일을 예상할 수 있는 아주 객관적인 자료이다. 통계법 제 3조에는 통계란 통계작성기관이 정부 정책의 수립 · 평가 또는 경제 · 사회현상의 연구 · 분석 등에 활용할 목적으로 산업 · 물가 · 인구 · 주택 · 문화 · 환경 등 특정의 집단이나 대상 등에 대하여 직접 또는 다른 기관이나 법인 또는 단체 등에 위임 · 위탁하여 작성하는 수량적 정보로 통계를 정의하고 있다.

네이버 사전에서 통계학(Statistics)은 사회 현상을 통계에 의하여 관찰 및 연구하는 학문이자 수학의 한 분야로 명명하고 있다. 이처럼 통계학은 자연, 사회, 경제 현상 등 여러 분야에서 얻어지는 자료와 같이 국가와 사회에서 필요한 정보를 과학적이고 체계적으로 정리하여 현재 사회, 국가에 필요한 정보들을 통계적으로 관찰하고 과학적으로 분석하여 이를 바탕으로 미래를 예측하는 수단을 제공하는 학문이다. 다시 말해 통계학은 사회, 국가, 그 외 모든 단체 집단에서 정보와 데이터를 다루고, 정리하고, 분석하여 그 정보에 관한 결과를 제공하고 의사를 결정하는 데 도움을 준다. 즉, 통계학은 자료 수집을 설계하고, 수집된 자료를 정리하고 분석하여 새로운 지식을 도출하는 학문이다.

통계학인 'Statistics'의 어원은 국가를 뜻하는 State와 학문이라는 접미사 ics가 결합한 형태로 이는 이탈리아어인 statista라는 국가에서부터 유래 되었다. 다시 말해 국가를 위하고 운영해 나가는 데 필요한 학문이라는 뜻을 내포하는 것이다.

통계학은 크게 기술통계학(descriptive statistics)과 추측통계학(inferential statistics) 두 부류로 분류된다. 기술통계학은 자료의 정리나 표나 그래프, 평균, 분산(평균에서 자료가 어느 정도 흩어져 있는가) 등 자료의 분포를 살펴보기 위해 수치적인 값으로 요약하는 방법을 연구하는 분야이고, 추측통계학은 관심의 대상이 되는 연구 문제의 전체 집합인 모집단(population)으로부터 추출한 일부 자료(표본, sample)들을 이용하여 모집단의 특성을 추론하고 연구하는 분야이다.

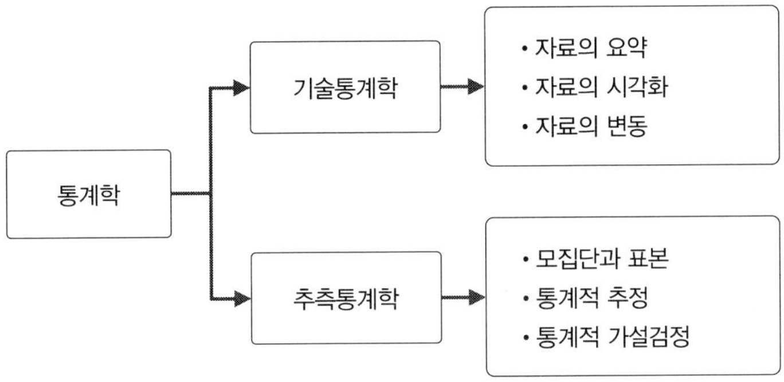


**그림 1.1** 통계학 부류와 주요 주제

최근에는 컴퓨터 기술의 발달로 빅데이터의 신속한 처리가 가능해짐에 따라 통계학의 역할이 점진적으로 확대되고 있다. 다음 절에서는 이런 통계학의 3가지 중요한 주제 분야를 소개한다. 3가지는 모집단(population)과 표본(sample), 자료의 요약(summary)과 변동(variation)이다. 이 개념들은 통계학의 기술통계학과 추측통계학 분야에서 중요한 비중을 차지한다.

## 2. 모집단과 표본

모집단이란 관심 연구의 대상이 되는 모든 관측값 또는 측정값의 집합을 의미하며, 표본은 모집단의 부분집합으로 과학적인 방법에 의해 모집단으로부터 추출한 관측값 또는 측정값의 집합을 의미한다.

모집단 전체를 조사하는 것은 시간과 비용이 만만치 않으므로 현실적으로 어려움이 많지만, 국가적인 차원에서 정부 기관(통계청) 주도하에 대통령선거, 경제총조사 등과 같은 조사를 수행한다. 이처럼 모집단 전체를 조사하는 것을 전수조사(census)라고 하고, 모집단에서 일부를 선출한 자료를 이용하여 모집단의 모습을 살피는 조사를 표본조사(sampling survey)라고 한다. 선거철이 다가오면 단골로 등장하는 여론조사(opinion survey), 기업체 신상품을 출시할 때 고객 반응도를 알아보는 시장조사(market research, marketing survey)가 표본조사의 대표적인 예이다.

모집단과 표본에 관한 중요 용어로 모수(parameter)와 통계량(statistic)이 있다. 모수는 모집단의 특성을 나타내는 수치로 모평균, 모분산, 모비율, 모표준편차, 그리고 모집단의 자료 수는 $N$으로 표기한다. 통계량은 표본의 특성을 나타내는 수치로, 이를 표본통계량이라고도 한다. 표본평균, 표본분산, 표본표준편차, 표본비율, 표본의 자료 수는 $n$으로 나타낸다.

통계분석과정에서 모집단과 표본의 관계를 살펴보면, 관심 연구주제에 대해 모집단을 설정한 후, 모집단을 잘 반영하는 표본을 표본추출과정으로 선출하여 표본 데이터인 표본통계량으로 모집단의 특성인 모수에 대한 추론과 예측을 한다. 이러한 추정과정이 합리적이면 '모수가 분포, 특성의 관점에서 이렇다.'라고 오차와 함께 연구 결과를 제시한다. 추가로 통계적 타당성과 재현성을 검증하기 위해 새로운 표본을 수집하게 된다. 수집 후 다시 통계분석과정을 실시한다.

모집단의 모수와 표본의 통계량은 항상 같을 수가 없다. 다만 표본의 수 $n$이 모집단 $N$에 가까우면 표본의 통계량이 모집단의 모수와 일치하게 된다. 하지만 시간과 비용의 제약으로 표본의 수를 모집단 크기만큼 뽑아 조사하지는 않는다. 그 이유는 골고루 잘 섞인 모집단의 세계에서 추출한 표본의 통계량은 모집단의 모수를 닮는다는 이론적 근거 때문이다.

예를 들어보자. <그림 1.2>는 한국인이 즐겨 먹는 설렁탕이다. 이 음식을 제조하는 과정에서 맛을 볼 때 어떤 행동으로 맛을 보는가? 누구나 국자나 숟가락을 이용하여 골고루 저어서 한 국자, 한 숟가락 떠서 맛을 보고, 맛을 내기 위해 조미료를 첨가한다.

이러한 행위는 '골고루 저은 후 한 숟가락 떠서 맛본 것'을 '설렁탕 그릇 전체의 맛'으로 판단한다는 것이다. 그릇 전체의 국 맛을 알기 위해 전체를 다 먹어볼 필요는 없다. 골고루 저어서 한 숟가락, 한 숟가락 맛보는 과정으로 누구나 전체를 알 수 있다.

그리고 우리는 앞의 과정을 통해 설렁탕 그릇 전체의 맛이 '이럴 것이다.'라고 추정한다. 여기서 문제는 '과연 정확할 수 있을까?'이다. 그릇 전체의 맛은 모집단의 맛이고, 한 국자 또는 한 숟가락 떠서 맛보는 과정은 표본추출이고, 이런 표본추출과정으로 국자나

**그림 1.2** 국과 국의 맛을 보는 과정

숟가락에 있는 국은 표본이 된다. 그런데 이 표본들의 맛이 정확하게 같을 수도 있고 다를 수도 있다. 따라서 여러 번 과정을 거쳐 전체 맛을 가늠해야 한다.

모집단의 모수와 표본의 통계량을 표현한다면, 한 숟가락(표본)의 맛(통계량)은 전체(모집단)의 맛(모수)과 정확히 같지는 않지만 이런 과정은 반복(샘플링)하면 전체 맛(모수)을 닮아가는 습성이 있다. 즉, 오차가 줄어든다. 즉, 샘플링 과정을 거치면 모수와 통계량은 차이가 발생하며, 이를 표본오차(sampling error)라고 한다.

정리하면 <그림 1.2>는 모집단의 모수(참값)는 정확히 알 수 없지만, 어느 정도의 '수준, 정도일 것인가?'를 짐작(추정)하는 방법을 보여준다. 즉, 여러 번의 샘플링으로 뽑힌 표본(통계량)으로 모집단을 추정하는 것이며, 이런 과정에서 표본의 통계량은 모집단의 모수와는 같거나 같지 않을 수도 있다는 것이다. 그런데 샘플링 과정을 반복하면 모수와 유사해지는 습성이 있다.

그렇다면 표본의 통계량을 어떤 방식으로 표현할까? 대표적인 방법으로 점추정과 구간추정이 있다. 점추정은 모수가 이렇다고 단언하는 추정방식이고 이에 반해 구간추정은 모수가 어떤 범위에 포함될 것이라는 형태, '(하한, 상한)'으로 표현하는 추정방식이다. 이들에 대해서는 3장의 통계적 추정에서 상세히 다루도록 한다.

## 3. 자료의 요약

통계학에서 주요 작업 중의 하나가 자료가 나타내는 정보를 추출하는 것이다. 정보의 추출 가운데 자료의 분포 파악이 중요하다. 자료의 분포는 자료가 어떤 형태를 보이고 어떤 양상을 나타내는지를 알아보는 것이다. 정형 데이터가 질적 데이터이면 범주별 빈도 분포를 양적 데이터이면 중심이 어디이고 중심에서 어떻게 흩어져 있는가를 2가짓수로 요약하거나 시각화로 자료가 요약된다. 만약 자료가 시계열(time series) 형태라면 자료 추이를 살펴볼 수 있다.

차원의 저주(Curse of Dimensionality; 고차원 공간(High dimensional Space)에서 데이터를 분석하고 요약할 때 발생하는 다양한 현상)라는 말이 있지만, 대체로 빅데이터를 시각적(2D, 3D, 회전(rotation)으로 표현하면, 우리는 데이터가 알리고자 하는 정보와 지식을 도출할 수 있다.

<그림 1.3>은 고차원 자료를 2차원으로 자료를 축소하여 살펴보는 것이다. 그림에서도 나타나 있듯이 고차원 자료는 2차원으로 다양한 각도(왼쪽, 오른쪽, 위쪽)에서 살필 때 다양한 상이한 분포 양상을 보인다. 이처럼 고차원 자료를 축소하여 살펴보면 다양한 자료 분포 파악이 가능하다.

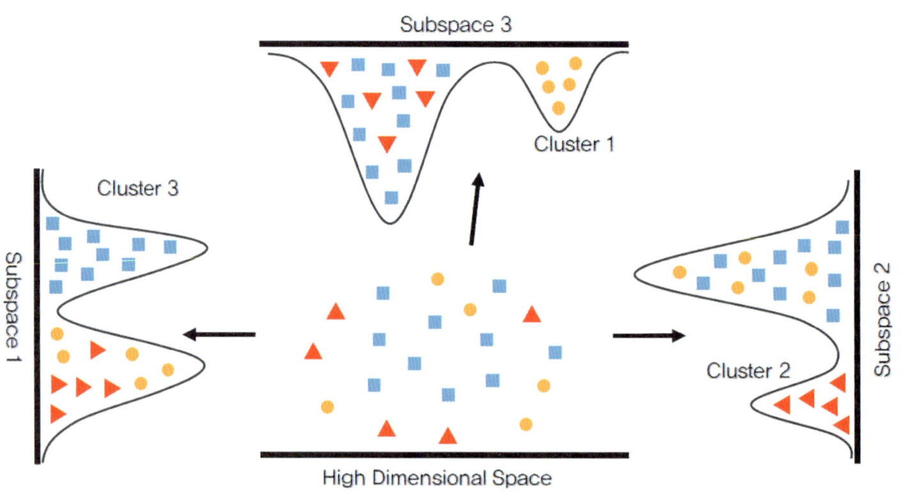


**그림 1.3** 고차원에서 차원축소

우리 실생활 세계는 3차원이다. 이를 능가하는 차원에서는 해석은 쉽지 않으므로 2D, 3D로 차원을 축소하여 요약한 자료를 통해 자료 분포를 파악한다. 이런 관점에서 통계학에서 주요 연구주제는 고차원 자료를 '어떻게 줄이느냐'의 차원축소(Dimensionality reduction)이다. 차원 축소의 통계기법은 무수히 많다. 이는 본 교재의 수준을 넘어가므로 기법의 이름만 소개하자면, 주성분분석(principal component analysis), 선형판별분석(linear discriminant analysis), 능형회귀(ridge analysis), 군집화(clustering), 서포터 벡터 머신(support vector machine) 등이 있다.

## 4. 자료의 변동

자료 분포 파악은 자료의 중심이 어디이고, 그 중심에서 자료들이 얼마나 흩어져 있는가이다. 여기서 중심에서 흩어진 정도를 이해하기 위해 네 선수의 양궁 과녁 결과를 확장한 <그림 1.4>를 살펴보자.

이 결과를 토대로 국가대표 선수 2명을 선발해야 하는 국가대표 감독은 어떻게 선수를 선발해야 할까? 이 과녁 결과는 감독에게 최종 2명을 선발하는 데 중요한 정보를 제공한다. 1번부터 4번 선수까지 과녁 결과를 보면 1번, 4번 선수는 쉽게 판단을 내릴 수 있다. 문제는 2번과 3번 선수이다. 전체 점수는 2번 선수가 우월하지만 3번 선수는 2번 선수와는 다르게 과녁 군(cluster)을 형성하고 있다. 과녁 군이란 꽂힌 과녁이 흩어져 있지 않고 7개의 과녁이 모여 있다는 것이다. 이는 변동(variation)으로 설명이 가능한데, 2번 선수는 3번 선수보다 평균 점수는 높지만, 7발 양궁 과녁은 변동이 심한 것을 알 수 있다. 따라서 국가대표 감독은 최종적으로 1, 3, 2, 4번 선수 순으로 순위를 결정하고 최종적으로 1, 3번 선수를 선발한다. 참고로 양궁 국가대표 선발 과정에서 이 방법을 적용한 사례가 있다고 한다. 그 이유는 3번 선수는 자세만 교정하면 2번 선수보다 1번 선수와 같은 결과를 낼 가능성이 크기 때문이라고 설명한다. 이처럼 자료의 변동은 통계학에서 흥미로운 주제 중 하나이다.

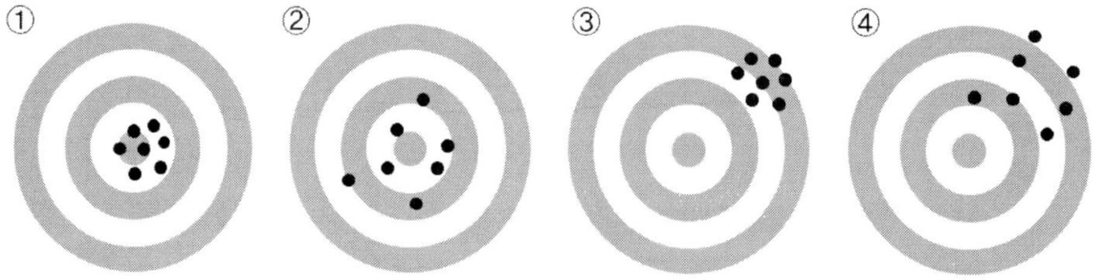


**그림 1.4** 네 선수의 양궁 과녁 결과

추가로 <그림 1.4>를 정확성(accuracy)과 정밀성(precision) 개념으로도 설명할 수 있다. 정확성은 양궁 과녁 10점에 7개 화살이 가까이 위치할 때를 의미한다. 정밀성은 7개 화살이 과녁 군을 이룰 때를 의미한다. 예를 들어, 비싼 정밀기계(precision machinery)라고 표현할 때는 모든 부품과 기계조립들이 정밀하게 있을 곳에 위치하여 기계 작동에 고장이 없고, 올바르게 측정되는 것을 말한다. 즉, 정밀도가 높고 오차의 범위가 극히 작은 기계를 말하며, 현미경, 시계, 측정기, 카메라 등은 높은 정밀도를 요구되는 기기이다.

이제 이 두 개념으로 네 선수를 비교해 보자. <표 1.1>처럼 1번 선수와 4번 선수는 매우 상대적인 결과이다. 2번 선수는 3번 선수보다 정확성이 좋으나 정밀성이 떨어지고, 3번 선수는 2번 선수보다 정확성은 떨어지지만 1번 선수처럼 정밀성이 좋다. 따라서 3번 선수는 자세 교정과 호흡 조절 등으로 1번 선수처럼 될 가능성이 2번 선수보다는 높다.

**표 1.1** 양궁 과녁의 정확성과 정밀성 비교

| | 1번 선수 | 2번 선수 | 3번 선수 | 4번 선수 |
|---|---|---|---|---|
| 정확성 | 높음 | 높음 | 낮음 | 매우 낮음 |
| 정밀성 | 좋음 | 안 좋음 | 좋음 | 매우 안 좋음 |

다음 절에서는 중심위치 지표인 평균, 중앙값, 최빈값, 최솟값, 최댓값과 변동 지표인 편차, 분산, 표준편차, 사분위수 범위 등을 소개한다.

## 5. 중심위치와 변동 지표[1]

### (1) 중심위치 지표

우리는 평소에 시험 평균 점수, 평균 학점, 평균 임금 소득, 3년간 평균 실업률 등 평균을 다양하게 사용하고 있다. 평균은 하나의 수치로 자료 분포의 중심위치를 나타내는 측도로 통계학에서는 대푯값(representative value)이라고 한다. 이처럼 자료 분포의 중심은 하나의 대푯값으로 표시할 수 있다.

통계학에서 많이 사용되는 대표적인 대푯값은 평균(mean), 중앙값(median), 최빈값(mode)이 있다.

먼저, 평균은 주어진 자료나 표본에 속한 모든 관측값의 개수를 $n$이라 하고, 각 자료들을 $x_1, x_2, \dots, x_n$으로 나타낸다면 이들 자료를 대표할 수 있는 산술평균(arithmetic mean)[2]은 다음과 같이 정의한다.

$$\text{모평균} = \sum_{i=1}^{N} \frac{x_i}{N} = \mu, \qquad \text{표본산술평균} = \frac{\text{자료의 합}}{\text{자료 개수}} = \sum_{i=1}^{n} \frac{x_i}{n} = \overline{x}$$

흔히 산술평균은 평균으로 사용되고 있다. 산술평균 이외에 주로 사용되는 평균은 기하평균과 조화평균, 절사평균이 있다.

기하평균(geometric mean)은 현실적으로는 시간에 따라 비율적으로 변화하는 값을 도출하기 위한 대푯값이다. 기하라는 용어는 인구론으로 유명한 맬서스(Thomas Robert Malthus)가 식량은 '산술급수'적으로 증가하고, 인구는 '기하급수'적으로 증가한다는 표현에서 '기하급수'는 지수(로그)라는 의미이다. 이처럼 기하라는 용어에서 이미 곱셈의 의미가 포함되어 있다. 기하평균은 다음과 같이 정의하며, 시간 변화에 따른 연평균 성장률, 인구성장률, 경제성장률, 실업률 등을 도출할 때 자주 사용된다.

$$\text{기하평균} = (\text{자료의 곱})^{(1/\text{자료개수})} = (x_1 \times x_2 \times \cdots \times x_n)^{(1/n)}$$

---

1 오진호(2022), 「기초통계학과 데이터 사이언스」의 2장 1절을 참고했음을 밝힌다.

2 모집단과 표본에 따른 평균은 모평균($\mu$), 표본평균($\overline{x}$)으로 구분하여 표기한다.

조화평균(harmonic mean)은 $n$개의 양수 관측값 자료에 대해 그 역수들을 산술평균한 것의 역수이다. 예를 들어, 두 지점 A, B를 갈 때는 a km/h의 속도로, 올 때는 b km/h의 속도로 왕복했다면 이 사람의 평균속력은 a와 b의 조화평균에 해당된다. 또는 100 m를 3회 뛴 속력이 a, b, c일 때, 평균속력은 조화평균으로 구해진다. 또 다른 예로, 각자에게 주어진 같은 양의 식량을 철수는 20일, 영희는 25일, 진호는 40일이면 모두 소비한다고 하자. 그러면 주어진 식량을 모두 모은 후 철수, 영희, 진호가 같이 소비한다면 식량이 모두 소비되기까지 얼마나 걸릴까를 구하는 문제에서는 산술평균으로 답을 구하면 틀린 답이 된다. 이유는 셋의 하루 소비량이 서로 다르기 때문이다. 이런 문제에서는 대푯값으로 조화평균이 적합하다. 이처럼 조화평균은 시간 비율의 속도 평균 또는 서로 다른 일일 변화에 따른 전체 대푯값을 고려할 때 자주 활용된다. 조화평균은 다음과 같이 정의한다.

$$\text{조화평균} = \text{자료 개수}/\text{자료역수의 합} = \frac{n}{1/x_1 + 1/x_2 + \cdots + 1/x_n}$$

<표 1.2>는 지금까지 소개한 3가지의 평균과 활용 분야를 정리한 것이다.

**표 1.2** 3가지 평균과 활용 분야

| 평균 | 활용 분야 |
|---|---|
| 산술평균 | 시험 점수 평균, 평균 학점, 평균 소득 |
| 기하평균 | 연평균 인구성장률, 연평균 경제성장률, 연평균 실업률, 연평균 성장률 |
| 조화평균 | 일별 소비량에 따른 전체 대푯값, 평균속력 |

그런데 수집된 관측값 중에서 특이하게 큰 값이나 작은 값이 존재할 때 산술평균으로 대푯값을 제시하면 올바른 중심위치를 표현하지 못하는 경우가 많다. 예를 들어 H아파트 A동 전체의 월 소득을 조사해 보자. A동은 20층 2개 호수로 구성되어 총 40가구가 표본으로 선정되어 가구당 소득을 조사한 결과 <표 1.3>과 같은 자료가 얻어졌다고 하자.

**표 1.3** H아파트 A동 2개 호수 월 소득 (단위: 만 원)

| 층 | 호수 | | 층 | 호수 | |
|---|---|---|---|---|---|
| | 1 | 2 | | 1 | 2 |
| 1 | 350 | 350 | 11 | 600 | 650 |
| 2 | 450 | 450 | 12 | 700 | 720 |
| 3 | 400 | 400 | 13 | 680 | 700 |
| 4 | 450 | 450 | 14 | 550 | 530 |
| 5 | 550 | 520 | 15 | 500 | 500 |
| 6 | 500 | 500 | 16 | 500 | 500 |
| 7 | 650 | 650 | 17 | 450 | 450 |
| 8 | 550 | 510 | 18 | 530 | 510 |
| 9 | 500 | 500 | 19 | 500 | 500 |
| 10 | 5000 | 7500 | 20 | 450 | 450 |

위 표의 자료를 산술평균으로 도출하면 805만 원이다. 805만 원은 40가구의 가구당 소득을 대표한다고 보기에는 무리가 많다. 그 이유는 10층의 2개 호수를 제외하고는 대부분 가구당 소득이 350~700에 있기 때문이다. 805만 원으로 대푯값으로 산출된 이유는 10층 2개 호수의 가구 월 소득의 영향을 받아 높은 평균으로 산출되었기 때문이다. 이 두 월 소득은 다른 층의 월 소득과는 차원이 다른 상당히 높은 금액이다. 통계학에서는 이런 데이터를 이상치(outlier) 또는 영향치(influential observations)라고 분류한다. 산술평균은 이러한 값들에 매우 민감하고 영향을 많이 받아 합리적이지 못한 높은 값을 대푯값으로 제시하는 단점이 있다. 이러한 단점을 보완하기 위한 대푯값으로는 절사평균(trimmed mean), 중앙값(median), 최빈값(mode)이 있다.

절사평균은 자료에 속한 모든 관측값을 크기순으로 정렬한 후, 가장 작은 값과 큰 값을 동일한 개수로 제거한 후, 남은 관측값에 대한 산술평균이다. 올림픽 체조나, 피겨스케이팅의 경우 점수를 부여하는 심사위원의 최저, 최고 득점을 제외하고 경연 점수를 도출하는 것과 동일하다. 절사평균은 관측값 중에서 10%, 20% 절사평균은 전체 관측값 개수 $n$개에서 $n \times 0.1$, $n \times 0.2$ 만큼 크기로 정렬된 관측값 양쪽에서 제거하여 산술평균을 구하면 된다. 예를 들어, $n = 20$이라면 $20 \times 0.1 = 2$, $20 \times 0.2 = 4$를 제거한 남은 관측값 16개, 12개만으로 산술평균 방식을 적용한다. 산술평균은 $\bar{x}$로 표기하였지만 10%, 20%

절사평균은 $\bar{x}_{tr(10)}$, $\bar{x}_{tr(20)}$으로 나타낸다.

중앙값(median)은 중위수라고도 하는데, 모든 관측값을 크기순으로 정렬한 후 가운데 위치한 관측값이다. 이상치와 영향값은 가장 작거나 큰 값이므로 정렬한 후의 위치는 앞이나 맨 끝에 위치하는 속성이 있으므로 가장 가운데 위치한 값은 이들 값에 민감하지 않은 강건한(robust) 대푯값이 된다. 중앙값을 도출할 때 주의사항은 관측값이 짝수인 경우와 홀수인 경우를 구분하는 것이다. 관측값이 홀수인 경우는 중앙에 위치하는 값이 존재하지만, 짝수인 경우에는 존재하지 않으므로 가운데 위치한 두 인접값의 평균값이 된다. 산술평균은 $\bar{x}$이지만, 중앙값은 다음과 같이 자료에 따라 2가지로 표기한다.

$$
\text{중앙값} = \begin{cases} x_{[(n+1)/2]} & : n\text{이 홀수} \\ \dfrac{x_{[n/2]} + x_{[n/2+1]}}{2} & : n\text{이 짝수} \end{cases}
$$

여기서 $x_{[n]}$은 $n$개 관측값 $x_1, x_2, \dots, x_n$을 크기순(오름차순)으로 정렬하였을 때 그 결과를 $x_{[1]}, x_{[2]}, \dots, x_{[n]}$으로 나타내는 표기이다. 따라서 최솟값(min)은 $x_{[1]}$, 최댓값(max)은 $x_{[n]}$이다.

예를 들어, $n = 20$이면, 짝수이므로 중앙값은 10번째와 11번째 관측값의 평균이고, $n = 21$이면, 홀수이므로 중앙값은 11번째 관측값이다.

최빈값(mode)은 관측값이 가장 많이 몰려 있는 위치의 값을 의미하고 가장 많은 도수를 나타내는 관측값이다. 흔히 집단 대표를 선출할 때, 다 득표를 한 후보자가 선출되는 논리와 동일하다.

<표 1.4>처럼 관측값이 자료 1과 2가 있다고 하자. 자료 2는 1과 다르게 큰 영향 값이 포함된 자료이다. 이들 자료에 대해 산술평균, 절사평균, 중앙값, 최빈값을 구해보자.

**표 1.4** 이상값 여부에 따른 자료

| 자료1 | 2 | 3 | 3 | 5 | 2 | 4 | 3 | 2 | 3 | 4 |
|---|---|---|---|---|---|---|---|---|---|---|
| 자료2 | 2 | 3 | 3 | 5 | 1 | 7 | 1000 | 3 | 2 | 5 |

위의 관측값을 정렬하고 4가지 지표를 구하면 다음과 같다.

**표 1.5** 〈표 1.4〉 자료의 오름차순 정렬과 다양한 대푯값

| 자료1 | 2 | 2 | 2 | 3 | 3 | 3 | 3 | 4 | 4 | 5 |
|---|---|---|---|---|---|---|---|---|---|---|
| 자료2 | 1 | 2 | 2 | 3 | 3 | 3 | 5 | 5 | 7 | 1000 |

| | 산술평균($\bar{x}$) | 절사평균($\bar{x}_{tr(10)}$) | 중앙값($(x_{[5]}+x_{[6]})/2$) | 최빈값 |
|---|---|---|---|---|
| 자료1 | 3.1 | 3.0 | 3.0 | 3 |
| 자료2 | 103.1 | 3.0 | 3.0 | 3 |

자료 1은 2에 비해 이상치가 존재하지 않아 4가지 대푯값이 유사한 값으로 나타나지만, 자료 2는 1000의 이상치가 포함되어 자료 2의 대푯값으로 산술평균은 매우 민감하게 변하는 것을 보여준다. 하지만 절사평균, 중앙값은 자료 1의 대푯값과 같거나 유사한 수준을 보인다. 참고로 자료 2의 최빈값은 3 관측값이 가장 큰 도수를 나타내는 것으로 파악되어 3이 최빈값이 된다.

### (2) 변동 지표

앞 절에서는 관측값이 주어질 때 이들의 중심위치를 대변하는 대푯값 지표들의 개념과 산출법을 학습하였다. 1장에서도 언급했지만 자료의 축약은 2가짓수 요약이 핵심이다. 즉, 대푯값 주변으로 어느 정도 흩어져 있는가를 살펴보는 것은 매우 중요하다.

변동의 세 가지 사례를 살펴보자. 첫째, 각각 5개의 표본을 선출한 자료 1 (−5, −4, 0, 4, 5)과 자료 2 (−2, −1, 0, 1, 2)가 있다고 하자. 이들의 평균은 0으로 동일하다. 하지만 평균이 동일하여 두 자료의 분포가 비슷하다고 결론지으면 안 된다. 반드시 자료 분포는 중심위치 평균에서 얼마나 흩어져 있는가를 살펴보는 것이 중요하다. 참고로, 자료 1, 2의 분산은 20.5와 2.5이다. 즉, 자료 2가 평균 근처에 자료가 모여 있으나, 자료 1은 자료 2보다 평균에서 많이 떨어져 흩어져 있음을 알 수 있다.

둘째, 통계학을 수강하는 40명 정원의 2개 반 (A, B반)에 대해 중간고사를 치른 경우 평균이 동일하다고 하자. 평균이 유사하여 A, B반 학생들의 통계학 점수 분포가 비슷하

다고 할 수 있을까? 이는 마치 전쟁을 준비하는 사단급 장군이 군대를 이동시킬 때, 참모진에게 강의 평균수심이 1.5 m임을 보고 받고 '강을 도하 하라'는 위험한(?) 결정을 내리는 것과 동일하다. 평균수심이 1.5 m라고 해도 강의 바닥은 동일하게 1.5 m가 아닐 가능성이 매우 크다. 이런 사실은 유치원생도 안다. <그림 1.5>와 같이 강바닥은 굴곡이 심한 경우가 대부분이다.

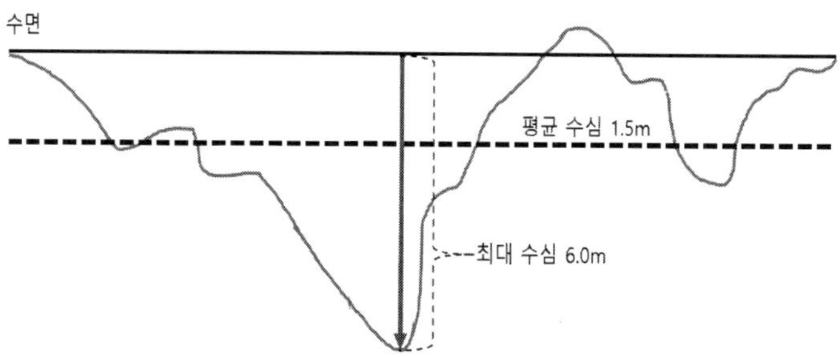


**그림 1.5** 강의 평균수심과 최대수심

셋째, 생물학 유전 측면에서 키 큰 부모에게서는 주로 키 큰 자녀들이 출생할 가능성이 크나 절대적으로 자녀 모두 키가 크지는 않다. 골튼 경(Sir Francis Galton, 1822~1911)에 따르면 약 64% 정도가 유전되고, 나머지 37%는 출생코호트 평균키에 회귀한다고 한다.

그러므로 자료의 분포를 올바르게 파악하기 위해서는 중심위치 지표뿐만 아니라 흩어짐의 정도(산포, dispersion)를 나타내는 수치적 지표도 필요하다. 산포는 편차(deviation) 개념에서 시작한다. 편차란 관측값의 무게 중심 사이의 거리로 정의하고, 산술평균에서 각 관측값의 거리($d_i = x_i - \overline{x}$)를 의미한다. 그런데 $n$개의 관측값 $x_1, x_2, \dots, x_n$에서 산술평균의 거리를 모두 합하면 0이 되는 성질이 있어서 관측값의 산포를 나타내는 지표로는 이용할 수 없다. 따라서 산포를 나타내는 지표로 범위, 분산, 표준편차, 사분위수 범위, 변동계수 등을 이용한다.

범위(range)는 $n$개의 관측값 $x_1, x_2, \dots, x_n$ 중에서 가장 작은 값인 최솟값과 가장 큰 값이 최댓값 간의 차이이다. 따라서 범위는 $R = \max - \min = x_{[n]} - x_{[1]}$로 정의한다. 하지만 범위값은 최댓값과 최솟값 두 값만으로 정의하기 때문에 이들 값 사이의 관측값이 균일하게 분포되어 있거나, 평균값 중심으로 대칭의 분포를 갖는지 또는 한쪽으로 치우쳤는지 등의 흩어져 있는 분포를 전혀 알 수 없는 단점이 있다.

분산(variance)은 편차의 합이 0이 되는 경우를 보완하는 지표로 관측값의 편차에 평균 개념을 적용한 것이다. 편차는 중심위치에서 각 관측값은 중심위치와 같고, 크고, 작은 경우가 있다. 이들 편차를 산출하면 0, +, − 경우 세 가지 경우가 있다. 0을 제외한 +, −에 대해 편차를 거리의 개념을 적용하기 위해서는 +, − 경우를 모두 나타낼 수 있는 제곱 개념이 필요하다. 이들 제곱한 값에 평균 개념을 도입한 것이 분산[3]이고 공식은 다음과 같다.

$$\text{분산} = \frac{(\text{편차 제곱의 합})}{n} = \frac{\sum_{i=1}^{n}(x_i - \overline{x})^2}{n} = \text{편차 제곱의 합의 평균}$$

$$\text{모분산} = \sigma^2 = \frac{\sum_{i=1}^{N}(x_i - \mu)^2}{N} = \frac{\sum_{i=1}^{N}x_i^2 - N\mu^2}{N} = \frac{\sum_{i=1}^{N}x_i^2 - (\sum_{i=1}^{N}x_i)^2/N}{N}$$

$$\text{표본분산} = s^2 = \frac{\sum_{i=1}^{n}(x_i - \overline{x})^2}{n-1} = \frac{\sum_{i=1}^{n}x_i^2 - n\overline{x^2}}{n-1} = \frac{\sum x_i^2 - (\sum_{i=1}^{n}x_i)^2/n}{n-1}$$

분산 개념을 더 확실히 이해하기 위해 초등학교에서 배운 수직선(직선을 이루는 각각의 점에 실수를 대응시켜 놓은 것, number line) 위에 <그림 1.6>과 같이 2개의 관측값 -3, 3이 위치한다고 가정해 보자.

---

3 모집단과 표본에 따른 분산은 모분산($\sigma^2$), 표본분산($s^2$) 구분하여 표기한다. 모평균과 표본평균은 분모가 동일하게 관측값 전체이지만, 분산의 경우는 차이가 있다. 모분산의 분모는 관측값 전체인 $N$이지만 표본분산의 분모는 $n$개의 표본에서 하나를 제외한 $n-1$이다. 이는 자유도(degree of freedom)의 개념으로 설명한다. 자유도란 표본 안에서 자유롭게 변할 수 있는 관측값의 개수를 의미한다. 예를 들어 표본 안의 5개의 관측값의 평균이 10이라고 할 때, 다섯 개의 관측값의 평균이 10이 되려면 표본 안에서 자유롭게 변할 수 있는 관측값의 개수는 4개이다. 즉 4개의 관측값을 임으로 10, 5, 5, 10을 결정했다고 한다면, 다섯 번째는 반드시 20이 되어야 한다. 즉, 표본 안의 4개의 관측값을 결정하면 마지막 다섯 번째의 관측값은 자동으로 결정된다. 이런 의미에서 자유도는 $n-1$인 4가 된다.

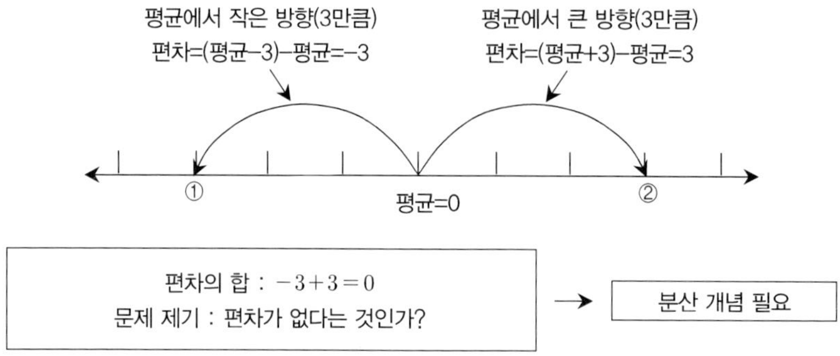


$$\text{분산} = \frac{(\text{평균}-3)^2+(\text{평균}+3)^2}{2} = 9, \qquad \text{표준편차} = \sqrt{9} = 3$$

**그림 1.6** 수직선에 위치한 3과 −3

수직선 위에 놓인 두 관측값(①: −3, ②: 3)의 분산을 계산해 보자. 수직선 위의 두 관측값의 평균은 0이고, 편차는 각각 3과 −3이다. 편차의 합은 0이다. 3, −3의 편차들이 중심에서 흩어짐의 정도로 나타내려면 세곱($(3-0)^2=9; (-3-0)^2=9$)을 적용한다. 다음으로 이들 거리에 대한 산술평균 개념을 적용하기 위해 산술평균을 적용하면 $(9+9)/2=9$가 된다. 수직선 위의 두 관측값 -3과 3은 9의 분산을 나타내고 있으므로, 중심위치에서 9의 수준으로 중심에서 흩어져 있다고 본다.

여기서 한 가지 의문점이 생기는데, 9라는 수치는 거리의 개념이지만 <그림 1.6>처럼 중심위치에서 떨어진 3과는 별개의 수치이다. 이럴 때 두 관측값이 평균으로부터 공통으로 떨어진 표준거리 개념이 요구되는데, 이는 분산의 양의 제곱근으로 나타낼 수 있다. 이를 표준편차라고 정의한다. 따라서 분산과 표준편차는 다음과 같은 관계가 있다.

$$\text{표준편차} = \sqrt{\text{분산}},$$
$$\text{모표준편차} = \sqrt{\sigma^2} = \sigma,\ \text{표본분산} = \sqrt{s^2} = s.$$

관측값의 흩어짐 정도를 나타내는 마지막 지표로 사분위수범위(IQR; inter quartile range)가 있다. 사분위수범위를 소개하기 전에 백분위수(percentile)와 사분위수(quartile)의 개념을 선행적으로 알아보자.

$p$가 $0 < p < 1$에서 값을 취할 때, $100 \times p$백분위수는 $n$개 관측값을 오름차순으로 정

렬하여 그 값보다 작거나 같은 값의 개수가 $np$이상이고, 그 값보다 크거나 같은 값의 개수가 $n(1-p)$개 이상이 되는 곳에 위치한 관측값을 의미한다. 예를 들어, $n = 100$일 경우 $p$가 0.30인 $100 \times 0.30$ 백분위수는 100개 관측값 중에서 30번째 위치한 값을 의미한다. 통계학에서는 백분위수를 $P_{25,} P_{30,} P_{50,} P_{75}$ 등으로 표현한다. 특히, $p$가 0.25, 0.50, 0.75, 1.00인 경우에는 $100 \times 0.25$, $100 \times 0.50$, $100 \times 0.75$, $100 \times 1.00$으로 표기하고 25번째 위치값($Q_1 = P_{25}$), 50번째 위치값($Q_2 = P_{50}$), 75번째 위치값($Q_3 = P_{75}$), 100번째 위치값(최댓값, $Q_4 = P_{100}$)을 관측값 전체를 4등분하여, 그 위치하는 값을 사분위수로 정의한다.

다음 <표 1.6>은 백분위수와 사분위수의 관계를 보여준다.

**표 1.6** 백분위수와 사분위수 관계

$$Q_1 = \text{제 1사분위수} = P_{25} = \text{제 25백분위수}$$
$$Q_2 = \text{제 2사분위수} = P_{50} = \text{제 50백분위수} = \text{중앙값}(median)$$
$$Q_3 = \text{제 3사분위수} = P_{75} = \text{제 75백분위수}$$
$$Q_4 = \text{제 4사분위수} = P_{100} = \text{제 100백분위수}$$

사분위수범위(Inter quartile range, IQR)는 제 3사분위수($Q_3$)에서 제 1사분위수($Q_1$)를 뺀 값으로서 $IQR = Q_3 - Q_1$로 정의한다. 범위는 최댓값과 최솟값 차이로 이상값에 민감하지만 사분위수 범위는 관측값의 50%를 이용한 범위로 이상치에 민감하지 않은 수치적 측도이다.

<그림 1.7>은 자료의 수가 짝수와 홀수일 때 사분위수와 사분위수 범위를 계산하는 방법을 보여준다. 먼저 자료가 짝수($n = 10$)일 경우, 중앙값은 5번째와 6번째 자료값의 평균이고, 1사분위는 $10 \times 0.25 = 2.5$, 중앙값과 최솟값의 중앙에 위치한 3번째 위치값이 1사분위가 된다. 3사분위는 $10 \times 0.75 = 7.5$, 중앙값과 최대값의 중앙에 위치한 8번째 위치값이 3사분위가 된다. 그리고 사분위수 범위 $IQR = Q_3 - Q_1 = 8^{th} - 3^{th}$이 된다.

다음으로 자료가 홀수($n = 11$)일 경우, 중앙값은 6번째 자료값이고, 1사분위는 $11 \times 0.25 = 2.75$, 중앙값과 최솟값의 중앙에 위치한 세 번째, 네 번째 위치값의 중앙값

(A)이 1사분위수가 된다. 3사분위수는 $11 \times 0.75 = 8.25$, 중앙값은 8번째, 아홉 번째 위치 값의 중앙값(B)이 3사분위수가 된다. 그리고 사분위수 범위 $IQR = Q_3 - Q_1 = A - B$이 된다.

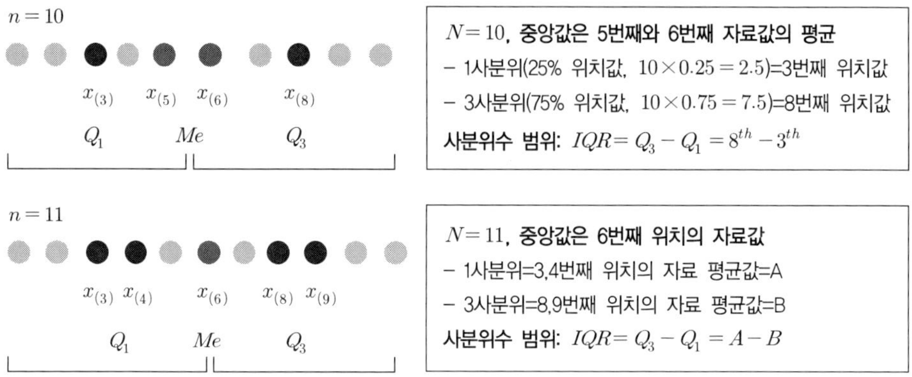


**그림 1.7** 자료 개수에 따른 사분위수와 사분위수 범위

지금까지 소개한 백분위수와 사분위수는 어디에 자주 활용될까? 예를 들어, 소아과 의사들은 출생 유아의 성장 발육 정도를 살펴 정상성장 여부에 대해 조언한다. 이때 참고하는 자료가 출생 아이들의 성장 발육 분위수이다. 즉, 백분위수와 사분위수로 살펴 아이의 건강을 체크한다. 특히, 소아과 의사들은 영양과 관련된 유아의 신체 성장의 장기적 지표는 신장이며, 체중은 단기적 지표로서 기능을 한다고 한다. 영아기는 신체 성장이 급격히 이루어지는 시기이고 골격, 근육, 신체조직의 성장에서도 급격한 변화를 겪는데 이로 인해 영양적 요구량과 식습관의 변화가 요구된다. 질병관리청 국민건강영향조사에서 2017년 소아청소년성장도표[4]에 따르면 유아, 청소년기의 성장 발육의 표준치를 제공하고 있다.

<표 1.7>은 남아의 0~48개월 동안 유아성장 백분위수와 사분위수를 보여준다. 예를 들어, 30개월 유아 신장과 체중을 측정한 결과, 신장은 상위 $75^{th} \sim 90^{th}$ 분위수에 위치하

4 https://knhanes.kdca.go.kr/knhanes/sub08/sub08_02.do

고 있지만 체중은 하위 $10^{th} \sim 25^{th}$ 분위수에 위치한다면, 유아는 상당히 마른 유아이므로 육식 위주의 식단으로 변경해야 한다. 반대로 동일 개월 유아가 신장은 하위 $10^{th} \sim 25^{th}$ 분위수에 위치하고, 체중은 상위 $75^{th} \sim 90^{th}$ 분위수에 위치한다면, 살이 찌고 뚱뚱한 유아이므로 채식과 운동을 겸하여 체중조절이 필요함을 알 수 있다. 이처럼 백분위수와 사분위수는 측정값의 위치에 따라 중요한 정보를 제공한다.

지금까지 $n$개의 관측값의 중심위치와 중심에서 흩어짐 정도인 산포 개념을 학습하였다. 중심위치는 관측값의 중심을 나타내는 대푯값, 산포는 대푯값에서 어느 정도 떨어져 있는지의 정도를 나타내는 수치적 측도이다. 이들 수치적 측도들은 각기 서로 장단점이 존재하고 이상치가 존재할 경우 민감하게 반응하는 것과 그렇지 않은 것이 있다.

통계학에서 관측값의 분포를 알아보기 위한 2가짓수 요약을 소개하였는데, 이상치가 존재하는 경우에는 대푯값은 이상치에 민감한 산술평균보다는 절사평균, 중앙값, 최빈값으로, 산포는 범위보다는 사분위수범위가 합리적인 대푯값과 산포 측도이다. 더불어 관측값의 단위가 다를 경우 자료의 흩어짐 정도를 알아보기 위해서는 변동계수가 올바른 산포 측도라는 것을 알아야 한다.

<그림 1.8>은 이상치를 포함하고 있는 자료인 경우에 올바른 중심위치, 변동 지표를 보여주고 있다. 이상치가 포함된 자료에서는 산술평균과 범위, 분산, 표준편차는 이상치에 민감한 지표이고 합리적인 위치와 변동을 제공하지 못한다. 이에 반해 절사평균, 중앙값, 최빈값, 사분위수범위(IQR)는 이상치에 둔감한(robust) 중심위치와 변동 지표이다.

**표 1.7** 0~48개월 소아성장 백분위수와 사분위수

| 성별 | 만나이 (개월) | 신장(cm) 백분위수 | | | | | | | | | 성별 | 만나이 (개월) | 체중(kg) 백분위수 | | | | | | | | |
|---|---|---|---|---|---|---|---|---|---|---|---|---|---|---|---|---|---|---|---|---|---|
| | | 1st | 10th | 15th | 25th | 50th | 75th | 85th | 90th | 99th | | | 1st | 10th | 15th | 25th | 50th | 75th | 85th | 90th | 99th |
| 1 | 0 | 45.5 | 47.5 | 47.9 | 48.6 | 49.9 | 51.2 | 51.8 | 52.3 | 54.3 | 1 | 0 | 2.3 | 2.8 | 2.9 | 3.0 | 3.3 | 3.7 | 3.9 | 4.0 | 4.6 |
| 1 | 1 | 50.2 | 52.2 | 52.7 | 53.4 | 54.7 | 56.0 | 56.7 | 57.2 | 59.3 | 1 | 1 | 3.2 | 3.8 | 3.9 | 4.1 | 4.5 | 4.9 | 5.1 | 5.3 | 6.0 |
| 1 | 2 | 53.8 | 55.9 | 56.4 | 57.1 | 58.4 | 59.8 | 60.5 | 61.0 | 63.1 | 1 | 2 | 4.1 | 4.7 | 4.9 | 5.1 | 5.6 | 6.0 | 6.3 | 6.5 | 7.4 |
| 1 | 3 | 56.7 | 58.8 | 59.3 | 60.1 | 61.4 | 62.8 | 63.5 | 64.0 | 66.2 | 1 | 3 | 4.8 | 5.5 | 5.6 | 5.9 | 6.4 | 6.9 | 7.2 | 7.4 | 8.3 |
| 1 | 4 | 59.0 | 61.2 | 61.7 | 62.5 | 63.9 | 65.3 | 66.0 | 66.6 | 68.7 | 1 | 4 | 5.4 | 6.0 | 6.2 | 6.5 | 7.0 | 7.6 | 7.9 | 8.1 | 9.1 |
| 1 | 5 | 61.0 | 63.2 | 63.7 | 64.5 | 65.9 | 67.3 | 68.1 | 68.6 | 70.8 | 1 | 5 | 5.8 | 6.5 | 6.7 | 7.0 | 7.5 | 8.1 | 8.4 | 8.6 | 9.7 |
| 1 | 6 | 62.6 | 64.9 | 65.4 | 66.2 | 67.6 | 69.1 | 69.8 | 70.4 | 72.6 | 1 | 6 | 6.1 | 6.9 | 7.1 | 7.4 | 7.9 | 8.5 | 8.9 | 9.1 | 10.2 |
| 1 | 7 | 64.1 | 66.4 | 66.9 | 67.7 | 69.2 | 70.6 | 71.4 | 71.9 | 74.2 | 1 | 7 | 6.4 | 7.2 | 7.4 | 7.7 | 8.3 | 8.9 | 9.3 | 9.5 | 10.7 |
| 1 | 8 | 65.5 | 67.8 | 68.3 | 69.1 | 70.6 | 72.1 | 72.9 | 73.4 | 75.7 | 1 | 8 | 6.7 | 7.5 | 7.7 | 8.0 | 8.6 | 9.3 | 9.6 | 9.9 | 11.1 |
| 1 | 9 | 66.8 | 69.1 | 69.6 | 70.5 | 72.0 | 73.5 | 74.3 | 74.8 | 77.2 | 1 | 9 | 6.9 | 7.7 | 7.9 | 8.3 | 8.9 | 9.6 | 10.0 | 10.2 | 11.4 |
| 1 | 10 | 68.0 | 70.4 | 70.9 | 71.7 | 73.3 | 74.8 | 75.6 | 76.2 | 78.6 | 1 | 10 | 7.1 | 8.0 | 8.2 | 8.5 | 9.2 | 9.9 | 10.3 | 10.5 | 11.8 |
| 1 | 11 | 69.1 | 71.6 | 72.1 | 73.0 | 74.5 | 76.1 | 77.0 | 77.5 | 80.0 | 1 | 11 | 7.3 | 8.2 | 8.4 | 8.7 | 9.4 | 10.1 | 10.5 | 10.8 | 12.1 |
| 1 | 12 | 70.2 | 72.7 | 73.3 | 74.1 | 75.7 | 77.4 | 78.2 | 78.8 | 81.3 | 1 | 12 | 7.5 | 8.4 | 8.6 | 9.0 | 9.6 | 10.4 | 10.8 | 11.1 | 12.4 |
| 1 | 13 | 71.3 | 73.8 | 74.4 | 75.3 | 76.9 | 78.6 | 79.4 | 80.0 | 82.6 | 1 | 13 | 7.6 | 8.6 | 8.8 | 9.2 | 9.9 | 10.6 | 11.1 | 11.4 | 12.7 |
| 1 | 14 | 72.3 | 74.9 | 75.5 | 76.4 | 78.0 | 79.7 | 80.6 | 81.2 | 83.8 | 1 | 14 | 7.8 | 8.8 | 9.0 | 9.4 | 10.1 | 10.9 | 11.3 | 11.6 | 13.0 |
| 1 | 15 | 73.3 | 75.9 | 76.5 | 77.4 | 79.1 | 80.9 | 81.8 | 82.4 | 85.0 | 1 | 15 | 8.0 | 9.0 | 9.2 | 9.6 | 10.3 | 11.1 | 11.6 | 11.9 | 13.3 |
| 1 | 16 | 74.2 | 76.9 | 77.5 | 78.5 | 80.2 | 82.0 | 82.9 | 83.5 | 86.2 | 1 | 16 | 8.1 | 9.1 | 9.4 | 9.8 | 10.5 | 11.3 | 11.8 | 12.1 | 13.6 |
| 1 | 17 | 75.1 | 77.9 | 78.5 | 79.5 | 81.2 | 83.0 | 84.0 | 84.6 | 87.4 | 1 | 17 | 8.3 | 9.3 | 9.6 | 10.0 | 10.7 | 11.6 | 12.0 | 12.4 | 13.9 |
| 1 | 18 | 76.0 | 78.8 | 79.5 | 80.4 | 82.3 | 84.1 | 85.1 | 85.7 | 88.5 | 1 | 18 | 8.4 | 9.5 | 9.7 | 10.1 | 10.9 | 11.8 | 12.3 | 12.6 | 14.2 |
| 1 | 19 | 76.8 | 79.7 | 80.4 | 81.4 | 83.2 | 85.1 | 86.1 | 86.8 | 89.7 | 1 | 19 | 8.6 | 9.7 | 9.9 | 10.3 | 11.1 | 12.0 | 12.5 | 12.9 | 14.4 |
| 1 | 20 | 77.7 | 80.6 | 81.3 | 82.3 | 84.2 | 86.1 | 87.1 | 87.8 | 90.7 | 1 | 20 | 8.7 | 9.8 | 10.1 | 10.5 | 11.3 | 12.2 | 12.7 | 13.1 | 14.7 |
| 1 | 21 | 78.4 | 81.5 | 82.2 | 83.2 | 85.1 | 87.1 | 88.1 | 88.8 | 91.8 | 1 | 21 | 8.9 | 10.0 | 10.3 | 10.7 | 11.5 | 12.5 | 13.0 | 13.3 | 15.0 |
| 1 | 22 | 79.2 | 82.3 | 83.0 | 84.1 | 86.0 | 88.0 | 89.1 | 89.8 | 92.9 | 1 | 22 | 9.0 | 10.2 | 10.5 | 10.9 | 11.8 | 12.7 | 13.2 | 13.6 | 15.3 |
| 1 | 23 | 80.0 | 83.1 | 83.8 | 84.9 | 86.9 | 89.0 | 90.0 | 90.8 | 93.9 | 1 | 23 | 9.2 | 10.3 | 10.6 | 11.1 | 12.0 | 12.9 | 13.4 | 13.8 | 15.6 |
| 1 | 24 | 80.0 | 83.2 | 83.9 | 85.1 | 87.1 | 89.2 | 90.3 | 91.0 | 94.2 | 1 | 24 | 9.3 | 10.5 | 10.8 | 11.3 | 12.2 | 13.1 | 13.7 | 14.1 | 15.9 |
| 1 | 25 | 80.7 | 84.0 | 84.7 | 85.9 | 88.0 | 90.1 | 91.2 | 92.0 | 95.2 | 1 | 25 | 9.5 | 10.7 | 11.0 | 11.4 | 12.4 | 13.3 | 13.9 | 14.3 | 16.1 |
| 1 | 26 | 81.4 | 84.7 | 85.5 | 86.7 | 88.8 | 90.9 | 92.1 | 92.9 | 96.2 | 1 | 26 | 9.6 | 10.8 | 11.1 | 11.6 | 12.5 | 13.6 | 14.1 | 14.6 | 16.4 |
| 1 | 27 | 82.1 | 85.5 | 86.3 | 87.4 | 89.6 | 91.8 | 93.0 | 93.8 | 97.1 | 1 | 27 | 9.7 | 11.0 | 11.3 | 11.8 | 12.7 | 13.8 | 14.4 | 14.8 | 16.7 |
| 1 | 28 | 82.8 | 86.2 | 87.0 | 88.2 | 90.4 | 92.6 | 93.8 | 94.6 | 98.1 | 1 | 28 | 9.9 | 11.1 | 11.5 | 12.0 | 12.9 | 14.0 | 14.6 | 15.0 | 17.0 |
| 1 | 29 | 83.4 | 86.9 | 87.7 | 88.9 | 91.2 | 93.4 | 94.7 | 95.5 | 99.0 | 1 | 29 | 10.0 | 11.3 | 11.6 | 12.1 | 13.1 | 14.2 | 14.8 | 15.2 | 17.3 |
| 1 | 30 | 84.0 | 87.6 | 88.4 | 89.6 | 91.9 | 94.2 | 95.5 | 96.3 | 99.9 | 1 | 30 | 10.1 | 11.4 | 11.8 | 12.3 | 13.3 | 14.4 | 15.0 | 15.5 | 17.5 |
| 1 | 31 | 84.6 | 88.2 | 89.1 | 90.3 | 92.7 | 95.0 | 96.2 | 97.1 | 100.7 | 1 | 31 | 10.3 | 11.6 | 11.9 | 12.4 | 13.5 | 14.6 | 15.2 | 15.7 | 17.8 |
| 1 | 32 | 85.2 | 88.9 | 89.7 | 91.0 | 93.4 | 95.7 | 97.0 | 97.9 | 101.5 | 1 | 32 | 10.4 | 11.7 | 12.1 | 12.6 | 13.7 | 14.8 | 15.5 | 15.9 | 18.0 |
| 1 | 33 | 85.8 | 89.5 | 90.4 | 91.7 | 94.1 | 96.5 | 97.8 | 98.6 | 102.4 | 1 | 33 | 10.5 | 11.9 | 12.2 | 12.8 | 13.8 | 15.0 | 15.7 | 16.1 | 18.3 |
| 1 | 34 | 86.4 | 90.1 | 91.0 | 92.3 | 94.8 | 97.2 | 98.5 | 99.4 | 103.2 | 1 | 34 | 10.6 | 12.0 | 12.4 | 12.9 | 14.0 | 15.2 | 15.9 | 16.3 | 18.6 |
| 1 | 35 | 86.9 | 90.7 | 91.6 | 93.0 | 95.4 | 97.9 | 99.2 | 100.1 | 103.9 | 1 | 35 | 10.7 | 12.2 | 12.5 | 13.1 | 14.2 | 15.4 | 16.1 | 16.6 | 18.8 |
| 1 | 36 | 88.3 | 91.8 | 92.6 | 93.9 | 96.5 | 99.2 | 100.7 | 101.8 | 106.5 | 1 | 36 | 11.7 | 13.0 | 13.3 | 13.8 | 14.7 | 15.7 | 16.3 | 16.7 | 18.4 |
| 1 | 37 | 88.7 | 92.3 | 93.2 | 94.5 | 97.0 | 99.8 | 101.3 | 102.3 | 107.1 | 1 | 37 | 11.9 | 13.2 | 13.5 | 14.0 | 14.9 | 15.9 | 16.5 | 16.9 | 18.7 |
| 1 | 38 | 89.2 | 92.8 | 93.7 | 95.0 | 97.6 | 100.3 | 101.8 | 102.9 | 107.6 | 1 | 38 | 12.0 | 13.3 | 13.6 | 14.1 | 15.1 | 16.1 | 16.7 | 17.1 | 19.0 |
| 1 | 39 | 89.7 | 93.3 | 94.2 | 95.5 | 98.1 | 100.9 | 102.4 | 103.5 | 108.2 | 1 | 39 | 12.1 | 13.4 | 13.8 | 14.3 | 15.3 | 16.3 | 16.9 | 17.4 | 19.4 |
| 1 | 40 | 90.2 | 93.8 | 94.7 | 96.1 | 98.7 | 101.4 | 103.0 | 104.0 | 108.7 | 1 | 40 | 12.2 | 13.6 | 13.9 | 14.4 | 15.4 | 16.5 | 17.2 | 17.6 | 19.7 |
| 1 | 41 | 90.6 | 94.3 | 95.3 | 96.6 | 99.2 | 102.0 | 103.5 | 104.6 | 109.3 | 1 | 41 | 12.4 | 13.7 | 14.0 | 14.6 | 15.6 | 16.7 | 17.4 | 17.8 | 20.0 |
| 1 | 42 | 91.1 | 94.9 | 95.8 | 97.1 | 99.8 | 102.6 | 104.1 | 105.1 | 109.8 | 1 | 42 | 12.5 | 13.8 | 14.2 | 14.7 | 15.8 | 16.9 | 17.6 | 18.1 | 20.3 |
| 1 | 43 | 91.6 | 95.4 | 96.3 | 97.7 | 100.3 | 103.1 | 104.6 | 105.7 | 110.4 | 1 | 43 | 12.6 | 14.0 | 14.3 | 14.9 | 16.0 | 17.1 | 17.8 | 18.3 | 20.6 |
| 1 | 44 | 92.1 | 95.9 | 96.8 | 98.2 | 100.9 | 103.7 | 105.2 | 106.3 | 111.0 | 1 | 44 | 12.7 | 14.1 | 14.5 | 15.0 | 16.1 | 17.3 | 18.0 | 18.5 | 20.9 |
| 1 | 45 | 92.5 | 96.4 | 97.3 | 98.7 | 101.4 | 104.2 | 105.8 | 106.8 | 111.5 | 1 | 45 | 12.9 | 14.3 | 14.6 | 15.2 | 16.3 | 17.5 | 18.3 | 18.8 | 21.2 |
| 1 | 46 | 93.0 | 96.9 | 97.9 | 99.3 | 102.0 | 104.8 | 106.3 | 107.4 | 112.1 | 1 | 46 | 13.0 | 14.4 | 14.8 | 15.3 | 16.5 | 17.7 | 18.5 | 19.0 | 21.5 |
| 1 | 47 | 93.5 | 97.4 | 98.4 | 99.8 | 102.5 | 105.3 | 106.9 | 108.0 | 112.6 | 1 | 47 | 13.1 | 14.5 | 14.9 | 15.5 | 16.7 | 17.9 | 18.7 | 19.2 | 21.8 |
| 1 | 48 | 94.0 | 97.9 | 98.9 | 100.3 | 103.1 | 105.9 | 107.5 | 108.5 | 113.2 | 1 | 48 | 13.2 | 14.7 | 15.1 | 15.6 | 16.8 | 18.1 | 18.9 | 19.5 | 22.2 |

자료: 질병관리청, 국민건강영향조사-2017년 소아청소년성장도표 일부분

| 자료 1 | 2 | 3 | 3 | 5 | 2 | 4 | 3 | 2 | 3 | 4 |
|---|---|---|---|---|---|---|---|---|---|---|
| 자료 2 | 2 | 3 | 3 | 5 | 1 | 7 | 1000 | 3 | 2 | 5 |

⇩

| 구분 | 중심위치 | | | | 산포 또는 변동 | | | |
|---|---|---|---|---|---|---|---|---|
| | 산술평균 | 절사평균 $\bar{x}_{tr(10)}$ | 중앙값 $(x_{[5]}+x_{[6]})/2$ | 최빈값 | 범위 | 분산 | 표준편차 | 사분위수범위 |
| 자료 1 | 3.1 | 3.0 | 3.0 | 3.0 | 3.0 | 0.98 | 0.99 | 1.5 |
| 자료 2 | 103.1 | 3.0 | 3.0 | 3.0 | 999.0 | 99315.43 | 315.14 | 2.75 |

이상치 출현에 로버스트한 중심위치 지표

이상치 출현에 로버스트한 산포(변동) 지표

**이상치에 둔감한 중심위치, 산포 지표를 제시해야 한다.**

**그림 1.8** 이상치 포함 자료인 경우에 올바른 중심위치, 변동 지표

# 2 빅데이터 정의와 종류

## 1. 빅데이터와 통계

자료는 영어로 데이터(data)이다. 우리는 세상에 관심 있는 대상이나 연구가 있으면, 이들과 관련된 자료를 수집한다. 일반적인 자료는 다양한 방법으로 수집한 숫자들의 모임이다.

흔히 자료와 통계(statistics)를 같은 부류로 취급하는 경우가 있지만, 이 둘 사이에는 엄연한 차이가 있다. 통계는 우리 사회의 변모를 파악할 수 있으며, 미래 불확실성(uncertainty)도 있지만 앞으로 일어날 일을 예상할 수 있는 아주 객관적인 자료이기도 하다. 네이버 사전에서도 통계학(Statistics)의 정의를 사회 현상을 통계에 의하여 관찰, 연구하는 학문이며 수학의 한 분야라고 명명하고 있다. 이런 의미에서 통계는 사회의 창이며, 앞으로의 발전 방향을 나타내는 나침반이라고도 한다.

데이터기술(Data Technology, DT)이란 데이터의 측정, 수집, 축적 기술에서부터 시작하여, 데이터의 전송, 분석 및 해석 능력, 데이터로부터 정보와 지식을 창출하는 기술, 통계적 모델링 기술, 미래를 예측하는 기술 등을 다루는 전반적인 과학기술적 방법론을 말한다(박성현, 2010). 21세기 지식사회, 정보화 사회, 가상공간 사회 등 다양하게 묘사되는데, 이들 사회에서는 창의적 지식 창출이 국가경쟁력의 원천이라고 할 수 있다. 박성현(2003, 2010)에서는 지식, 더 나아가 지혜의 창출 과정을 제시하고 있다. 이러한 창출 과정은 우리 주변의 편의(bias) 없는 정확한 사실(현상, fact)을 파악하기 위해 관심 있는 주제를 측정한 자료가 필요하며 이를 분석해 정보를 얻는다. 이 정보들을 여러 가지 행태로 가공하여 필요한 지식(knowledge)을 얻고, 이 지식들을 통해 지혜(wisdom)를 도출한다. 이러한 과정들은 사실(fact) → 자료(data) → 정보(information) → 지식(knowledge) → 지혜(Wisdom)로 표현되며, 정보, 지식 과정에서 DT가 실력을 발휘한다.

자료는 사실을 파악하기 위한 숫자이다. 통계는 이 숫자들을 통해 정보, 지식을 도출하고 이보다 상위 단계에 있는 지혜를 얻는 과정이라 할 수 있다. 즉, <그림 1.9>처럼 통계는 단순한 자료에서 시작해서 지혜를 내다볼 수 있는 포괄적인 근거를 제공한다. 따라서 자료 없이는 통계가 존재할 수 없다. 자료는 가장 기본적인 사실에 근거하여 도출되는 숫자이며, 통계의 기초가 된다고 볼 수 있다.

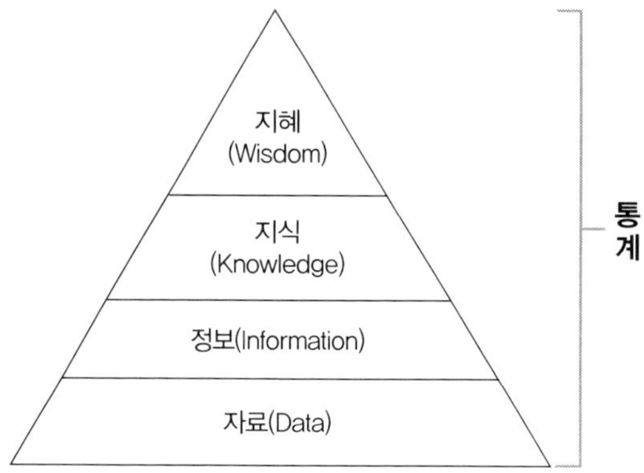


**그림 1.9** 자료와 통계

요즘 빅데이터(Big data)라는 말이 대세인데, 21세기 원유라고 할 수 있을 정도로 빅데이터의 가치를 표현하고 앞다투어 선두 경쟁에 입지를 다지고자 여러 민간과 국가들이 힘을 쓰고 있다.

## 2. 빅데이터 정의와 역사

4차 산업혁명 시대가 도래하면서 학문 간 경계가 없어진 빅블러(Big Blur) 현상으로 융합학문이 출현하였다. 그리고 예전과는 다르게 실시간(real-time)으로 빅데이터가 생산되고 있다. 그 결과, 빅데이터를 다루는 데이터 과학(Data Science), 인공지능(artificial intelligence, AI), 기계학습(machine Learning, M.L), 딥러닝(Deep Learning, D.L)과 같은 다양한 분석 방법들이 출현하였고, 이를 실생활에 활용한 결과들은 우리에게 많은 영향을 주었다.

빅데이터는 데이터 크기(Volume)가 예전과 비교할 수 없을 정도로 대용량으로 커지고, 실시간으로 데이터가 생산되는 빠른 생산 속도(Velocity)와 더불어 이에 따른 다양한 데이터 종류(Variety)를 모두 포함하는 개념이다. 데이터 크기가 커지면서 데이터의 신뢰성이 중요해졌다. 예전부터 'Garbage in Garbage out(GIGO)'이란 말이 있는데, 이는 "쓰레기가 들어가면 쓰레기가 나온다!"라는 뜻으로, 컴퓨터 과학이나 정보통신기술 분야에서 컴퓨터가 논리 프로세스에 의해 운영되기 때문에 결함이 있는, 심지어는 터무니없는 입력 데이터(쓰레기가 들어감)라도 의심을 하지 않고 처리하며, 생각하지도 않던 터무니없는 출력(쓰레기가 나옴)을 만들어 낸다.[5] 따라서 신뢰할 수 있는 양질의 데이터(data Veracity)가 생산되는 것이 무엇보다 중요하다. 이런 4가지 성질을 지닌 자료를 4V를 지닌 빅데이터라고 하고, 여러 문헌에서 4V를 빅데이터의 속성으로 소개하였다.

최근 21세기는 인구, 사회, 경제 등 모든 분야에서 상상보다 훨씬 빠른 속도로 변모하고 있다. 이런 변화에 따라 다양한 빅데이터가 생산되었고, 그 결과 기존의 4V 속성에 여러 개념이 추가되고 있다. 최근에는 가치(Value)와 시각화(Visualization) 등이 4V에 추가되어 빅데이터 속성 5V, 6V로 여러 문헌에서 소개하고 있다.

결론적으로 빅데이터는 실시간 생산(Real time)으로 다양한 5V 속성(그림 1.10)을 갖춘 거대 자료이다.

| 속성 | 설명 | |
|---|---|---|
| 1. Volume(크기) | 데이터의 크기 | 3V |
| 2. Velocity(속도) | 데이터가 생성되는 속도 | |
| 3. Variety(다양성) | 다양한 유형의 데이터 | |
| 4. Veracity(신뢰성) | 정확성 측면에서 데이터의 신뢰성 | 4V = 3V + Veracity |
| 5. Value(가치) | 빅데이터를 통한 가치 창출 | 5V = 4V + Value |

**그림 1.10** 빅데이터 속성 5V

빅데이터라는 용어가 학술적으로 처음 등장한 것은 Bryson 외(1999)의 논문이며, "Big Data for Scientific Visualization"이라는 용어를 사용하면서, 과학적인 시각화를 위

5 https://ko.wikipedia.org/wiki/Garbage_in,_garbage_out

하여 큰 규모의 데이터 분석이 필요함을 역설하였다(박성현 외 2인, 2021).

획기적인 빅데이터 연구는 2000년대에 경영학에서 비즈니스 데이터 분석학(business analytics)과 생물학과 통계학이 결합된 바이오정보학(bioinformatics)으로 볼 수 있다. 이러한 실용 학문이 데이터 과학의 발전과 함께 컴퓨터 저장 능력의 획기적인 발전으로 이어지면서 빅데이터가 21세기 주인공인 데이터 활용 기술로 주목되었다.

2000년대 초기에 빅데이터의 구축 사례를 살펴보면, 2004년에 구글(Google)은 주요 학술 도서관에 소장된 2,000만 권 이상의 책을 디지털화하여 인터넷으로 열람할 수 있는 구글 북스 서비스를 시작하였고, 2006년에는 대표적인 분산 병렬 처리 프레임워크인 아파치 하둡(Hadoop)의 0.1 버전이 발표되어 빅데이터 분석을 어느 정도 용이하게 하였다. 빅데이터 시대가 본격적으로 열렸다고 본 것은 2007년에 웹 2.0 시대(참조 O'Reilly (2007))가 열려 콘텐츠 대부분이 사용자에 의해 제작 및 공급되기 시작하면서이다. 빅데이터에서 앞서가는 구글은 2009년부터 미국에서 자율주행 테스트에 의한 엄청난 양의 빅데이터를 축적하였으며, 2016년 11월 기준 구글의 자율주행 자동차 프로젝트 월간 보고서에 따르면 약 234만 마일에 대한 데이터가 축적되어 있다고 한다.

Cisco의 2016년 보고서에 의하면 2030년까지 지구상의 5천억 개 장치(device)가 사물인터넷(IoT)에 연결될 것으로 추산하였다(Cisco, 2016). 각 장치마다 감지기(센서)를 내장하고 있어 데이터를 수집하고, 주변 환경과 상호 작용하며, 네트워크를 통해 서로 통신할 수 있는 시대가 온다는 것이다.

최근 2022년 말에 OpenAI에서 공개한 ChatGPT는 2021년까지 빅데이터를 학습한 대규모언어모델(Large Language Model, LLM)이다. GPT는 'Generative Pre-trained Transformer'의 약자로 머신러닝(Machine Learning)을 통해 방대한 데이터를 '미리 학습(Pre-trained)'하여 이를 문장으로 '생성(Generative)'함을 의미한다. chat은 인간의 언어 자연어를 chatting 창을 통해 입력하여 GPT에게 질문하면, AI 기반 GPT는 질문한 자연어를 인식하고 이와 관련된 학습된 결과를 자연어 방식으로 대답하는 대화형구조의 Q&A이다. <그림 1.11>은 ChatGPT 사이트(https://chat.openai.com)와 ChatGPT의 대화 이력(chatting History)과 chatting window창을 보여준다.

ChatGPT 사이트의 메인화면 　　　　 ChatGPT의 대화 이력과 chatting window창

**그림 1.11** OpenAI의 ChatGPT

## 3. 빅데이터 종류

빅데이터는 생산방식에 따라서 정형 데이터(structured data)와 비정형 데이터(unstructured data)로 나눌 수 있다. 정형('structured')의 의미는 자료가 수치 형태로 표현 가능하다는 것이다. 따라서 정형 데이터는 정해진 서식에 따라 수치 형식에 맞춰 구조화되어 관리되는 데이터이다. 반면, 비정형 데이터는 이미지, 영상, 문자 등과 같이 자료 하나하나마다 크기와 내용이 달라서 통일된 구조로 정리하기 어려운 형태로, SNS 관련 데이터, 언론사나 포털 사이트에 뜬 뉴스 게시물, 유튜브(Youtube)에 올라와 있는 동영상, 음악, 사진, CCTV 정보 등이 있다. 이 외에도 QR코드, 바코드, 센서, 로그 자료인 반정형 데이터((semi structured data)도 존재한다.

<그림 1.12>는 자료에서 빅데이터로의 진화를 보여준다. 즉, 정형 데이터에서 시작하여 반정형, 비정형 데이터의 확장이다. 그림을 살펴보면 1이 10개 있는 자료보다 1, 2, …, 10까지의 자료가 더 다양한 연산 결과를 표현할 수 있다. 또한, 1, 2, …, 10보다는 이것에 성별, 전화번호, 확진자 수, 치명률, 온도 등의 수치 자료가 다양성(variety) 속성 측면에서 폭넓은 연산을 할 수 있고 더 많은 정보를 가지고 있다. 이들을 정형 데이터라 한다. 그리고 마트, 슈퍼마켓, 편의점 등에서 볼 수 있는 바코드, QR코드 등은 기계장치를 통해 정형 데이터인 수치로 변환되며, 이메일의 로그인에 사용되는 ID와 PW는 숫자, 문자, 특수문자 등으로 조합한 나만의 정보이다. 이들 자료는 정형 데이터와는 다른 반정형 데이터로 분류한다. 마지막으로 이미지, 동영상, 위치정보, 문자, 톡, 메신저 등은 수치형

형태로 변환할 수 없고 숫자, 문자, 특수문자 등으로 조합한 결과가 아닌 비정형 데이터이다.

1 1 1 1 1 1 1 1 1 1 → 1 2 3 4 5 6 7 8 9 10

⇩

| 1 2 3 4 5 6 7 8 9 10, 성별(남, 여), 전화번호, IQ, EQ, 키, 몸무게,<br>코로나 확진자 수, 치명률, 출산율, 사망률, 온도 |
|---|

⇩

| 1 2 3 4 5 6 7 8 9 10, 성별(남, 여), 전화번호, IQ, EQ, 키, 몸무게,<br>코로나 확진자 수, 치명률, 출산율, 사망률, 온도,<br>날씨정보, 이미지, 동영상, 위치정보, 바코드, QR코드, ID, PW,<br>HTML, JSON, Scan 정보, 문자, 톡, 메신저, PDF |
|---|

**그림 1.12** 자료에서 빅데이터로의 진화

이런 3종류의 데이터를 빅데이터의 3형제라고도 하는데, 그 이유는 정형, 반정형, 비정형의 이름이 모두 '형'으로 끝나기 때문이다. 이들 3형제는 모두 우리 주변에 쉽게 접할 수 있다.

예를 들어 S회사에 재직 중인 김통계 씨가 출근 시간에 접하는 데이터를 살펴보자.

> 김통계 씨는 아침에 휴대전화 ***알람 소리***에 일어나 휴대전화에 적힌 ***시간, 날짜, 문자, 카톡*** 등을 확인한 후 출근 준비를 한다. 평소 지하철을 이용하는 김통계 씨는, 승차를 위해 ***A역 3번 출구***로 진입한다. 김통계 씨가 아침 식사를 위해 지하철 역에 위치한 편의점에서 빵과 우유를 구매하면, 편의점 점원은 물품 뒤에 있는 ***바코드***를 바코드 스캔 기계에 접촉하여 계산한다. 김통계 씨는 개찰구 진입 직전 교통카드를 접촉하여 승인 ***신호***와 ***소리***를 듣고 조금 뒤 열리는 개찰구를 통과한다. 지하철에 몸을 싣고 휴대전화를 꺼내 메일을 확인하기 위해 ***아이디***와 ***비밀번호***를 입력하고 로그인한 후 메일을 체크하고, 다양한 인터넷 사이트(예, www.daum.net 또는 www.naver.com 등: ***HTML***)를 방문하여 실시간 뉴스와 정보를 접한다. 김통계 씨는 무의식중에 지하철이 어디쯤을 달리고 있는지 ***지하철 노선도***나 ***QR코드***로 표시된 광고판을 살펴본다. 지하철 노선도를 보면 한글과 영어로 된 ***역 이름***이 표시되어 있다. 목적지에 도착 후, 회사 근처 카페에 들러 ***5,000원***(2023년 7월 기준) ***카페라테 tall 사이즈***를 테이크아웃(take-out) 한다. 회사 앞 횡단보도를 건너기 위해 ***신호등*** 불빛을 확인하고, 안전하게 길을 건너 ***9시*** 전에 회사에 도착하여 하루 업무를 시작한다.」

위 지문에서 김통계 씨가 접하는 데이터를 ***굵은 기울림체***로 표기하였다. 이처럼 출근 시간 때 다양한 데이터를 접하고, 이 데이터를 통해 다양한 정보(기상 시간, 요일, 인터넷과 메일에 따른 정보, 목적지 안내, 커피의 비용, 건널목 안전 등)를 얻는다. 이런 데이터는 가격, 숫자, 시간 등의 '수치 형태', 신호등이나 노선도와 같은 '이미지, 영상, 음성', 그리고 인터넷 사이트 방문 시 입력하는 언어인 HTML, 로그인에 사용되는 아이디, 패스워드, 바코드, QR코드로 분류할 수 있다. 특히, 수치 형태로 표현할 수 있는 가능한 정형 데이터, 표현할 수 없는 비정형 데이터, 그리고 이 두 형태와는 다른 반정형 데이터로 구분할 수 있다.

따라서 빅데이터는 수치로 분류되느냐에 따라 정형(structured)과 비정형(unstructured)으로 구분하고, 정형과 비정형 사이를 반정형(semi structured)으로 구분한다.

<그림 1.13>은 <그림 1.12>를 정형, 반정형, 비정형으로 구분한 결과이다.

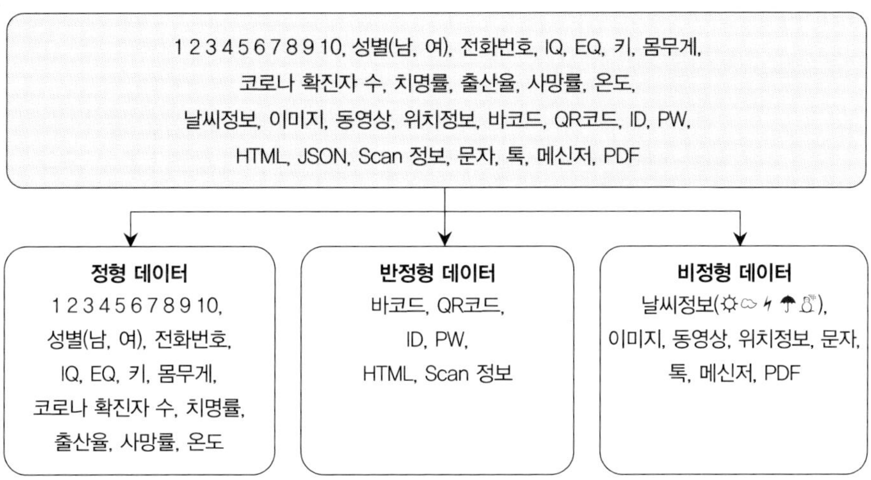


**그림 1.13** 빅데이터 분류

다음 절에서는 정형, 반정형, 비정형 데이터의 속성과 종류를 상세히 소개한다.

## 4. 정형 데이터

우리가 쉽게 접할 수 있는 수치(코로나 검사 수, 확진자 수, 사망자 수, 치명률, 미세먼지 농도, 자외선 지수, 몸무게, 키, 온도 등)나 숫자(성별, 전화번호, 운동선수 등 번호, 지하철 출구 번호, 이마트 상품 라인 번호 등) 형태로 표현되는 이들 데이터는 수치화가 가능하다는 의미에서 정형(structured data)데이터라고 한다.

기초통계학 수준에서 다루는 정형 데이터는 크기와 평균 비교 등이 가능한 양적 데이터와 선호와 데이터 라벨(label)과 같은 순위, 명목만을 나타내는 질적 데이터로 구분한다. 그런데 복잡한 사회, 복지, 정치, 선호도, 정책 찬반 등에 대해 통계를 수집할 경우를 생각해 보자. 더 나아가 인구, 사회문제에서 연구 대상의 행동을 어떻게 측정해서 분석의 재료가 되는 데이터로 사용할 수 있을까? 이런 경우 척도(scale)라는 개념을 활용해 자료화한다. 예를 들어 '키'라는 데이터를 얻고 싶으면 길이 척도 cm을 사용하고, 몸무게라는 데이터를 얻고 싶으면 무게 척도 kg을 활용하는 것과 같은 이치이다. 이들 척도는 명목, 순위, 등간, 비율척도가 있다.

그럼 척도와 정형 데이터의 양 · 질적 데이터는 어떤 관련성이 있을까? 양적 데이터는 대소 비교가 가능하고 평균처럼 데이터를 대표할 수 있는 지표를 만들어 제시한다. 수치로서 측정되는 관측값을 의미하고 수치형 자료(numerical data) 또는 정량자료라고도 한다. 반면 질적 데이터는 대소 비교가 불가능하고 식별이나 라벨(label) 정도의 정보를 제공하는 수준이고, 관측 결과가 몇 개의 범주(category) 또는 항목의 형태로 나타나는 자료로서 관측값의 크기가 아니라 내용이 관심의 대상이 되는 자료이다.

이제 이 두 가지에 대해 척도의 개념을 적용해 보자. 키, 체중, 온도, 개최 주기와 같은 양적 데이터를 측정하고자 한다면, 길이(cm), 무게(kg), 온도(℃), 년(year)의 척도를 사용한다. 길이, 무게와 온도 척도의 차이는 비율과 배의 개념이 적용 가능한지 여부이다. 길이와 무게는 비율과 배의 개념이 적용되지만, 온도, 시간, 아이큐(IQ), 올림픽 개최 주기(4년 간격 또는 2002, 2006, … , 2018)처럼 속성 간의 차이를 동일 간격으로 균일하게 분할하여 측정하는 등간데이터가 있다. 이 자료는 비율이라는 몇 배의 개념을 적용할 수 없는 한계점이 있다. 즉, 해당 속성의 절대 영점이 없다는 것으로, 예를 들어 아침 온도가

2 ℃였는데 오후는 10 ℃로 온도가 상승하면, '8 ℃ 정도 높아졌다'로 표현하지 '5배 상승했다'라고 표현하지 않는다. 이처럼 온도, 시간, 주기 등은 간격이 일정한 등간척도(ordinal scale)를 도입한다. 반면, 길이, 무게, 부피, 압력 등과 같이 비율 개념을 적용할 수 있으면 비율척도(ratio scale)를 사용한다.

그리고 남, 여와 같은 이름 또는 명목척도(nominal)를 사용하는 성별, A, B, C, D, F와 같은 등급 수준의 척도를 부여하는 학점, '매우 좋음, 좋음, 보통, 안 좋음, 매우 안 좋음'과 같은 일종의 리커트척도(Likert scale)를 사용하는 상품 선호도 또는 인지도 등은 질적 데이터에서 자주 사용된다. 이처럼 명목과 라벨을 부여하는 척도를 명목척도(nominal scale), 순위와 심리 정도를 나타내는 리커트척도는 순위척도(ordinal scale)로 구분한다.

<표 1.8>에 제시된 것과 같이 정형 데이터는 양적 데이터와 질적 데이터로 구분된다. 그리고 양적 데이터는 비율척도와 등간척도를 부여하는 반면, 질적 데이터는 순위척도와 명목척도를 적용하여 수치화한다.

25명으로 구성된 초등학교 6학년 한 반의 몸무게와 키를 생각해 보자. 몸무게는 양적 데이터이다. 그런데 선생님이 40 kg 이하와 40 kg 초과인 두 그룹으로 분류하여 그룹1, 그룹2로 정의하고 각 그룹의 빈도를 계산한다. 키도 동일하게 130 cm 이하와 130 cm 초과로 분류하여 각 그룹은 명목척도와 같은 방법을 적용하여 각 그룹 해당 학생의 빈도를 계산한다.

따라서 양적 데이터는 그룹화한 후 그룹을 정의하고, 빈도를 조사하면 질적 데이터의 명목자료 형태로 변환된다. 이처럼 양적 데이터는 질적 데이터 형태로 자유롭게 변화할 수 있다. 그러나 질적 데이터는 양적 데이터로 변환할 수 없다. 그 이유는 데이터가 가지고 있는 정보량의 차이에서 발생한다. 이를 데이터 용어로 데이터의 정보(information of data)에 차이가 있다고 한다. 즉, 양적 데이터는 대소 비교와 평균 등 다양한 수치 표현이 가능하지만, 이런 관점에서 질적 데이터는 한계가 있다. 이런 면에서 질적 데이터는 양적 데이터에 비해 정보가 적다.

**표 1.8** 정형 데이터 분류

| 자료(data) | | 척도(scale) | 예 |
|---|---|---|---|
| 양적 데이터 | 연속형 | 비율 | 나이, 몸무게, 키, 치명률, 출산율, 사망률, 실업률, 자외선 지수, 미세먼지 농도, 국제이동률, 코스피 지수 |
| | | 등간 | 온도, 시간, 아이큐(IQ), 감성지수(EQ), 주기(cycle) |
| | 이산형 | 비율 | 사고 건수, 불량 건수, 성공 횟수, 코로나 확진자 수 |
| 질적 데이터 | 범주형 | 서열 | 선호도, 우선순위, 평가척도(나쁨, 보통, 좋음), 교육의 질(탁월, 양호, 보통, 부실, 불량) |
| | 범주형 또는 이진형 | 명목 | 지역, 직업, 혈액형, 성별, 휴양지, MBTI, 교통수단, 결혼상태(미혼, 유배우) |

<그림 1.14>는 정형 데이터의 속성과 집계 방법을 정리한 것이다. <그림 1.14>의 양의 비교가 가능한 부분은 등간척도, 비율척도가 속하면서 집계방식은 평균과 분산 또는 %, %p 등으로 요약한다. 반면, 양의 비교가 불가능한 부분에는 순위척도, 명목척도가 해당한다. 단순한 빈도 집계나 두 자료 관계를 수치 분포 형태로 살펴보는 교차표로 자료를 요약한다.

| 데이터 속성 | 데이터 종류 | 데이터 분류 | 데이터 표현 집계, 분석 |
|---|---|---|---|
| 양의 비교 가능 | 코스피 지수, 사망률, 출산율, 치명률, 키, 나이, 부피, 면적, 증감률, 성장률, 소비자물가지수, 연비, 가격, 미세먼지 지수 | 양적, 비율 | 연속형<br>평균, 분산<br>(배, %, %p) |
| | 온도, 시간, IQ, EQ, 주기 | 양적, 등간 | 연속형<br>차이 |
| | 사고 건수, 불량 건수, 성공 횟수 | 양적, 이산 | 연속형<br>(배, %, %p) |
| 양의 비교 불가능 | 선호도, 우선순위, 지역, 직업, 혈액형, 휴양지, 평가척도(4~10점 척도), 교육의 질(탁월, 양호, 보통, 부실, 불량) | 질적, 범주형 | 빈도<br>빈도표, 교차표,<br>빈도 차이 비교 |
| | 성별, 결혼상태(미혼, 유배우) | 질적, 이진형 | |

**그림 1.14** 정형 데이터 속성과 집계 방법

정형 데이터를 저장하는 방법에 대해 알아보자. 예를 들어, 코로나와 관련된 자료의 저장법을 살펴보자. 2022.2.22.00시 기준으로 연령별에 따른 코로나 확진자 수, 사망자

수와 치명률을 정리하면 <표 1.9>와 같은 형태가 일반적이다. 이는 질적 데이터와 양적 데이터를 적절하게 테이블 형태로 행과 열에 명목을 부여해 정리한 것이다.

이렇게 정리된 형태를 데이터 구조(structure)인 행(row, 가로)과 열(column, 세로)로 정리하는 데이터 구축 방법의 개념으로 본다면, 관계형 데이터베이스(Relational DataBase, RDB)와 유사하다. 이런 자료 형태는 손쉽게 데이터에 대한 부분 검색과 선택, 수정, 삭제 등의 연산이 가능하여 은행, 금융 등 여러 분야에서 활용된다.

**표 1.9** 확진자 연령별 현황(2022.2.22.00시 기준)

| 구분 | 확진자(%) | 사망자(%) | 치명률=사망자/확진자(%) |
|---|---|---|---|
| 80 이상 | 48,492(2) | 3,830(51) | 7.90 |
| 70~79 | 78,839(4) | 2,012(27) | 2.55 |
| 60~69 | 195,022(9) | 1,140(15) | 0.58 |
| 50~59 | 257,824(12) | 354(5) | 0.14 |
| 40~49 | 335,171(16) | 105(1) | 0.03 |
| 30~39 | 320,858(15) | 48(1) | 0.01 |
| 20~29 | 379,380(18) | 15(0.0) | 0.00 |
| 10~19 | 301,991(14) | 1(0.0) | 0.00 |
| 0~9 | 240,157(11) | 3(0.0) | 0.00 |

자료: http://ncov.mohw.go.kr/bdBoardList_Real.do

## 5. 반정형 데이터

HTML는 HyperText Markup Language의 약어로 HyperText는 문서와 문서가 링크로 연결되어 있음을 의미하고, Markup은 정보를 정의하는 하나의 형식인 태그(Tag)로 구성됨을 뜻한다. 이것은 세탁소에서 세탁물을 구분하기 위해 옷이나 모자 등에 태그(tag, 정보를 담고 있음)를 붙여 구분하는 것과 동일하다. 마지막으로 Language는 언어이다. 따라서 HTML은 태그로 문서와 문서가 연결되어 있는 언어를 말한다. 여기서 태그는 문서와 문서의 연결을 담당하는 '키'이다.

HTML은 수치 형태인 정형 데이터와는 사뭇 다른 형태이다. 가장 일반적인 형태가

'http://www.~'이다. 그리고 개인의 이메일이나 온라인 쇼핑, 도서 회원 등에 로그인(Log-in)할 때 사용하는 ID, PW도 숫자, 문자, 특수문자 등의 조합으로 만든 자신만이 알 수 있는 정보이며 반정형 데이터이다.

코스트코(costco), 홈플러스(HomePlus), 이마트(e-mart) 등과 같은 대형마트, 이디아(EDIYA), 스타벅스(starbucks)와 같은 커피숍에서 결재에 활용되는 바코드(Barcode), QR코드(QR code, Quick Response code)와 스캔코드(Scan code)는 검은 세로줄 무늬 형태와 흑백 격자무늬 패턴으로 정보를 나타내는 매트릭스 형식의 이차원 코드이며, HTML과 유사한 형태의 데이터이다(그림 1.15). 이 코드들은 특별한 기계장치를 통해 화면에 수치 형태로 표현된다.

**그림 1.15** 반정형 데이터

이처럼 HTML, 바코드, QR코드는 수치형 데이터가 아니지만 가지고 있는 정보를 구조화된 형식으로 정형화할 수 있는 데이터로 변환할 수 있다는 의미에서 반정형 데이터

(semi-structured data)라고 한다. 즉, 수치 형태는 아니지만 구조화 형식으로 처리 과정을 거치면 정보나 수치 형태로 전환할 수 있다. 이를 정형 데이터와 구분하기 위해 반정형 데이터라고 정의한다.

## 6. 빅데이터와 인공지능 시대 도래에 따른 비정형 데이터

<그림 1.16>은 ORI에서 제시한 정형, 비정형 데이터의 구분을 보여준다. 정형 데이터는 수치 형태이지만 비정형 데이터는 채팅, 전자 우편 내용, Social Media, 문서(PDF), 이미지, 음성, 영상, 소셜 네트워크(Social Network)상에서의 댓글, 텍스트 등이 주류이고, 수치형 데이터와는 다르다.

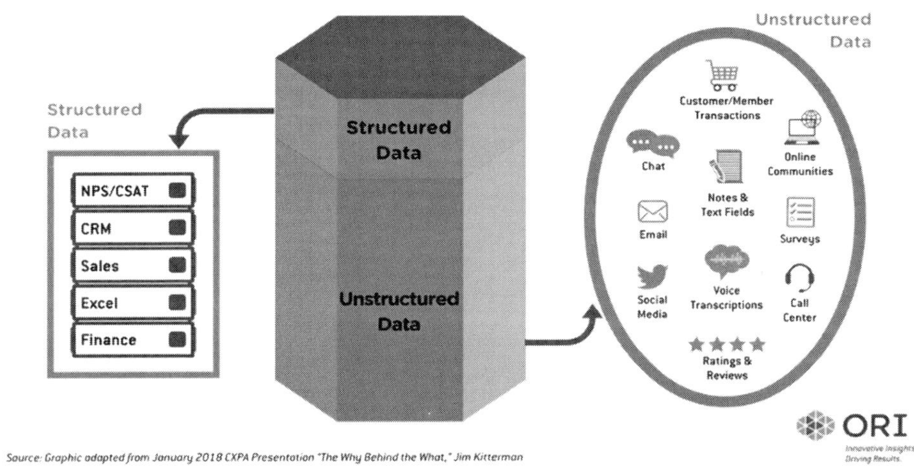


**그림 1.16** 정형과 비정형 데이터

자료: ORI(https://www.oriresults.com/who-we-are/#our-story)

예를 들어보자. 오통계 씨가 출근상황 때 접하는 여러 데이터 중 '신호등'도 비정형 데이터이다. 즉, 빨간색, 노란색, 녹색, 방향 표시(→, ←)로 정보를 제공하는데, 자동차와 보행자에게 빨간색은 정지, 초록색은 통행 또는 보행자 횡단, 노란색은 속도를 줄여 곧 정지하라는 정보를 알려준다. 이처럼 영상과 음성으로 운전자와 보행자에게 정보를 알려주는 것이 대표적인 비정형 데이터이다.

4차 산업혁명 시대의 도래에 따라 정형, 반정형, 비정형 데이터가 우리 주변에서 실시간(real-time)으로 생산되고 정보를 제공한다. 실시간으로 생산되므로 4차 산업혁명의 주인공은 빅데이터라고 해도 이견이 없을 정도이며, 비정형 데이터의 성장 속도가 정형 데이터의 발전보다 몇 배나 빠르다. 빅데이터 중에서 약 80~85%가 비정형이고 나머지가 정형, 반정형이라고 알려져 있다. <표 1.10>은 빅데이터 3형제와 정보의 양의 관계를 정리한 것이다.

최근 빅데이터와 관련된 주된 논문 주제는 비정형 데이터의 빠른 처리, 분류, 생성 알고리즘이다. 음성, 텍스트, 그림 등을 기계학습(machine learning, Deep learning, Artificial Neural Network 등) 처리 과정을 거쳐 정형 데이터로 변경하여 분석한다.

4차 산업혁명 시기는 비정형 > 반정형 > 정형의 크기순으로 실시간 단위로 데이터가 생산되고 있다. 비정형 데이터의 실시간 생산 속도는 정형 데이터가 주류였던 시대와는 비교할 수 없을 정도로 빠르다.

2000년대 초반의 빅데이터 속성은 3V, 즉 크기(Volume), 속도(Velocity), 다양성(Variety)이었다. 최근에는 3V에 신뢰할 수 있는 데이터 수집을 의미하는 신뢰성(Veracity)이 추가되어 4V, 그리고 가치(Value, 쓸모 있는 데이터)까지 접목된 빅데이터

**표 1.10** 빅데이터 삼형제와 성장속도

| 정형 데이터 | | 반정형 데이터 | | 비정형 데이터 | |
|---|---|---|---|---|---|
| 수치 형태<br>양적, 질적 데이터 | ↑ | Web pages<br>(HTML, XML, JSON) | ↑ | 오디오, 음성(Audio) | ↑ |
| | | 로그, 센서, ID, PW<br>QR code, Bar code<br>Scan Code | | 이미지(Image) | |
| | | | | 동영상(Video) | |
| | | | | 자연어<br>(Natural Language) | |
| | | | | 실시간 생산 웹 문서<br>(Documents) | |

* ↑는 상대적 성장 속도

자료: 박성현 외 2인, 데이터 사이언스의 매력 제2판(2022)

5V로 진화하였다. 더 나아가 빅데이터 분석 결과에 시각적 효과를 가미해 데이터 정보를 손쉽게 이해할 수 있도록 도움을 줄 수 있는 데이터 시각화(Visualization)도 주목받고 있다. 이를 포함해 빅데이터 속성을 6V라고 분류하는 문헌도 있다.

# 3 빅데이터 정리와 요약

## 1. 정형 데이터 정리와 요약

정형 데이터의 정리 방법에는 정렬, 시각화, 2가짓수 요약이 있다. 이 외에도 많은 방법이 있으나 대표적인 3가지 방법을 소개한다.

먼저 자료를 서열로 정리하는 정렬(sorting)이다. 정렬은 자료를 특정한 조건에 따라 일정한 순서가 되도록 다시 배열하는 것을 의미한다. 오름차순과 내림차순이 주로 사용되는 방법이다. 자료 정렬에 따라 중앙에 위치하는 값, 최솟값, 최댓값을 한눈에 확인할 수 있고 자료의 분포를 파악할 수 있다. <표 1.11>은 원자료, 정렬(오름, 내림차순)의 조건에 따라 일정한 순서로 자료를 정리한 것을 보여준다. 자료 중앙에 위치하는 값과 최소, 최댓값은 원자료에서 일일이 비교하면서 찾아야 하지만, 자료 정렬 후에는 이들 위치값을 손쉽게 찾을 수 있다.

**표 1.11** 원자료와 자료 정렬

| | 1 | 2 | 3 | 4 | 5 | 6 | 7 | 8 | 9 | 10 |
|---|---|---|---|---|---|---|---|---|---|---|
| 원자료(raw) | −2.21 | 0.21 | 0.54 | −0.25 | 2.25 | −1.28 | 1.54 | 2.78 | −0.53 | 1.06 |
| 오름차순 | −2.21 | −1.28 | −0.53 | −0.25 | 0.21 | 0.54 | 1.06 | 1.54 | 2.25 | 2.78 |
| 내림차순 | 2.78 | 2.25 | 1.54 | 1.06 | 0.54 | 0.21 | −0.25 | −0.53 | −1.28 | −2.21 |

다음으로 자료 시각화이다. 양적, 질적 데이터이건 상관없이 다양한 자료의 시각화 방법이 있다. 2장에서 상세히 다루겠지만 간단히 소개하면, <그림 1.17>처럼 혈액형과 같은 질적 데이터는 원그래프, 막대그래프, 꺾은선그래프가, 통계학 성적과 같은 양적 데이터는 히스토그램, 줄기-잎-그림(stem-and-leaf plot), 상자그림(box-plot)이 대표적이다.

최근 빅데이터 시대가 출현한 이후에 많은 양의 데이터를 한눈에 볼 수 있는 기능이 효율적이다. 이런 효율적인 도구가 자료 시각화이다. 이는 자료가 의미하는 정보를 쉽게 찾고, 이해할 수 있도록 도움을 제공한다. 특히 데이터 분석에 대한 전문 지식이 없어도

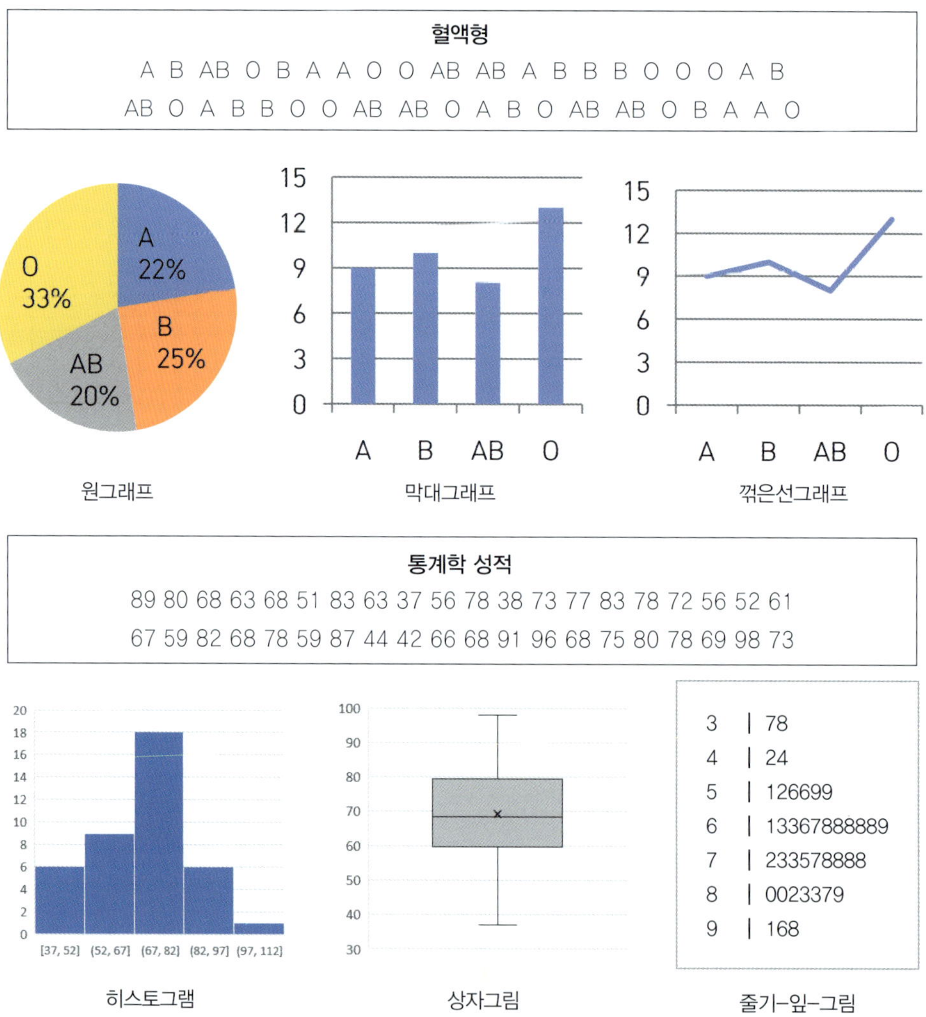


**그림 1.17** 정형 데이터의 시각화

누구나 데이터 정보를 쉽게 찾을 수 있다. 더 나아가 자료 시각화는 단순히 자료 분석 결과를 위한 목적뿐만 아니라 정확한 분석을 위한 데이터 탐색 방법으로도 활용할 수 있다.

끝으로 자료의 2가짓수 요약이다. 2가짓수는 자료의 중심 위치와 그 중심 위치에서 어느 정도 흩어져 있는가를 2가지 수치로 표현하는 것을 의미한다. 이해를 돕기 위해 두 선수(1, 2)의 양궁 과녁 결과를 살펴보자. <그림 1.18>처럼 1번 선수는 10점과 9점 과녁 근처에 7발의 집중시켜 10점 과녁 중심 위치가 모여 있는 것을 알 수 있다. 이에 반해 2번 선수는 7발이 9점, 8점 과녁에 흩어져 있음을 알 수 있다. 이처럼 두 선수를 비교하기 위해서는 화살이 과녁의 중심 위치와 중심 위치에서 얼마나 흩어져 있는가를 동시에 살펴야 한다.

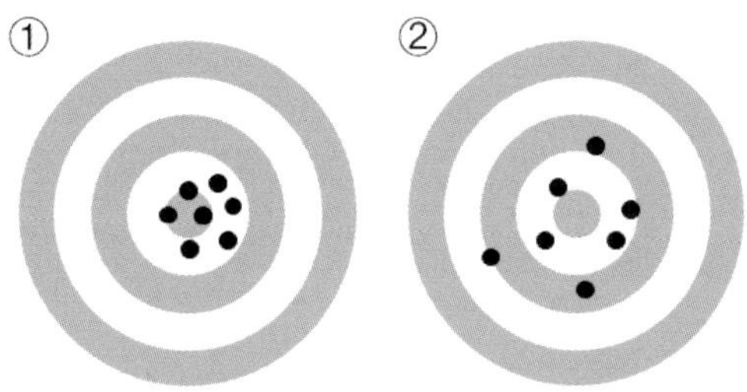


**그림 1.18** 양궁 과녁 결과

지금까지 소개한 정형 데이터의 정리와 요약으로 정렬, 시각화, 2자릿수 요약을 살펴보았다. 이들의 관계를 <그림 1.19>로 설명해 보자. <그림 1.19>는 미국 옐로스톤 국립공원의 옐로스톤 칼데라 안에 있는 유명한 간헐천(old faithful 구역의 Yellowstone famous Geyser)이다. 간헐천의 지속시간을 자료로 정리하면 <그림 1.19>의 왼쪽 하단과 같다.

자료 정리는 단순한 간헐온천 지속시간을 정리한 것으로 자료에서 정보를 쉽게 찾기는 어렵다. 자료 정렬을 한순간 최대, 최소, 중앙값을 알아볼 수 있다. 그리고 자료 시각화 단계에서는 어느 부분에서 간헐천 지속시간의 유지가 빈번한지를 알 수 있다. 자료 정렬과 자료 시각화는 자료의 분포 정보를 안내해 주지만, 평균적으로 어느 정도의 유지되고 차이가 있는지는 알 수가 없다.

예를 들어, 관광객이 여기를 방문하여 2분 전에 간헐천이 솟아올랐다면 언제까지 기

올드 페이스풀 간헐천

4.37 3.87 4.00 4.03 3.50 4.08 2.25 4.70 1.73 4.93
1.73 4.62 3.43 4.25 1.68 3.92 3.68 3.10 4.03 1.77
4.08 1.75 3.20 1.85 4.62 1.97 4.50 3.92 4.35 2.33
3.83 1.88 4.60 1.80 4.73 1.77 4.57 1.85 3.52 4.00
3.70 3.72 4.25 3.58 3.80 3.77 3.75 2.50 4.50 4.10
3.70 3.80 3.43 4.00 2.27 4.40 4.05 4.25 3.33 2.00
4.33 2.93 4.58 1.90 3.58 3.73 3.73 1.82 4.63 3.50
4.00 3.67 1.67 4.60 1.67 4.00 1.80 4.42 1.90 4.63
2.93 3.50 1.97 4.28 1.83 4.13 1.83 4.65 4.20 3.93
4.33 1.83 4.53 2.03 4.18 4.43 4.07 4.13 3.95 4.10
2.72 4.58 1.90 4.50 1.95 4.83 4.12

간헐천의 지속시간 자료

1.67 1.67 1.68 1.73 1.73 1.75 1.77 1.77 1.80 1.80
1.82 1.83 1.83 1.83 1.85 1.85 1.88 1.90 1.90 1.90
1.95 1.97 1.97 2.00 2.03 2.25 2.27 2.33 2.50 2.72
2.93 2.93 3.10 3.20 3.33 3.43 3.43 3.50 3.50 3.50
3.52 3.58 3.58 3.67 3.68 3.70 3.70 3.72 3.73 3.73
3.75 3.77 3.80 3.80 3.83 3.87 3.92 3.92 3.93 3.95
4.00 4.00 4.00 4.00 4.00 4.03 4.03 4.05 4.07 4.08
4.08 4.10 4.10 4.12 4.13 4.13 4.18 4.20 4.25 4.25
4.25 4.28 4.33 4.33 4.35 4.37 4.40 4.42 4.43 4.50
4.50 4.50 4.53 4.57 4.58 4.58 4.60 4.60 4.62 4.62
4.63 4.63 4.65 4.70 4.73 4.83 4.93

자료 정렬

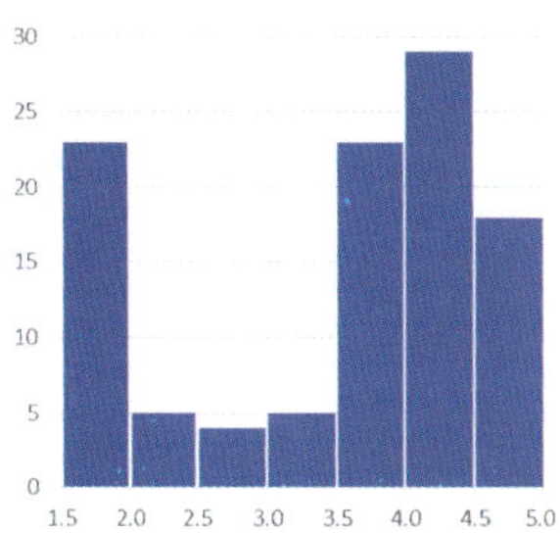


자료 시각화

**간헐천의 지속시간은**
**평균적으로 3.42분이고,**
**1.15분씩 차이를 보인다.**

2자릿수 요약

**그림 1.19** 정형 데이터의 정렬, 시각화, 2자릿수 요약

다려야 하는지를 자료 정렬과 자료 시각화로는 쉽게 알 수 없지만 2자릿수 요약은 쉽게 파악할 수 있다. 2분 전에 간헐천이 솟아올랐다면, 평균적으로 1분~1분 30초만 기다리면 된다는 것과 약간의 차이는 존재한다는 것을 알 수 있다. 만약 당신이 미국 옐로스톤 국립공원의 담당자이고 올드 페이스풀 간헐천을 홍보하고자 할 때, 이들 4가지 방법 중에서 자료 정리, 자료 정렬보다는 자료 시각화와 2가짓수 요약 방법으로 관광안내서를 만들면 효과적일 것이다.

이처럼 자료 정리, 자료 정렬, 지료 시각화, 2가짓수 요약은 쓰임과 용도가 다르고 정보 전달과 표현에 차이가 있다.

## 2. 비정형 데이터 정리와 요약

비정형 데이터는 정형 데이터처럼 수치 형태가 아니다. 따라서 정형 데이터의 시각화 방법을 적용할 수 없다. 비정형 데이터는 자연어처리(natural Language Processing, NLP)에 기초하여 텍스트마이닝(text mining), 감성분석(sentiment analysis), 소셜 네트워크 분석(social network analysis) 등으로 시각화한다. 이들에 대한 방법과 자세한 설명은 2, 4, 5장에서 자세히 소개하기로 한다.

사람의 언어는 자연어(natural language)[6]라고 하고, 이를 처리(processing)한다는 의미를 붙여 자연어처리(Natural Language Processing, NLP)라 한다. NLP는 국외 OpenAI의 GPT-4, 구글의 BERT, IBRNet, Bard, 메타(meta)의 LLama, 국내는 NAVER의 HyperCLOVA, 카카오의 카이(Khaiii), KoGPT, 한국전자통신연구원 코버트(KorBERT), 국립국어원의 말뭉치 등은 자연어처리 도구이다. 요즘에는 이것을 대규모언어모델(Large Language Model, LLM)이라고도 한다. 인공지능 기술의 발전은 사람과 대화가 가능한 수준으로 텍스트를 구사하는 언어 모델도 등장시켰다. 이러한 모델은 <그림 1.20>에서 보여주는 바와 같이 자연어처리(NLP, Natural Language Processing) 기술이 핵심 기반이 된다.

자연어처리는 컴퓨터 프로그래밍처럼 인공적으로 만들어진 언어가 아닌 사람과 사람 사이 실제 사용하는 언어를 분석 및 처리하는 기술이다. 인공지능이라는 큰 틀 안에 기계학습(ML)이 있고, 기계학습 안에 딥러닝(DL)이 있다. 그리고 NLP라고 불리는 자연어처리는 기계학습과 딥러닝을 교집합으로 가지고 있는 영역이 있다. NLP는 기계가 사람의 언어에 대해 처리하는 계산적 기술(computational techniques)의 집합이라고 할

6 자연어는 일반 사회에서 자연히 발생하여 사람이 의사소통에 사용하는 언어로, 컴퓨터에서 사용하는 프로그래밍 언어와 같이 사람이 의도적으로 만든 인공어(constructed language)에 대비되는 개념이다.

수 있다. 이러한 NLP의 세부 분야로는 감성분석 또는 감정분석(sentiment analysis), 의미분석, 구문분석, 음성인식(질의응답) 등이 있다.

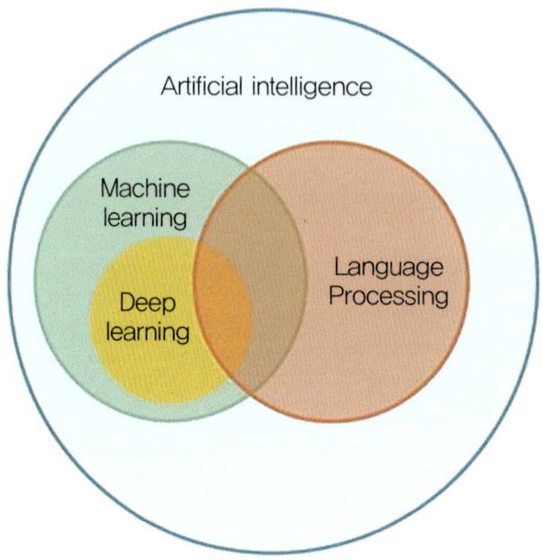


**그림 1.20** 인공지능 활용의 기술적 영역

자연어처리의 목적은 컴퓨터가 인간의 언어를 이해하여 여러 문제를 수행할 수 있도록 하는 것이다. 자연어처리는 소셜 미디어에서 상품 댓글, 선거철의 댓글, 방송 댓글 등 대량의 텍스트 데이터를 이해하여 수치화하는 감성분석, 기사 작성과 같은 문서 요약이나 구글 번역, 네이버 파파고처럼 기계 번역, 분석자로부터 텍스트를 입력받아 원하는 것을 검색과 답을 제시하는 작업까지 정말 다양한 분야에 활용되고 있다.

2000~2010년도에는 데이터 마이닝이 선풍적인 인기였다. 즉, 빅데이터 규모의 정형 데이터(data)를 통계적 분석으로 숨은 진주 같은 정보를 추출(mining)하는 데이터마이닝이 대세였다. 최근에는 비정형 데이터의 생산 속도와 양이 정형 데이터보다 비교할 수 없을 만큼 커졌다. 따라서 비정형 데이터의 한 종류인 텍스트 자료(text data)에서 정보를 추출(mining)하는 텍스트마이닝(text mining)이 대세이다. 텍스트 데이터는 비정형 데이터로 문서, 기고문, 자기소개서, 인터넷 기사, 소설 등 다양하다. 텍스트 데이터 분석 목적은 텍스트가 표현하고자 하는 주제가 무엇이고, 이들로부터 숨겨진 정보를 추출하는 것이다.

텍스트 데이터를 분석하는 과정에서 2가지 가설(hypothesis)과 4단계의 처리 과정이 필요하다. 2가지 가설은 통계적 의미론 가설(statistical semantic hypothesis), 단어주머니 가설(bag-of words hypothesis)이고, 4단계는 ① 토큰화, ② 대소문자 변환과 문장부호 삭제, ③ 어간 추출과 원형 복원 ④ 불용어 삭제이다. 텍스트마이닝의 분석목적은 텍스트 상에서 주요한 정보를 시각화하는 것이다. 자주 강조되는 단어를 크게 표현하는 워드클라우드(word Cloud) 방법이 대표적(그림 1.21)이다. 이들 과정의 상세한 설명은 4장을 참고하면 된다.

감성분석은 텍스트 데이터 안에서 감정을 해석하고 분류하는 프로세스를 말한다. 일반적으로 우리가 기분이 좋으면 긍정적인 단어를 자주 사용하고, 그 반대이면 부정적인 단어를 사용한다. 이처럼 긍정과 부정어 단어사전7을 만들어, 사용자들이 이 단어들이 문장, 댓글 등에서 얼마나 많이 사용(빈도)되었는지를 가늠해 감성을 분석한다. 이처럼

워드클라우드

감성분석

**그림 1.21** 워드클라우드와 감성분석

---

7 KOSAC(Korean Sentiment Analysis Corpus)의 감성 사전이 있고, 영어 감성 사전은 MPQA Subjectivity Lexicon을 비롯해 Bing Liu and Minqing Hu Sentiment Lexicon, SentiWordNet (Included in NLTK), VADER Sentiment Lexicon, SenticNet, LIWC (not free), Harvard Inquirer, ANEW가 있다.

감성분석은 텍스트 데이터 안에서 감정을 해석하고 분류하는 프로세스(그림 1.21)이다. 일반적으로 특정한 비즈니스와 관련된 애플리케이션을 사용하는 기업들이 감성분석을 활용하면, 온라인 피드백에서 고객이 서비스, 브랜드, 제품에 대해서 보이는 정서를 파악할 수 있다. 특히 감성분석이 탁월한 활약을 보이는 곳으로 제품 분석, 시장조사, 평판 관리, 정밀한 타깃팅(targeting), 시장 분석, 홍보, 순 추천 고객 지수(NPS) 등이 있다.

소셜 네트워크(Social network)를 설명하기 전에 네트워크(network)를 알아보자. 네트워크는 사람(장소, 지점 등)들 간의 관계를 나타낸 것으로 이해하면 된다. 그렇다면 사람(장소, 지점 등)과 관계는 어떻게 표현해야 할까? 이런 궁금증은 수학의 그래프이론(graph theory)을 이용하면 된다. 그래프이론에 따르면 사람(장소, 지점 등)은 노드(node) 또는 정점(vertex)이라고 칭하고 동그라미로 표현하고, 사람(장소, 지점 등)과 사람(장소, 지점 등)의 연결선은 링크(link) 또는 엣지(edge)라고 칭하고 실선으로 표현한다. <그림 1.22>는 3 노드 또는 6 노드의 방향성, 영향도(가중치) 여부, 상하 구조 등 다양한 형태로 관계 표현이 가능하다는 것을 보여준다.

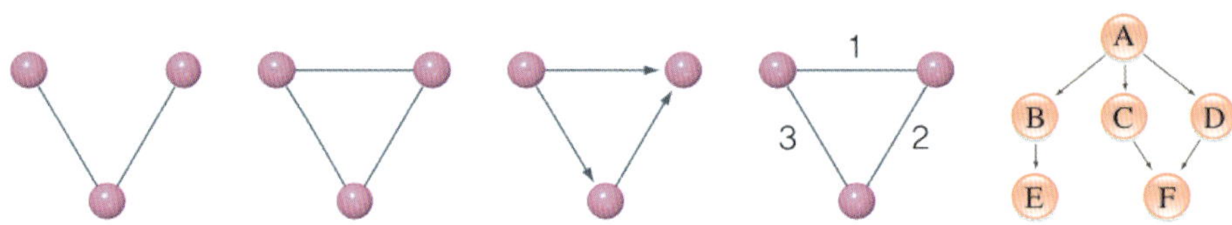


**그림 1.22** 다양한 네트워크

소셜 네트워크는 노드 간의 사회적 연결망이다. 노드 간의 상호의존적인 관계에 의해 만들어지는 사회적 관계 구조를 말한다. 다르게 사회 연결망이라는 용어로 사용된다. 따라서 소셜 네트워크 분석(social network analysis, SNA)은 소셜 객체 간의 사회적 관계를 구조적으로 분석하여 숨겨진 관계를 파악하는 것이다. <그림 1.23>과 같이 사회 연결망 분석이라고도 한다.

참고로 소셜 네트워크 분석 과정에서 네트워크 특징을 나타내는 지표로 네트워크의 노드 간에 얼마나 많은 관계를 어떻게 맺고 있는가를 표현하는 지표인 밀도(density), 노드 간 전체 네트워크에서 얼마만큼 중심에 가까이 자리 잡고 있는지를 나타내는 중심성

(centrality) 지표가 있다. 이들 중심성은 연결정도중심성(degree centrality), 매개중심성(betweenness centrality), 근접중심성(closeness centrality)이 있다. 이에 대한 자세한 설명은 5장을 참고하기 바란다.

예를 들어, <그림 1.23>을 ① 의사, ② 변호사, ③교수의 상호의존적 관계를 중심성(centrality) 크기로 표현한 것이라고 하자. 만약 법률문제에 대한 조언을 구하고 싶을 경우는 ② 소셜 네트워크에서 노드가 가장 크게 표현한 가운데 노드에 접근하면 가장 빠르고 신뢰성 있는 자문을 얻을 가능성이 크다.

**그림 1.23** 중심성(centrality) 크기로 나타낸 소셜 네트워크

## 4 데이터모델과 모델링

### 1. 데이터모델

위키백과(Wikipedia)에 따르면 데이터모델(data model)은 데이터의 관계, 접근과 그 흐름에 필요한 처리 과정에 관한 추상적인 모형이다. 예를 들어보자. 두 자료 $x$(키), $y$(체중)가 있다. 자료 $y$(체중)가 $x$(키)의 어떤 함수 형태로 표현이 가능하다면, $y = F(x)$로

표현한다. 이때 $F(x)$는 다양한 형태를 가질 수 있다. 가장 일반적인 함수는 중학교 때 배운 일차함수 $y = ax + b$이다. 여기서 $a(\triangle y / \triangle x)$는 기울기, $b(x = 0)$는 절편이다. 따라서 $ax + b$형태는 $y$를 도출하기 위한 기본적인 데이터모델이다(그림 1.24(a)).

컴퓨터 개론 관점에서는 데이터모델을 다음과 같이 설명한다. 데이터베이스[8]를 구축할 때는 체계화된 구조를 갖추는 것이 필요한데, 이때 데이터베이스 구조를 명시하기 위한 개념 집합을 데이터모델이라 한다. 즉, 데이터모델은 데이터베이스의 구조뿐만 아니라 이런 구조에서 허용되는 연산 그리고 이런 구조와 연산에 대한 제약 조건을 포함하는 개념이다.

따라서 데이터모델은 데이터 설명, 데이터 의미 체계 및 데이터의 일관성 제약 조건을 모델링(그림 1.24(b))하는 것으로 설명할 수 있다.

본 서에서는 컴퓨터 개론 관점의 체계화된 구조, 위키백과의 데이터의 관계, 접근과 그 흐름에 필요한 처리 과정에 관한 추상적인 모형의 절충으로 데이터모델을 정의하고자 한다. 정리하면, <그림 1.24>처럼 자료들의 체계화된 구조 또는 이 자료들의 관계, 접근과 그 흐름과 관련된 처리 과정을 추상적인 모형으로 나타내는 것을 데이터모델이라 한다.

**그림 1.24** 데이터모델(data model)

8 여러 사람에 의해 공유되어 사용될 목적으로 통합하여 관리되는 데이터의 집합을 말한다. 자료항목의 중복을 없애고 자료를 구조화하여 저장함으로써 자료 검색과 갱신의 효율을 높인다(자료: 네이버 지식백과).

## 2. 데이터모델링

앞 절에서 자료들의 체계화된 구조 또는 이 자료들의 관계와 접근, 그리고 그 흐름과 관련된 처리 과정을 추상적인 모형으로 나타낸 것을 데이터모델이라고 정의하였다. 이 정의에서 '추상적인 모형'은 머릿속에 구상한 형태를 그림이나 Auto CAD, Flash 등으로 설계한 구체적인 형태이다. 이런 형태를 실제 모형으로 구체화하고자 할 때 3D 프린팅이나 4차 산업혁명 기술로 제작한다.

예를 들어, 아파트 실거주자들은 모델하우스에서 분양에 관한 설명과 입주할 아파트가 어떤지에 대한 정보를 얻는다. 실 거주자들은 모델하우스에서 실제 분양하는 아파트 단지를 수십만 분의 일 크기로 축소한 아파트 모형(모델링)으로 위치, 햇빛 방향, 층수, 앞 동과의 거리 등을 파악한다.

<그림 1.25>는 단독주택 3D House 모델링(모형)과 자동차 3D Car 모델링(모형)을 보여준다. 우리는 이런 모델링을 보고 집과 자동차의 형상을 파악한다. 주택, 자동차를 3차원으로 모델링하면 3D House 모델링, 3D Car 모델링이란 이름을 적용한다.

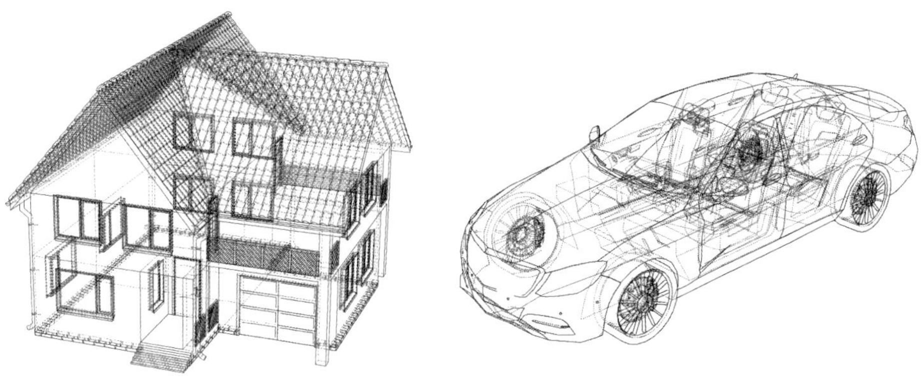

**그림 1.25** 3D House, Car 모델링

그렇다면 주택, 자동차가 자료들로 대체된다면 어떨까? 자료 모델링, 즉 데이터모델링이 된다. 자료들의 체계화된 구조 또는 이 자료들의 관계, 접근과 그 흐름과 관련된 처리 과정을 추상적인 모형으로 나타낸 <그림 1.26>과 같이 2, 3차원, 그래프 등으로 표현할 수 있다.

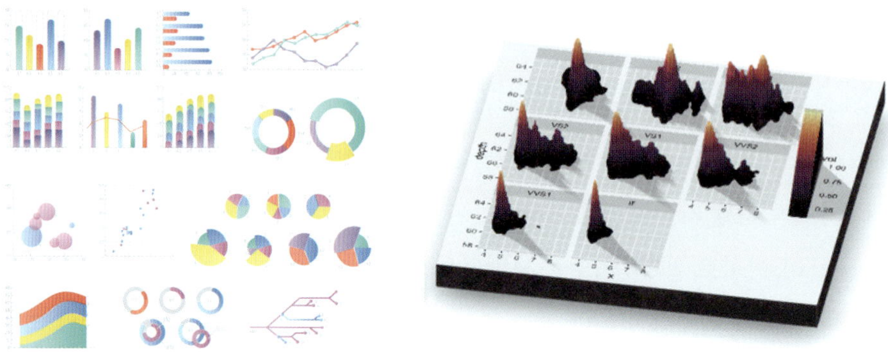

2차원 3차원

**그림 1.26** 데이터모델링(data modeling)

자료: https://www.rayshader.com

정리하면, 데이터모델링은 주어진 자료들의 논리적인 데이터모델을 구성하는 작업이다. 결과적으로 데이터모델과 데이터모델링은 서로 관련이 깊고, 데이터 관련 및 흐름 파악을 도식화, 수식, 시각화한다는 관점에서 유사한 개념이라고 볼 수 있다.

하지만 동일 데이터라도 분석가에 따라 다양한 모델링 기업으로 분석 결과를 제시한다. 예를 들어보자. <그림 1.27>은 자료에 맞춰진 여러 곡선(Curve-fitting)으로, 동일한 데이터의 여러 데이터모델(선형(linear), 지수형(exponential), 로지스틱(Logistic), 2차 이상(Quadratic, cubic) 등)을 보여준다. 이 그림을 통해 알 수 있는 것은 다양한 가상의 과학자나 통계학자가 각각 정확히 동일한 데이터에 자신의 해석을 적용하는 것을 볼 수 있으며, 동일한 데이터라도 다양한 연구자적인 의견이나 기타 여러 가지 주장으로 다르게 표현(그려질 선에 대한 방정식의 형태를 지정하고 알고리즘은 실제 선을 생성)한다는 것이다.

이처럼 동일한 자료라고 할지라도 다양한 모델링이 존재하여 이를 판별할 수 있는 통계 리터러시(statistical literacy)가 필요한 시점이다.

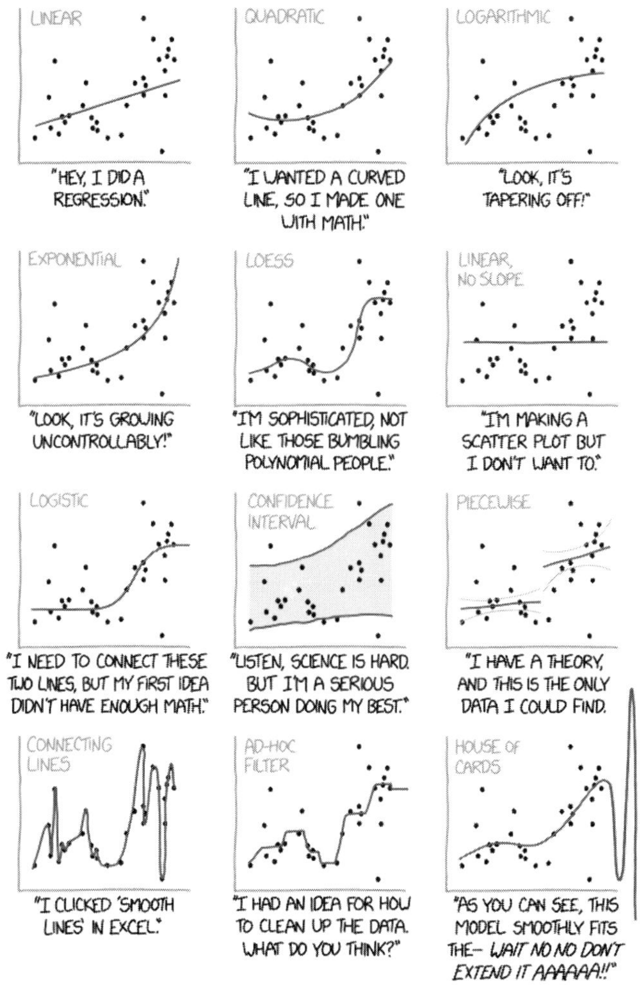


**그림 1.27** 동일 자료에 대한 다양한 데이터모델링

자료: Cauchy-Lorentz, https://www.explainxkcd.com/wiki/index.php/2048:_Curve-Fitting

요즘 빅데이터 모델링에는 정형, 비정형 데이터가 포함되어 있어서 이들 자료를 모델링하는 기법에는 차이가 있다. 또한 복잡한 정형 데이터들로 구성된 자료에 대한 모델링은 최적 모델링 도출도 중요하다. 이 책에 소개하는 단원들을 학습한다면, 이와 같은 다양한 모델링에 대한 주요 문제를 스스로 답을 찾는 통계 리터러시 능력이 배양될 것이다.

# 2장

# 빅데이터 시각화

**2.1** 시각화 방법
**2.2** 시각화 오류
**2.3** 시각화 주의사항

이번 장은 빅데이터 분류에 따라 적합한 시각화 방법을 알아본다. 세부적으로 정형, 비정형 데이터 시각화, 시각화 과정에서 발생할 수 있는 오류와 주의사항을 살펴본다.

# 1 시각화 방법

## 1. 정형 데이터 시각화

정형 데이터는 양적, 질적 데이터로 양분되고 양적 데이터에는 연속형(continuous type), 이산형(discrete type)자료가 있다. 질적 데이터에는 범주형(categorical type)과 이진형(binary type) 자료가 포함된다.

자료를 시각화하기 전에 자료 분포를 파악하기 위한 자료 도표화를 알아보자. 질적 데이터로 잘 알려진 혈액형 자료를 <표 2.1>에 소개한다.

**표 2.1** 임의의 40명 혈액형

| A | B | AB | O | B | A | A | O | O | AB |
|---|---|---|---|---|---|---|---|---|---|
| AB | A | B | B | B | O | O | O | A | B |
| AB | O | A | B | B | O | O | AB | AB | O |
| A | B | O | AB | AB | O | B | A | A | O |

이 혈액형 자료에서 전체 40명 중 A, B형은 몇 명이고 어느 정도 비율을 차지하고 있는가? 또는 40명의 혈액형에 따른 분포는 어떻게 되는가? 등은 흥미로운 질문이다. 이런 질문에 대답하기 위해서는 자료 도표화인 도수분포표(frequency distribution table)로 해결하면 간단하다. 질적 데이터의 도수분포표는 속성별로 나누어 이에 해당하는 도수 또는 백분율로 표기한다.

| 속성 | 도수 | 백분율 |
|---|---|---|
| A | 9 | 22.5 |
| B | 10 | 25.0 |
| AB | 8 | 20.0 |
| O | 13 | 32.5 |
| 합계 | 40 | 100.0 |

혈액형 A, B형은 전체 40명 중에서 19명으로 47.5%를 차지한다. 그리고 A형은 9명, B형은 10명, AB형은 8명, O형은 13명으로 40명 중에서 O형, B형, A형, AB형 순으로 분포되어 있다.

질적 데이터의 시각화 도구 또는 방법으로는 막대그래프(bar chart), 원그래프(pie chart), 꺾은선그래프(line chart), 트리맵차트(tree map chart) 등이 있다.

막대그래프는 수평축에 관측값으로 구한 각 속성 또는 범주를 표시하고, 수직축은 각 범주 도수에 해당하는 높이를 표시한다. 수평축에 범주를 나타내므로 각 범주의 폭 크기는 의미가 없으므로 동일하다. <표 2.1>의 혈액형 자료 분포를 막대그래프로 표현하면 <그림 2.1>과 같다.

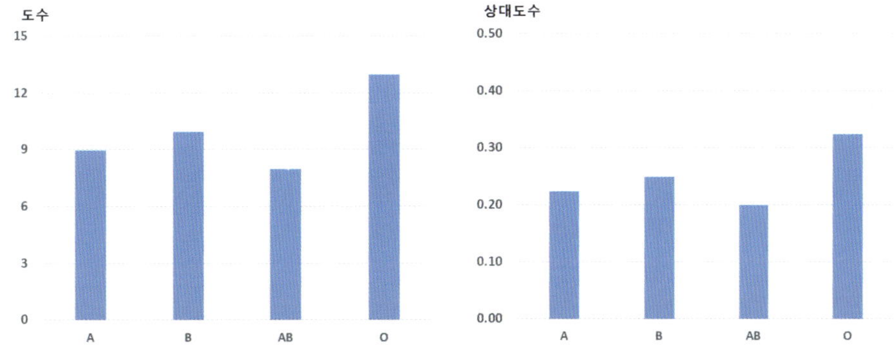


**그림 2.1** 혈액형에 따른 막대그래프와 상대도수 막대그래프

도수로만 표현하는 막대그래프는 각 범주의 순서를 알아보는 데 좋지만, 전체에 대한 상대비중은 알아보기 어렵다. 이런 경우 상대도수 막대그래프를 활용하면 손쉽게 정보를 얻을 수 있다. 참고로 자료 분석자에 따라 MS Office Excel 등을 활용하여 수평(가로),

수직(세로) 막대그래프, 3차원 막대그래프 등으로 시각적 효과를 더할 수 있다.

원그래프는 여러 범주를 한 원안에서 여러 조각으로 나타내기 때문에 각 범주는 피자 조각처럼 부채꼴 모양으로 표현된다. 시계의 12시에서 시작하여 시계 방향(또는 반대 방향)으로 각 범주 순으로 표현하면 된다. 경우에 따라 상대적 빈도 크기로 표현하기도 한다. 그런데 원그래프에서 각 부채꼴 모양의 크기는 해당 범주의 도수와 비례하고, 모든 조각의 각도의 합은 360°가 된다. 혈액형 자료의 범주별 각도를 계산하면 A형은 9명으로 전체 22.5%이다. 따라서 360°×0.225=81°이다. 동일 원칙을 다른 혈액형에도 적용하면 B형은 360°×0.25=90°, AB형은 360°×0.20=72°, O형은 360°×0.325=117°이다. 이들 결과에 따란 원그래프를 작성하면 <그림 2.2>와 같다.

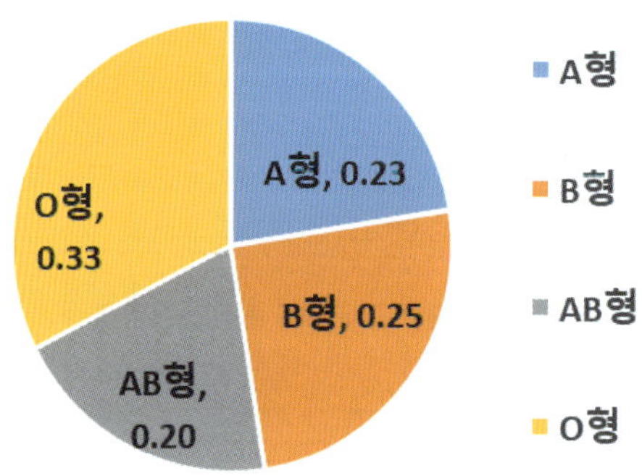


**그림 2.2** 혈액형에 따른 원그래프

원그래프는 막대그래프보다 각 범주가 한 원안에 표시되어 있어 각 범주의 상대적인 크기를 한눈에 알아볼 수 있는 장점이 있다.

꺾은선그래프는 막대그래프처럼 수평축에 범주를 표시하고, 수직축에 각 범주의 도수 또는 상대도수에 해당하는 값에 점을 표기한 후, 이 점들을 선으로 연결하여 완성한다. 일별, 시간별, 월별, 분기별, 반기별, 연도별 등 기간의 경과에 따라 범주가 어떤 추이를 보이는지를 나타내기에 최적인 그래프로 시계열그래프(time-series chart)라고도 한다. 특히 시간별 기업 매출, 주가 추이 등에도 유용하게 활용된다.

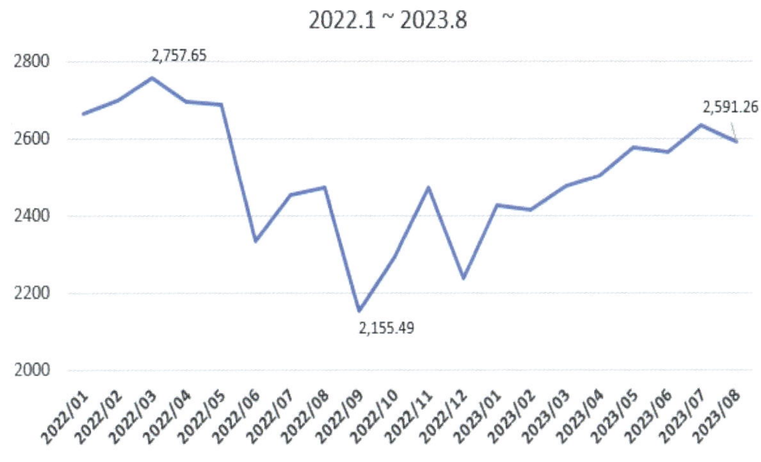


**그림 2.3** 코스피 지수 추이 꺾은선그래프

<그림 2.3>과 같이 시간의 변함에 따라 일일 코스피 지수가 어떻게 변하는가에 대한 경향과 추이를 알고자 할 때, 꺾은선그래프의 시각적인 정보력은 막대그래프, 원그래프보다 뛰어나다.

트리맵차트(tree map chart)는 전체에 대한 부분의 비율을 크기순으로 나타낼 수 있는 차트이다. 트리맵차트는 자료 분포의 계층적 관계(hierarchical relationship)를 살펴보고, 계층 안의 비율을 비교하는 데 유용하다. 가장 큰 비율을 차지하는 범주가 왼쪽 상단에 위치하고 가장 낮은 비율을 차지하는 것은 오른쪽 하단에 위치한다. 상대적인 비율을 사각형으로 표시하기 때문에 원형, 도넛형과 함께 분석은 할 수 없다. 계층 분기는 트리 분기라고도 하며 사각형으로 나타나고 각 하위 분기는 더 작은 사각형으로 나타낸다. 계층적 관계를 크기 순서대로 빠르게 비교하고 알 수 있어서 유용하다. <그림 2.4>는 H기업 월별 전구생산량을 트리맵으로 표현한 것이다. 아래 결과는 MS Office Excel에서 제공하는 트리맵 도구로 시각화한 것으로 그림 크기에 따라 다양하게 사각형 표현이 가능하다.

(단위:천 개)

| 월별 | 생산량 | 월별 | 생산량 |
|---|---|---|---|
| 1월 | 22 | 7월 | 26 |
| 2월 | 23 | 8월 | 32 |
| 3월 | 65 | 9월 | 45 |
| 4월 | 35 | 10월 | 48 |
| 5월 | 94 | 11월 | 16 |
| 6월 | 82 | 12월 | 12 |
| | | 합계 | 500 |

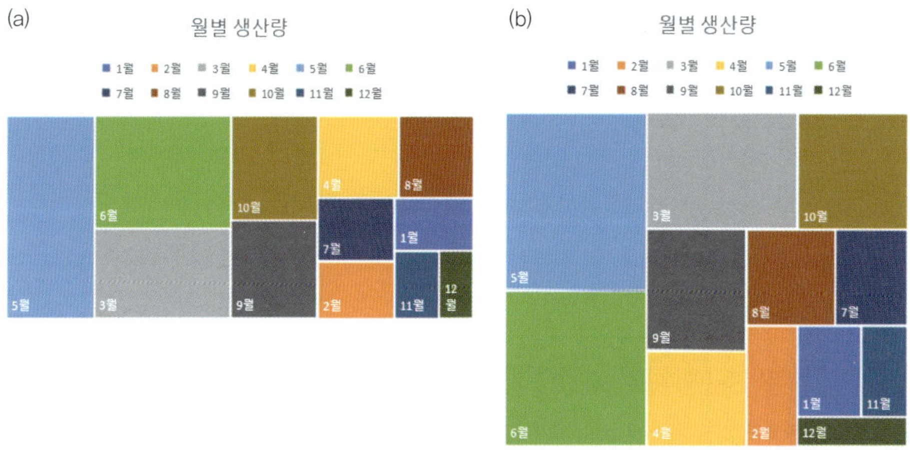


**그림 2.4** H기업 월별 전구생산량과 트리맵 2종류

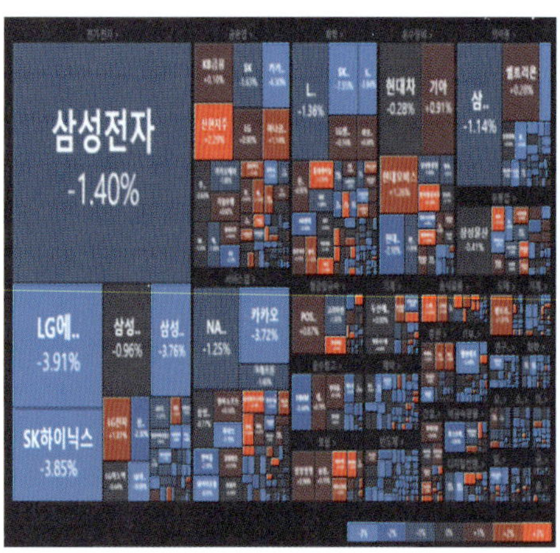


한국 주식 트리맵

미국 주식 트리맵

<그림 2.4>처럼 트리맵은 H기업의 월별 생산량의 크기와 월별 계층적 관계를 한눈에 알아볼 수 있다. 참고로 다음의 그림은 트리맵으로 한국 주식과 미국 주식 종목의 시가 총액별 비중 순서를 보여주고 있다.

지금까지 질적 데이터 자료 분포를 파악하기 위해 자료 도표화와 막대그래프, 원그래프, 꺾은선그래프, 트리맵을 작성하는 방법에 대하여 살펴보았다. 각 그래프별로 장단점이 있고 쓰임이 다르므로, 시각적 정보력이 뛰어난 그래프를 선정하는 것이 중요하다.

이제 양적 데이터 시각화에 대해 알아보자. 양적 데이터도 자료 분포 파악을 위해 질적 데이터와 동일한 방식으로 자료 도표화 과정을 거친 후 시각화 방법을 적용한다. 양적 데이터 도표화는 계급수($k$), 계급폭, 계급도수 계산으로 만들어진다. 계급수는 여러 문헌에서 5~20개 정도의 $\sqrt{\text{자료수}}$ 로 제시하지만, 관측값에 비해 계급수가 많으면 자료의 특징을 파악할 수 없게 되는 단점이 있어 주의해야 한다.

따라서 적절한 계급수($k$)의 선정이 중요한데, 저자는 $\sqrt{\text{자료수}} \pm (1 \sim 2)$를 제안한다. 계급 폭은 '(자료 최댓값 − 자료 최솟값)/계급수($k$)'를 적용한다. 계급의 도수 계산은 계급구간에 해당하는 자료 개수를 계산하여 계급별 도수를 완성한 후, 각 계급도수의 합이 주어진 자료값의 합과 일치하는지 확인한다.

<표 2.2>는 H대학 재학생이 기초통계학을 수강하는 40명의 중간시험 성적과 이들 자료에 대한 도수분포표이다.

**표 2.2** 통계학 성적과 도수분포표

89 80 68 63 68 51 83 63 37 56

78 38 73 77 83 78 72 56 52 61

67 59 82 68 78 59 87 44 42 66

68 91 96 68 75 80 78 69 98 73

| 계급구간 | 도수 | 백분율(%) |
|---|---|---|
| 50점 미만 | 4 | 10.0 |
| 50~60점 미만 | 6 | 15.0 |
| 60~70점 미만 | 11 | 27.5 |
| 70~80점 미만 | 9 | 22.5 |
| 80~90점 미만 | 7 | 17.5 |
| 90점 이상 | 3 | 7.5 |
| 합계 | 40 | 100.0 |

계급수는 $\sqrt{40} \pm (1 \sim 2) \fallingdotseq 6 \sim 8$, 계급폭은 '(98－38)/6=10'이다. 계급의 도수 계산은 해당 계급의 도수를 원자료에서 찾으면 된다. 이렇게 완성된 도수분포표는 <표 2.2>의 우측에 제시되어 있다. 통계학 성적 도수분포표는 60점대가 가장 많고 다음으로 70점대가 높음을 보여준다. 그리고 백분율을 통해 60점대는 전체 40명 중 약 28%가 분포되어 있음을 알 수 있다.

이제 본격적으로 양적 데이터가 주어질 때, 자주 사용되는 히스토그램, 줄기-잎-그림, 상자그림을 소개한다.

먼저 히스토그램이다. 도수분포표가 완성되면 수평축에 계급구간을 표시하고, 해당하는 각 계급구간에 계급의 도수를 수직으로 표시하여 그래프를 도시하면 <그림 2.5>와 같은 히스토그램(histogram)이 된다. 히스토그램을 살펴보면 통계학 중간고사 성적은 60~70점에 많이 밀집되어 있고 약간 왼쪽으로 치우친 모양을 나타내어 상위점수보다 70점 이하의 점수가 상대적으로 높은 것을 알 수 있다. 계급도수나 상대도수로 그려본 히스토그램은 두 개 모두 분포 모양이 유사함을 알 수 있고, 자료 분포의 특징을 잘 나타내고 있음을 보여준다.

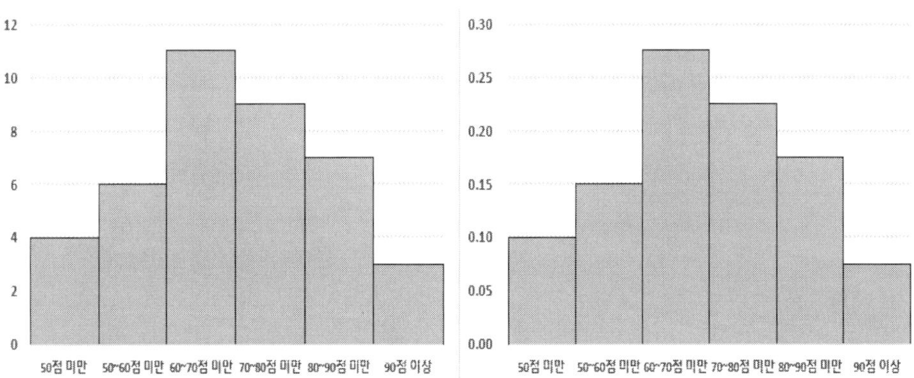


계급 도수 계급 상대도수

**그림 2.5** 히스토그램

히스토그램의 가장 큰 장점은 적절한 계급수가 정해지면, 자료 분포를 합리적으로 판단할 수 있다는 것이다. 그런데 관측값을 히스토그램으로 작성할 때 다양한 분포 형태로 나타날 수 있지만, 통상 4가지 패턴 형태로 요약해 볼 수 있다. 이들 네 가지 형태는 <그림

2.6>과 같다. 이들 그림의 작성법은 계급별 히스토그램 막대의 끝점 중앙에 점을 찍고, 이 점들은 곡선으로 연결하면 대략적인 분포곡선이 그려진다. <그림 2.6>의 ㉠은 자료 분포가 중심에서 왼쪽으로 치우친 형태(오른쪽으로 꼬리가 긴 형태, 성적이면 하위점수가 많은 경우), ㉡은 자료 분포가 대칭인 형태(평균에 밀집해 있고 상위, 하위로 갈수록 작아지는 경우), ㉢은 자료 분포가 중심에서 오른쪽으로 치우친 형태(왼쪽으로 꼬리가 긴 형태, 성적이면 상위점수가 많은 경우), ㉣은 이단봉으로 이질적인 두 집단(㉠과 ㉢과 같은 분포 형태를 보이는 서로 다른 집단)이 섞여 있는 경우이다.

예를 들어, 통계학 중간고사가 수강생들에게 어려웠다면 대략적인 히스토그램 모양은 ㉠을, 중간고사 대비 문제은행이나 기출문제를 학습한 후 중간고사를 치르면 ㉢의 모양이다. 그리고 중학생과 대학생 남자의 키 자료를 각각 50명씩 수집하여 히스토그램을 그려보면 대략적으로 ㉣과 같은 모양을 나타낸다.

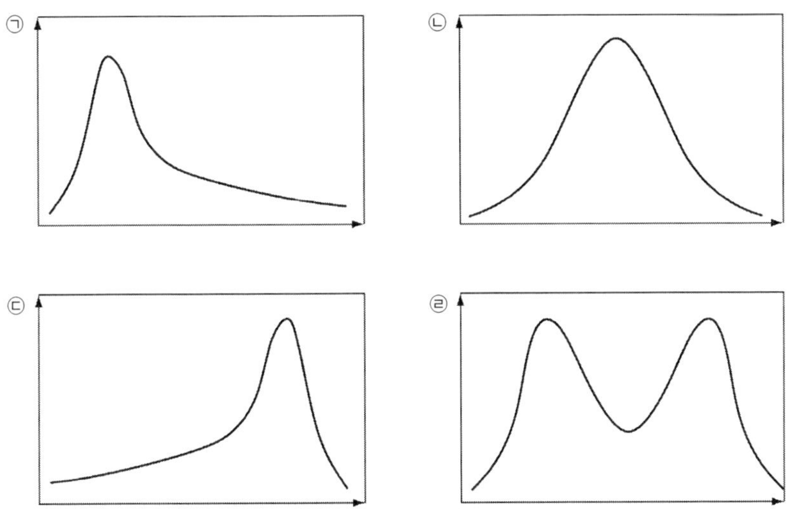


**그림 2.6** 히스토그램의 대표적인 4가지 패턴

이제 히스토그램의 모양에 따라 중심 위치 지표들과 연결하여 살펴보자. 즉, 산술평균(A), 중앙값(B), 최빈값(C)에 대해서 대칭, 좌우로 치우친 분포 모양일 때 이들 지표의 크기순을 알아보는 것이다(그림 2.7).

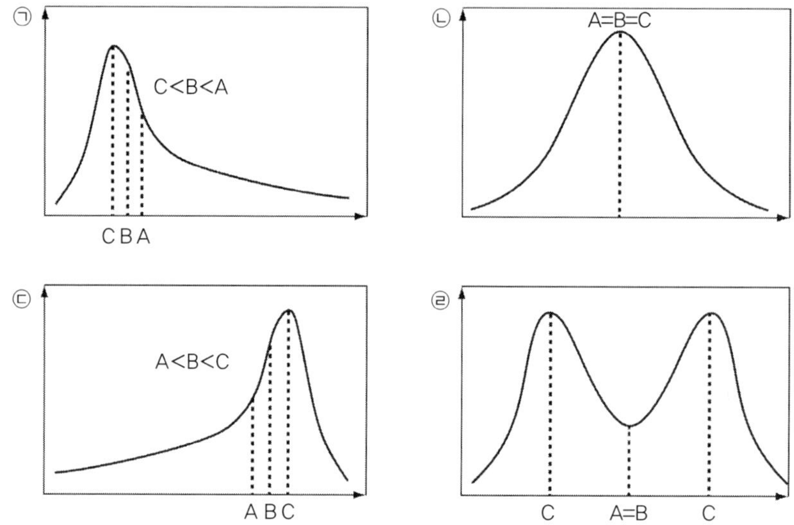


**그림 2.7** 히스토그램 분포 모양별 중심 위치 지표 관계

첫째, 대칭인 경우는 가장 높은 도수를 보이는 봉우리가 최빈값이 되고 전체 자료를 오름차순으로 정렬할 경우 이 봉우리 왼쪽에 50%, 오른쪽에 50%가 존재하게 된다. 그리고 산술평균 역시 봉우리 위치에 있게 된다. 따라서 자료 분포가 대칭일 경우에는 이들 중심 위치 지표는 일치하는 '산술평균(A)=중앙값(B)=최빈값(C)' 관계가 도출된다.

둘째, 좌측으로 쏠린 오른쪽으로 긴 꼬리를 가진 두 번째 분포 모양에 대해서 중심 위치 지표 관련성을 살펴보자. 자료들이 좌측으로 쏠려 있으므로 대부분의 관측값은 작은 값들을 취하는 반면 소수의 관측값이 매우 큰 값을 취하는 분포이다. 매우 큰 값이 존재할 경우 중앙값보다는 산술평균이 민감하므로 중앙값보다는 산술평균이 높게 나타난다. 그리고 봉우리에서 수직선을 그은 선과 수평축이 만나는 곳이 최빈값의 위치이다. 그러므로 좌측으로 치우치고 오른쪽으로 꼬리가 긴 분포 형태는 '최빈값(C)<중앙값(B)<산술평균(A)' 관계가 도출된다.

셋째, 우측으로 치우치고 왼쪽으로 긴 꼬리를 가진 세 번째 분포 모양에 대해 중심 위치 지표 관련성은 두 번째 경우의 반대이므로 소수의 작은 값이 민감한 산술평균이 가장 작고 다음으로 중앙값, 최빈값 순으로 나타난다. 따라서 '산술평균(A)<중앙값(B)<최빈값(C)' 관계가 도출된다.

끝으로, 위의 3가지 패턴과는 다른 이단봉일 경우 산술평균(A)=중앙값(B)이나 최빈값은 위, 아래 두 곳에 존재한다.

일부 분석가들이 질적 데이터 시각화 차트인 막대그래프와 양적 데이터 시각화 차트 히스토그램을 구분 없이 사용하는 경우가 종종 있다. 질적 데이터의 자료 분포 파악에 사용되는 막대그래프는 막대가 서로 떨어져 있으며, 빈도에 대한 비중을 막대로 그린 것이다. 그리고 막대그래프의 수평축은 단순히 각 범주를 나타내기 때문에 각 범주의 폭의 크기는 의미가 없으므로 폭의 크기를 같게 나타낸다. 이에 반해 히스토그램은 양적 데이터를 그룹화하여 구체적으로 자료 분포 형태를 파악하는 것이다. 연속된 양적 데이터이므로 막대가 서로 떨어져 있지 않고 연결되어 붙어 있어야 한다. 그리고 막대 크기는 상대도수(relative frequency)의 비중을 뜻하므로 계급 수에 따라 서로 다른 막대 크기를 보인다. 그러므로 막대그래프와 히스토그램은 자료 형태에 따라 구분하여 작성해야 한다.

줄기-잎-그림(stem and leaf)은 히스토그램과 다르게 원자료를 사용하고, 작성법이 간편한 것이 가장 큰 장점이다. 작성법은 줄기(stem)와 잎(leaf)을 연상하면서 그린다. 데이터로부터 단위 수(일, 십, 백, 천)에서 제일 큰 값을 줄기로 정하고, 그 관측값들의 구체적인 값들을 잎으로 정한다. 그런 다음 각 줄기에 해당하는 값을 잎의 모양으로 줄기 옆으로 붙이듯이 데이터를 표시한다.

<그림 2.8>은 줄기-잎-그림의 작성 방법과 다양한 자릿수 자료에 대한 줄기-잎-그림에 대한 예를 보여준다. 좌측은 작성 방법으로, 줄기 선정과 잎을 작성하는 방법을 소개하고 있다.

그림은 자료가 백, 십, 소수점 자릿수를 보이는 경우에 줄기와 잎을 붙이는 방법을 보여준다. 그리고 시각적 보정 차원에서 줄기-잎-그림은 작성 후 줄기에 달린 잎의 자료를 정렬하는 작성법과 줄기에 잎이 많은 경우 각 줄기를 등분하는 경우를 여러 문헌에 소개되어 있다.

특히, 줄기-잎-그림은 두 집단이 있을 때, 두 자료의 분포를 파악하고 비교하는 데 유용하다. 하지만 집단의 수가 3개 이상일 경우에 줄기-잎-그림은 그리기가 쉽지 않고 개별적으로 작성된 줄기-잎-그림으로 비교한다. 이처럼 집단 수가 늘어나면 자료 분포 비교가 쉽지 않다. 이런 경우에 적용할 수 있는 그림이 병렬상자그림(side-by-side box plot)이다.

**연속형 자료의 시각화 줄기-잎-그림 예시**

- 자료가 다음과 같이 있을 때

  12, 18, 22, 23, 14, 17, 31, 35, 25, 27, 38, 25, 26, 28, 30, 31, 32, 33, 28, 27
- Step 1. 줄기(Stem)를 그린다.

  (기준) 두 자릿수 십의 자리 | 일의 자리
- Step 2. 잎(leaf)을 그린다.

  (기준) 명시된 자료에 대해 Step 1의 기준에 맞게 순서대로 적는다.

```
1 | 2 8 4 7
2 | 2 3 5 7 5 6 8 8 7
3 | 1 5 8 0 1 2 3
```

**• 줄기-잎-그림은 자료의 자릿수에 따라 다르게 그린다.**

예 1) 일, 십의 자리 자료는 십의 자리를 줄기, 일의 자리를 잎으로 → 십 | 일

예 2) 십, 백의 자리 자료는 백십의 자리를 줄기, 일의 자리를 잎으로 → 백십 | 일

예 3) 소수점이 있는 자료는 정수 부분을 줄기, 소수점을 잎으로 → 정수 부분 | 소수점

| 십의 자리 | 일의 자리 |
|---|---|
| 0 | 1 7 |
| 1 | 3 4 6 8 9 |
| 2 | 0 1 1 3 4 5 7 |
| 3 | 1 3 3 4 5 6 7 8 9 |
| 4 | 1 2 2 2 2 4 5 6 7 |
| 5 | 2 4 3 2 4 |
| 6 | 4 3 |

| 백십의 자리 | 일의 자리 |
|---|---|
| 09 | 2 9 |
| 10 | 0 1 2 3 9 |
| 11 | 0 1 1 1 3 4 5 7 |
| 12 | 1 3 3 4 5 6 7 8 9 |
| 13 | 1 2 2 2 2 4 5 6 7 |
| 14 | 2 4 3 2 4 |
| 15 | 4 3 |

| 정수 부분 | 소수점 자리 |
|---|---|
| 1 | 2 9 |
| 2 | 0 1 2 3 9 |
| 3 | 0 1 1 1 3 4 5 7 |
| 4 | 1 3 3 4 5 6 7 8 9 |
| 5 | 1 2 2 2 2 4 5 6 7 |
| 7 | 2 4 3 2 4 |

**그림 2.8** 줄기-잎-그림 작성법

병렬상자그림 작성법을 배우기 전에 상자그림이 무엇인지 알아보자. 상자그림은 자료 중심 위치와 흩어짐을 한 번에 파악할 수 있도록 요약한 그래프이다. 이는 상자와 수염, 특이값(outlier)을 표시한 그림이다. 수염은 데이터의 경계값을, 특이값(outlier)은 매우 작거나 큰 값을 의미한다. <그림 2.9>는 상자그림의 작성 절차 4단계를 보여준다.

첫째, 사분위수범위($IQR = Q_3 - Q_1$)는 상자폭(높낮이)을 결정하고, 상자 안에 선으로 중앙값($Q_2$)을 표시한다. $IQR$이 크면 상자폭이 크고(자료가 많이 흩어져 있음, 변동이 큼), 작으면 상자폭이 작다(중앙값에 밀집되어 있음, 변동이 작음). 더불어 $Q_2$는 중심

1. 제 1사분위수($Q_1$), 중앙값($Q_2$), 제 3사분위수($Q_3$)를 이용하여 상자를 그림
2. 위쪽으로 울타리(fence) 2개($f_U$, $F_U$), 아래쪽으로 울타리(fence) 2개($f_L$, $F_L$) 위치를 표기
   - ✓ 위쪽 안쪽 울타리: $f_U = Q_3 + 1.5 \times IQR$
   - ✓ 위쪽 바깥쪽 울타리: $F_U = Q_3 + 3.0 \times IQR$
   - ✓ 아래쪽 안쪽울타리: $f_L = Q_1 - 1.5 \times IQR$
   - ✓ 아래쪽 바깥쪽 울타리: $F_L = Q_1 - 3.0 \times IQR$
3. 위쪽 안쪽 울타리($f_U$)보다 작은 가장 가까운 값에 위쪽 인접값 표시(위쪽 수염)
   아래쪽 안쪽 울타리($f_L$)보다 큰 가장 가까운 값에 아래쪽 인접값 표시(아래쪽 수염)
4. 위쪽, 아래쪽 수염 바깥에 특이값이 존재하면 'ㅇ' 기호로 표시

**그림 2.9** 상자그림 작성 방법

위치 지표인데, 아래에 위치하면 상대적으로 하위 자료가 많고, 그 반대이면 상위 자료가 많음을 알 수 있다. 상자폭과 $Q_2$의 위치만 보아도 자료의 중심 위치와 흩어짐을 한 번에 파악할 수 있다.

둘째, 특이값과 수염 위치를 도출하기 위한 울타리(fence), 수염, 인접값(adjacent value)은 상자의 위쪽과 아래쪽에 존재하므로 위쪽 안쪽(바깥쪽) 울타리, 아래쪽 안쪽(바깥쪽) 울타리를 <그림 2.9>에 제시된 공식으로 구한다. 위쪽 안쪽 울타리는 Upper inner fence이며 [$f_U = Q_3 + 1.5 \times IQR$], 위쪽 바깥쪽 울타리는 Upper outer fence이며 [$F_U = Q_3 + 3 \times IQR$], 아래쪽 안쪽 울타리는 Lower inner fence이며 [$f_L = Q_1 - 1.5 \times IQR$], 아래쪽 바깥쪽 울타리는 Lower outer fence이며 [$F_L = Q_1 - 3 \times IQR$]와 같이 계산한다.

셋째, 수염을 그린다. 수염은 인접값을 위쪽 안쪽 울타리 경계보다 작은 자료값과 아래쪽 울타리 경계보다 큰 가까운 값을 자료에서 찾아 그린다. 수염은 인접값의 위치를 나타내는데, 인접값은 상자의 위쪽과 아래쪽 각각에 존재한다. 먼저 위쪽 인접값은 $Q_3$와 위쪽 안쪽 울타리 사이에 있는 관측값 중 위쪽 안쪽 울타리 $f_U$에 가장 가까운 관측값이고, 다음으로 아래쪽 인접값은 $Q_1$와 아래쪽 안쪽 울타리 사이에 있는 관측값 중 아래쪽 안쪽 울타리 $f_L$에 가장 가까운 관측값을 의미한다. 이들 두 위치값에 수염을 그린다.

넷째, 수염 경계값보다 크고 작은 값이 있으면 특이값이므로 'ㅇ' 기호를 사용하여

위치에 표시한다. 이런 과정을 거치면 최종적으로 <그림 2.10>과 같은 상자그림이 완성된다.

따라서 상자그림은 관측값의 중심 위치와 산포를 동시에 파악 가능할 뿐만 아니라 이상치 위치와 관측값의 분포 형태까지 파악할 수 있다. 이를 비교하고자 하는 집단별로 여러 개 나란히 그리면 병렬상자그림이 된다.

이런 상자그림으로 자료 분포를 파악할 수 있는 몇 가지 해석 사례를 소개한다.

첫째, 상자그림의 상자폭이 작다면 $IQR = Q_3 - Q_1$이 작은 것을 의미하고, 관측값이 중심 위치에 많이 모여 있다는 것을 보여준다. 둘째, 상자그림에서 중앙선은 $Q_2$값의 위

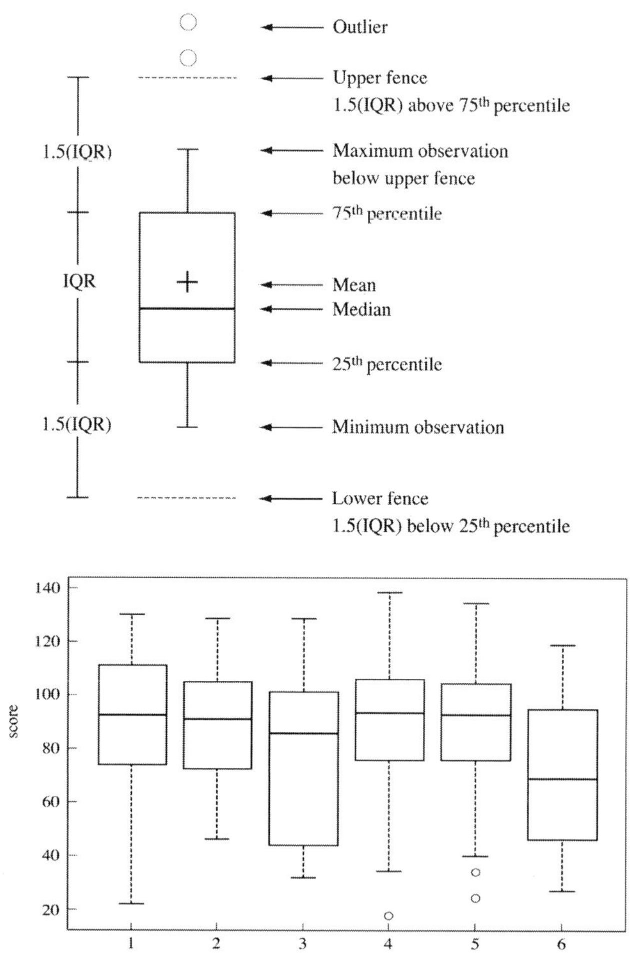


**그림 2.10** 상자그림의 각 부분 명칭과 완성된 상자그림

치를 나타내는데, 중앙선이 $Q_3$에 가까우면 관측값이 오른쪽으로 치우친 형태이고 $Q_1$에 가까울수록 왼쪽으로 치우친 형태를 나타낸다. 셋째, 수염의 위치가 상자에서 멀어질수록 산포가 크다는 것을 보여준다. 넷째, 상자그림에서 '○' 기호가 위, 아래에 보일 때는 관측값 중에서 상대적으로 매우 작거나 큰 값이 존재함을 의미한다. 이 값은 대푯값이나 변동에 많은 영향을 미칠 수 있는 값이므로 자료 요약이나 분포 파악 때 주의가 필요하다. 다섯째, 여러 집단의 자료를 비교할 때, <그림 2.11>과 같은 병렬상자그림으로 살펴보면 수월하다. 집단별 자료가 대푯값에 밀집해 있으면 상자의 크기는 작고, 그 반대이면 크다. 한쪽으로 치우친 분포이면 상자그림의 중앙값 선이 위, 아래로 움직인다. 그리

---

1) 6개 반 중 통계학 점수의 분포가 상대적으로 비대칭 분포인 2개 반을 고르면?
2) 6개 반 중 성적의 편차가 가장 큰 반은 몇 반인가?
3) 6개 반 중 평균 또는 중앙값 주변에 성적이 모여 있는 2개 반을 선별한다면 몇 반인가?
4) 인접값을 기준으로 상자그림의 수염을 작성한다.
위쪽 수염의 길이가 가장 짧은 반은 어느 반인가?
아래쪽 수염의 길이가 가장 긴 반은 어느 반인가?
5) 6개 반의 통계학 점수의 중앙값 순서로 반의 순서를 제시하시오.
6) 6개 반 중에서 이상치가 존재하는 반은 어느 반인가?

---

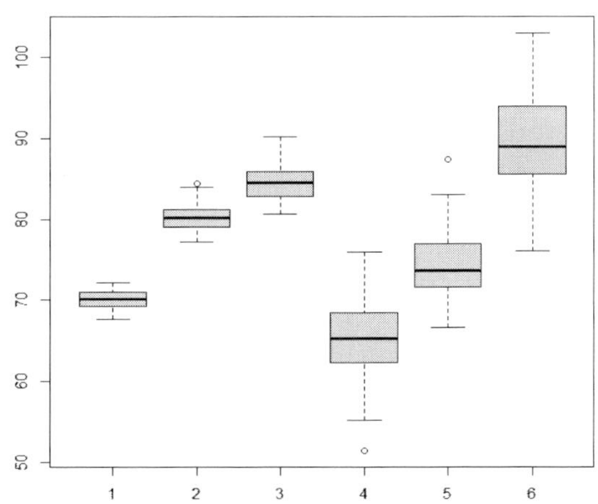


**그림 2.11** 교양과목 중간고사 병렬상자그림

정답

| 1) 5반, 6반 | 2) 6반 | 3) 1반, 2반 |
|---|---|---|
| 4) 1반, 6반 | 5) 6반, 3반, 3반, 5반, 1반, 4반 | 6) 2반, 4반, 5반 |

고 자료가 대푯값에서 많이 떨어져 있거나 흩어져 있는 경우에는 위, 아래의 인접값이 상자에서 떨어져 있게 나타난다. 집단별 자료에 이상치가 있는 경우에는 개별 상자그림에 'ㅇ' 기호가 표시된다.

<그림 2.11>은 H대학교에서 '통계로보는세상' 교양과목을 수강하는 6개 반의 중간고사 결과를 병렬상자그림으로 그린 것이다. 상자그림의 원리를 이해하였다면, 다음 여섯 질문에 답을 제시할 수 있을 것이다.

이러한 상자그림은 집단별 자료 분포를 비교하거나 대푯값, 산포도, 특이값 등으로 비교할 수 있고, 대칭성 여부도 파악할 수 있다. 그러나 이단봉 분포를 나타내는 복잡한 분포를 보이는 경우는 상자그림으로도 충분하게 자료의 분포를 파악하기는 쉽지 않다. 그러므로 여러 집단자료를 분석하는 경우에는 상자그림, 히스토그램, 줄기-잎-그림 등을 같이 살펴 집단별 자료의 분포를 효과적으로 비교해야 한다.

## 2. 비정형 데이터 시각화

워드클라우드(word cloud)는 비정형 데이터인 텍스트에서 자주 사용된 단어를 시각적으로 표시하는 텍스트마이닝 방법이다. 앞장에서 텍스트마이닝은 비정형 데이터 정리와 요약에서 2가지 가설과 4가지 처리 과정으로 비정형 데이터인 텍스트상에서 주요한 정보를 시각화하는 것이라고 소개했다.

워드클라우드는 텍스트 속에 단어의 사용 빈도가 높을수록 그 단어를 강조하기 위해 크게 표시하는 방법이다. 즉, 하늘의 구름 크기 형태로 단어 사용 빈도를 묘사하는 것이다. 하늘의 구름 크기가 클수록 눈이 잘 보이는 원리를 적용하는 것으로, 텍스트에서 단어 사용 빈도가 높고 텍스트상에서 자주 노출되는 단어를 크게 표시하는 것이다.

따라서 워드클라우드는 사용 빈도가 높은 단어일수록 큰 글씨(구름)로 표시함으로써 분석하는 텍스트에서 강조하고자 하는 단어와 주제어를 손쉽게 알아볼 수 있는 유용한 시각화 방법이다.

R 프로그램, Python 등 다양한 통계프로그램을 활용하여 워드클라우드를 그릴 수 있으나, 본서에서는 워드클라우드 생성기 3.7(https://wordcloud.kr/)을 소개한다. <표 2.3>

은 사용 방법, <그림 2.12>는 워드클라우드 생성기 3.7을 보여준다. 워드클라우드 생성기는 누구나 손쉽게 텍스트마이닝을 할 수 있고, 생성된 결과를 토대로 텍스트상에서 중요한 주제어와 단어 사용 빈도를 파악할 수 있다.

**표 2.3** 워드클라우드 생성기의 단계별 사용법

| 단계 | 내용 |
|---|---|
| 1 | 자신 취향에 맞는 글자색과 폰트를 선택한다. |
| 2 | 배경색과 마스크를 선택한다. (기본은 흰색) |
| 3 | 그림 크기를 선택한다. |
| 4 | 워드클라우드에 표현하고자 하는 글자 수(기본 300개)를 적는다. |
| 5 | 텍스트 데이터를 텍스트 창에 입력한다. |
| 6 | 분석을 실행한다. (워드클라우드 만들기 버튼 클릭) |
| 7 | 분석 완료된 워드클라우드를 저장 및 공유한다. |

**그림 2.12** 워드클라우드 생성기 3.7

본서에서는 두 가지 텍스트마이닝을 소개한다. 먼저 가수 이소라의 '신청곡(feat. SUGA of Bts)'이라는 노래 가사 정보이다. 한글과 영문이 포함되어 있는 가사이고, 비 오는 날에 들으면 차분해지는 명곡이다. 가사는 다음과 같으며, 워드클라우드 생성기 결과에 따르면 이 노래 가사는 '난', '누군가에겐', '밤에', 'Hey', 'DJ'라는 단어가 자주 반복됨을 알 수 있다.

---

창밖엔 또 비가 와 이럴 땐 꼭 네가 떠올라 잠이 오지 않아 내방엔 이 침묵과 쓸쓸한
내 심장 소리가 미칠 것만 같아 So I turn on my radio 낯선 목소리가 들려오고 And on the radio
슬픈 그 사연이 너무 내 얘기 같아서 Hey DJ play me a song to make me smile
마음이 울적한 밤에 나 대신 웃어줄 그를 잊게 해줄 노래 Hey DJ play me a song to make me cry
가슴이 답답한 밤에 나 대신 울어줄 그를 잊게 해줄 노래 치열했던 하루를 위로하는 어둠마저 잠든 이 밤
수백 번 나를 토해내네 그대 아프니까 난 당신의 삶 한 귀퉁이 한 조각이자 그대의 감정들의 벗 때로는 familia
때때론 잠시 쉬어 가고플 때 함께임에도 외로움에 파묻혀질 때 추억에 취해서 누군가를 다시 게워낼 때
그때야 비로소 닌 딩신의 음악이 됐네 그래 난 누군가에겐 봄 누군가에게는 겨울
누군가에겐 끝 누군가에게는 처음 난 누군가에겐 행복 누군가에겐 넋 누군가에겐 자징가이자 때때로는 소음
함께 할게 그대의 탄생과 끝 어디든 함께 임을 기억하기를 언제나 당신의 삶을 위로할 테니
부디 내게 가끔 기대어 쉬어가기를 So I turn on my radio 낯선 목소리가 들려오고 And on the radio
슬픈 그 사연이 너무 내 얘기 같아서 Hey DJ play me a song to make me smile
마음이 울적한 밤에 나 대신 웃어줄 그를 잊게 해줄 노래
Hey DJ play me a song to make me cry 가슴이 답답한 밤에 나 대신 울어줄
그를 잊게 해줄 노래 창밖엔 또 비가 와 이럴 땐 꼭 네가 떠올라 잠이 오지 않아 난 어쩔 수 없나 봐

---

**그림 2.13** 이소라 '신청곡(feat. SUGA of BTS)'의 워드클라우드 결과

다음으로 'of the people, by the people, for the people'의 명연설로 잘 알려진 에이브러햄 링컨의 게티즈버그 연설문을 워드클라우드로 선보인 결과이다. 링컨의 연설문은 헌신(dedicated), 국가(nation), 국민(people), 위대한(great), 희생(dead) 등의 단어들이 자주 반복되어 남북전쟁으로 숨진 병사를 위한 헌정식의 문장임을 알 수 있다.

**그림 2.14** 워드클라우드를 활용한 게티즈버그 연설문

소셜 네트워크 분석은 노드 간에 사회적으로 연결된 망을 구조적으로 분석하여 숨겨진 관계를 시각적으로 파악하는 것이다. 예를 들어 <표 2.4>는 TV쇼에 출현하는 1호(가칭)에서 8호(가칭)까지의 친분 관계를 설명한 것이고, <그림 2.15>는 R 프로그램을 활용한 <표 2.4>에 대한 네트워크를 표시한 것이다.

**표 2.4** 1호에서 8호까지 친구 관계

- 1호는 2호와 4호와 친구 관계이다.
- 2호는 1호와 3호와 친구 관계이다.
- 3호는 2호, 4호, 5호, 6호, 7호와도 친구 관계이다.
- 5호는 4호와 6호와 친구 관계이다. 6호는 3호와 5호와 친구 관계이다.
- 7호는 3호와 8호와 친구 관계이다. 8호는 7호와 친구 관계이다.

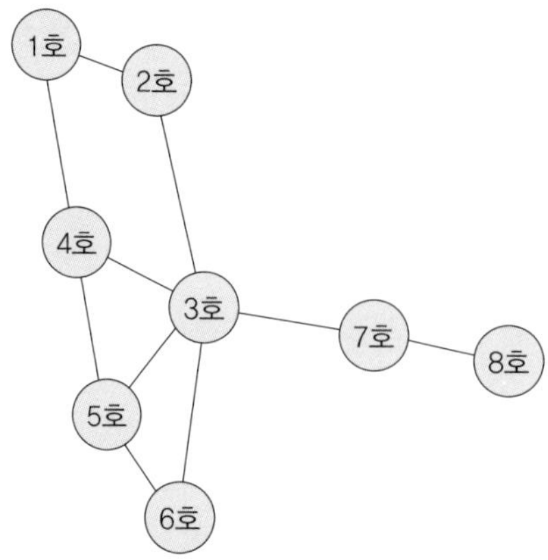


**그림 2.15** 〈표 2.4〉에 대한 소셜 네트워크

소셜 네트워크 분석은 어떤 회사조직에서 구성원들 간의 관계를 네트워크로 시각화하면 구성원들이 어떤 구성원들과 업무 협약하고 논의를 하는지를 한눈에 알아볼 수 있다. 또한 어떤 구성원이 가장 활발히 구성원들과 의사소통을 하고 있고, 업무에 소홀히 하는지를 한눈에 파악 가능하다. 그리고 소셜 네트워크 분석에 워드클라우드 개념을 도입하여 의사소통 빈도 횟수가 높으면 그 구성원 해당 노드를 크게 나타내고, 반대이면 작게 나타내는 시각화도 있다. 이를 가중네트워크(weighted network)라고 하는데, 연결 관계에 가중치가 있는 네트워크를 말한다. 즉, 구성원 간의 커뮤니케이션 빈도나 친구들 간의 친근한 정도를 볼 수 있다.

이를 활용한 것이 구글 페이지 랭크(PageRank, 웹 페이지의 중요도를 웹페이지 간 연결 관계에 기반을 두고 측정한 지표)[1]이다. 검색 회사들은 어떤 검색 결과를 가장 상위에 보여줄지가 중요한 문제이다. 구글은 '하이퍼링크'를 통해 연결된 웹 페이지들의 네트워크 구조를 이용해 중요도를 측정하는 '페이지 랭크'라는 알고리즘을 이용한다.

<그림 2.16>은 웹페이지들을 노드(Node)로 대응시키고 웹페이지에서 다른 웹페이지로 하이퍼링크를 화살표(Edge)에 대응시켜 그래프로 나타낸 것이다. 예를 들어, 노드 B

1 PageRank: 1998년 스탠퍼드 대학교에 재학 중이던 래리 페이지(Larry Page)와 세르게이 브린(Sergey Brin)이 개발한 검색엔진 알고리즘으로, 인터넷의 광대한 정보를 모두 담겠다는 의지를 담아 10의 100승을 뜻하는 '구골(googol, 영어 수 단위의 10 duotrigintillion에 해당)'을 변형시켜 구글(Google)이란 회사를 만들었다.

에서 노드 C로 가는 화살표는 웹페이지 B에서 웹페이지 C를 인용했다(링크를 달았다)는 것을 나타낸다. 또한 노드 안의 숫자는 각 웹페이지의 중요도를 나타낸다. 위 그림에서 C와 E를 비교해보면 알 수 있듯이 웹페이지의 중요도는 단순히 링크가 많이 걸렸다고 해서 크지 않다. 또한 A와 C를 보면 두 웹페이지 모두 한 개의 웹페이지에서만 인용이 되었지만, 인용을 한 웹페이지의 중요도가 클수록 중요도가 큰 것을 알 수 있다.

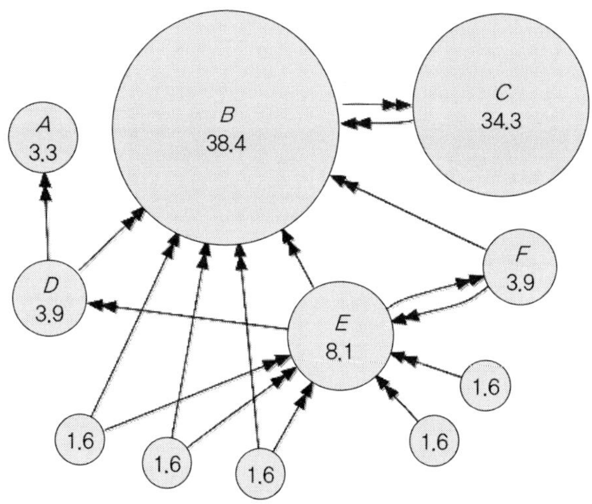


**그림 2.16** 구글의 페이지 랭크(PageRank)

이런 소셜 네트워크 분석을 위해 R, Python 등과 같은 빅데이터 분석 패키지가 있다. 이들에 대한 상세한 설명은 5장에서 다루도록 한다.

감성분석(Sentiment Analysis)은 텍스트상에서 감정을 해석하고 분류하는 프로세스이다. 구글에 따르면 감성분석은 '오피니언 마이닝(Opinion Mining)'으로도 불리는데, 이는 텍스트에 나타난 사람들의 태도, 의견, 성향과 같은 주관적인 데이터를 분석하는 자연어 처리 기술이다.

감성분석은 텍스트상에서 긍정적인 단어와 부정적인 단어를 감성 사전에서 찾아서 그 개수들의 차이로 감성지수(긍정적인 단어 수 – 부정적인 단어 수 = 감성지수)를 계산한다.

만약, 시장제품분석, 시장조사, 평판 관리에서 노출되는 텍스트상에 긍정적인 단어가 많으면 호평, 긍정적 평가로, 이에 반해 부정적인 단어가 많으면 혹평, 부정적 평가로 판단한 후 그림으로 표현한다. 긍정적인 평가는 웃는 얼굴, 부정적 평가는 울거나, 찌푸리는 얼굴 표정으로 표현하기도 한다.

감성분석은 R, Python 등에서 분석이 가능하고, Excel Azure(애저)에서도 분석이 가능하다. 이들에 대한 자세한 설명은 5장에서 소개한다.

# 2 시각화 오류

## 1. 인식왜곡지수

시각화 과정에서 가장 많이 나타나는 오류는 '자료의 크기와 그래프의 크기가 비례'의 원칙에서 벗어나는 경우가 대부분이다. 즉, 그래프의 크기는 자료 크기와 비례해야 한다. 이에 대한 대표적인 지수가 인식왜곡지수(perceptual distortion index, *PDI*)로 다음 공식으로 구한다. *PDI*값이 1에 근접하면 '그래프의 크기≒자료 크기'를 의미한다. 만약 *PDI*>1이면 '그래프의 크기>자료 크기'이므로 자료 크기보다 그래프의 크기를 크게 표시하여 시각화 오류를 범하고 있음을 알 수 있다.

<그림 2.17>은 경주 월성원자력 환경관리센터 건립 효과를 인구, 산업체, 주민소득, 주택 관점에서 살펴본 것이다. '주민소득'을 제외한 '인구, 산업체, 주택부문' 건립 효과를 보여주는 그림은 *PDI*가 1보다 크므로 시각화 오류를 범하고 있음을 알 수 있다.

$$PDI = \frac{\text{그래픽에서 나타내는 효과의 크기}}{\text{자료효과의 크기}} \times 100$$

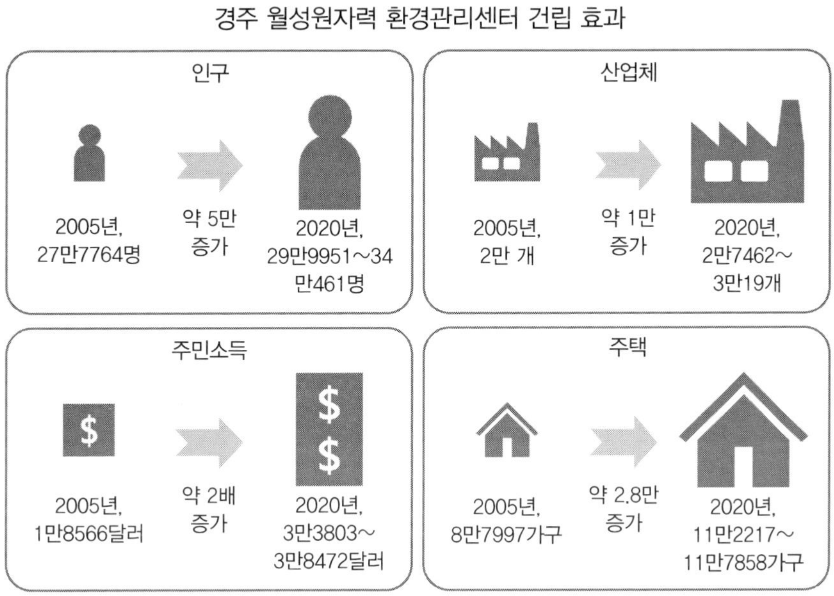


자료: 동국대 경주캠퍼스 지역연구소

| 항목 | 자료에서의 증가 비율 | | 그래프에서의 증가 비율 | | PDI 값 | |
|---|---|---|---|---|---|---|
| | 최소 | 최대 | 면적 | 체적 | 최소 | 최대 |
| 인구 | 1.08 | 1.23 | $1.53^2=2.33$ | $1.53^3=3.56$ | 189.4 | 329.6 |
| 산업체 | 1.37 | 1.50 | $1.63^2=2.64$ | $1.63^3=4.29$ | 176.0 | 313.1 |
| 주민소득 | 1.82 | 2.07 | 1.73 | 1.73 | 83.6 | 95.1 |
| 주택 | 1.27 | 1.33 | $2.40^2=5.76$ | $2.40^3=13.82$ | 433.1 | 1088.2 |

**그림 2.17** 인식왜곡지수 사례

언론 매체, 여론조사 결과 등에서 '$PDI>1$'인 경우를 쉽게 접할 수 있다. 예를 들어, <그림 2.18>은 인터넷상에서 찾은 '$PDI>1$'인 그래프를 소개한 것이다.

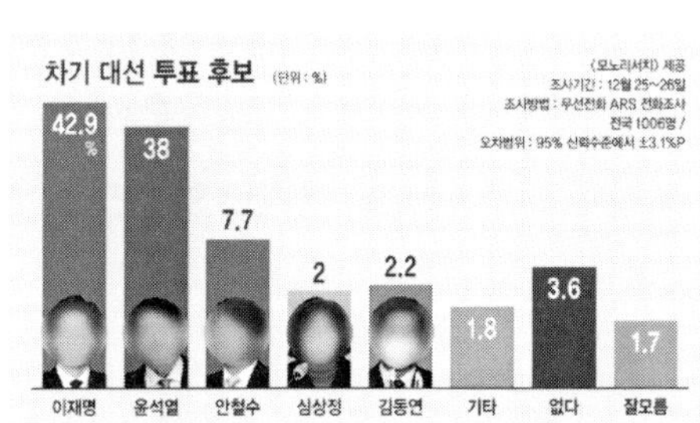


(a)

(b)

**그림 2.18** 인터넷상의 시각화 오류들

<그림 2.18>의 (a)는 차기 대선 투표 후보의 지지율이 1, 2순위가 42.9%, 38%이고 그 외 순위는 7.7%, 2% 2.2%로 나타난다. 42.9%, 38%에 비해 '그 외 순위' 후보들의 지지율 막대그래프가 너무 크게 표현한 것으로 시각화 오류에 해당된다. 42.9%와 2%는 거의 20배 이상 차이를 보이지만 막대 크기는 1/3수준으로 표현하고 있다. (b)는 두 후보의 사각형 크기는 동일하게 그렸지만, 지지율 수치는 다르고 심지어 3순위 후보의 1.8%는 두 후보의 사각형 크기에 비해 크게 나타냈음을 알 수 있다. 이들에 대한 해결책으로는 앞에서 소개한 트리맵을 활용하여 상대적인 지지율 순서를 나타내는 것이 합리적일 것이다.

## 2. 비율효과

비율효과(ratio effect)는 시각적으로 변동의 폭을 확대하거나, 일부 비율만 표현해서 마치 큰 변동이 일어나는 것처럼 표현하는 대표적인 시각화 오류이다. 이런 비율효과로 우리는 잘못된 결정을 내리는 경우가 종종 많다. 왜냐하면 비율효과로 인한 인식 편향은 20/100과 같이 큰 숫자의 비율로 표시될 때 2/10과 같이 숫자는 낮지만 동등한 비율로 표시될 때 사람들이 확률이 낮은 사건을 가능성이 더 크다고 판단하는 경향이다.

이는 Bergstrom와 West(2016)가 제안한 잉크 양 비례의 법칙과의 유사하다. 이 법칙은 실제값과 그에 표현되는 그래픽으로 표현되는 잉크 양은 비례해야 한다는 것이다. 이것은 비교를 위한 막대그래프의 $x$축 시작이 0이 아니게 되면 전체적인 양에 대한 비교가 어렵다는 말로, 항상 $x$축 시작은 반드시 0이어야 한다는 의미이다. 이를 잉크 양 비례의 법칙(Principle of Proportion Ink)[2]이라 한다. <그림 2.19>는 하와이 5개 카운티(county)의 중위소득(median income)을 비교한 것이다. (a)는 중위소득 일부를 보이면서 카운티별로 중위소득이 큰 차이가 있는 것처럼 보이지만 잉크 양 비례의 법칙을 적용한 (b)에서는 Hawaii를 제외하고는 거의 유사한 중위소득을 보인다고 볼 수 있다. 이처럼 일부만 보여주는 비율효과는 우리에게 편향된 결과를 초래할 수 있음을 알 수 있다.

2 Bergstrom, C. T., and J. West. 2016. "The Principle of Proportional Ink.". http://callingbullshit.org/tools/tools_proportional_ink.html.

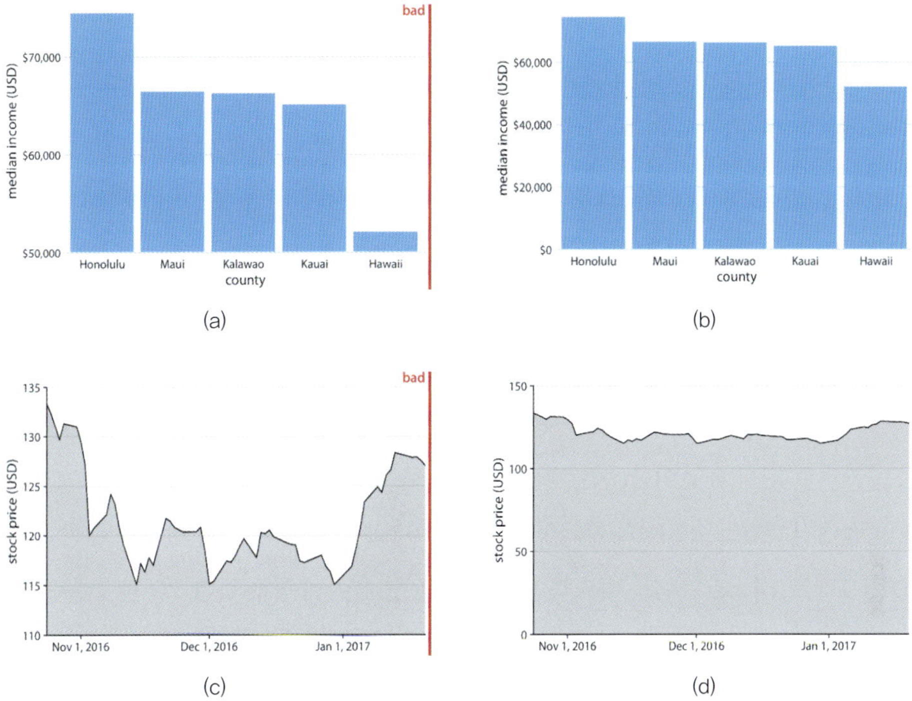


**그림 2.19** 잉크 양 비례의 원칙과 비율효과

자료: https://clauswilke.com/dataviz/proportional-ink.html#ref-BergstromWest2016

(c)는 증권회사에서 주로 사용하는 비율효과이다. (c)는 2016년 10월 22일에서 2017년 1월 21일까지 Facebook(현재는 META) 주가 추이를 보여준다. (c)는 비율효과로 110~135$만 살펴 주가 변동이 큰 것으로 보이지만 (d)는 잉크 양 비례의 원칙에 의해 보여주듯이 거의 변화가 없음을 보여주고, 2016년 11월에는 주가 하락, 2017년 1월에는 주가 상승 시점이라는 것을 (c)에 비해 정확히 판단할 수 있다. 증권회사에서는 (d)보다는 (c)를 보여주면서 주주들에게 매수와 매도를 유도한다. 하지만 현명한 투자자라면 (d)를 살피면서 정확한 주가 하락, 상승 시점을 판단해 투자할 것이다.

## 3. 3D 차트의 왜곡

20세기에서 21세기로 접어들면서 3D 표현 및 촬영기법이 우리에게 친숙하게 다가왔다. 아날로그에서 디지털시대로 전환되면서 3D 기법이 우리의 일상이 되고 있다. 2D 시각화에서 보지 못한 정보를 3D에서 찾아내곤 한다. 그런데 3D는 멋진 시각적 효과를 보여주면서도 자료 자체의 진위를 왜곡하는 경우가 많아 결과에 대한 판단에 영향을 미칠 수 있다.

<그림 2.20>은 원그래프와 히스토그램의 3D 차트가 데이터의 진위를 어떻게 왜곡하는지 보여주는데, 이는 물체가 3차원이 되면 먼 곳에서는 시각적으로 작아지고 근처에서는 커지는 현상 때문이다. 이런 차이는 히스토그램에서 더 잘 나타난다.

앞 절에서 다룬 <표 2.1>의 혈액형 자료와 <표 2.2>의 통계학 성적 자료에 대한 2D와 3D 원그래프, 히스토그램을 비교하면 이 차이를 쉽게 이해할 수 있다. 2D 원그래프에서는 각 부채꼴 모양의 크기는 해당 범주의 도수와 비례하여야 하고, 모든 조각의 각도의 합은 360°가 되어야 한다는 원칙을 잘 따르는 결과를 보여주는 반면, 3D에서는 각도의 차이에 따라 A형 9명보다 AB형 8명이 더 크게 보이는 시각화 오류를 보인다. 3D 히스토

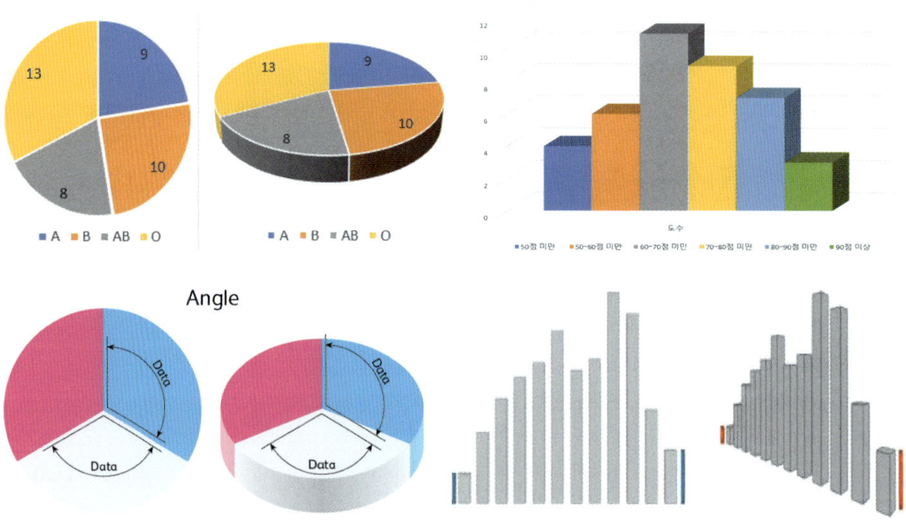


**그림 2.20** 3D 차트의 시각화 오류

자료: https://www.finereport.com/kr/5-most-common-mistakes-in-data-visualization/

그램은 2D 히스토그램의 도수를 정확히 표현하지 않고 있다. 히스토그램의 '50점 미만' 계급은 4명 도수를 보이지만 3D 히스토그램에서는 4명 아래에서 위치하고 있음을 볼 수 있다. 이렇듯 2D 그래프를 3D로 표현하면 시각화 오류가 발생할 수 있으므로 해석 과정에서 주의가 필요하다.

# 3 시각화 주의사항[3]

앞 절에서 다양한 사례와 함께 시각화 오류를 소개하였다. 시각화는 자료의 요약보다 시각적으로 정보 전달력이 중요하다. 하지만 자료가 진실로 표현하고자 하는 숨은 정보에 대해 시각화를 잘못 사용하면 편향된 결과를 초래할 수 있다.

따라서 합리적인 통계 분석가는 시각화의 오류를 줄이는 주의사항에 관심을 가져야 한다. 이번 절은 시각화 과정에서 발생하는 주의사항을 소개하고자 한다.

## 1. y축과 범례

시각화의 $x$축, $y$축은 '동일간격'으로 표시하고, '비율효과'를 최소화하며, '잉크 양 비례의 법칙'을 준수하면서 표시해야 한다. 특히 <그림 2.21>처럼 $y$축 좌표의 간격이 동일하지 않거나 없는 경우는 모호한 정보를 전달할 수 있고, 짐작으로 막대 크기를 비교할 수밖에 없다.

3 클라우스 윌케(2020)의 「데이터 시각화 교과서」를 참고하였음을 밝힌다.

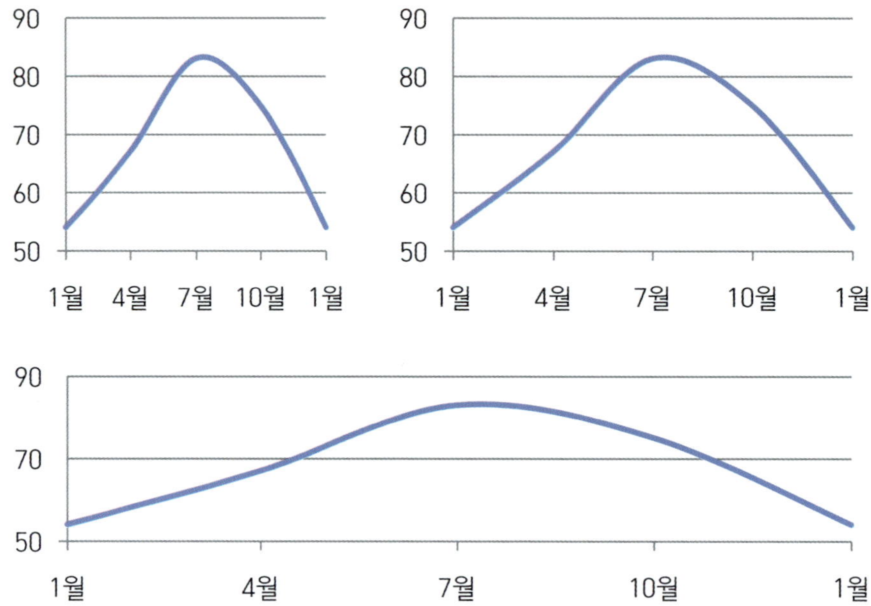


$x$축의 비율효과에 따른 곡선 형태 변화

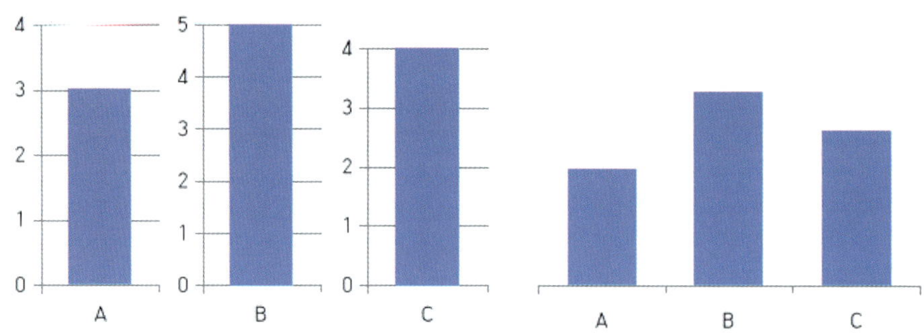


모호한 정보 전달 　　　　 짐작으로 크기 비교

**그림 2.21** 비율효과와 좌표 간격이 동일하지 않거나 없는 $y$축

범례의 수는 무분별한 많은 수보다 특징이나 속성으로 범례 수를 줄여 표현하는 것이 중요하다. 복잡한 시각화보다는 간결하면서 정리된 시각화가 정보 전달이 뛰어나다. <그림 2.22>를 보면 미국 50개 주의 인구($x$축)와 인구성장률($y$축)을 시각화 한 것이다. 50개를 다양한 색깔로 표시함으로써 산만한 느낌을 주고 있으며, 주별로 구분이 쉽지 않다. 따라서 오른쪽으로 지역별(서부, 남부, 동부, 북동부)로 범례를 특성 분류하여 제시하면 간단명료한 시각화가 된다.

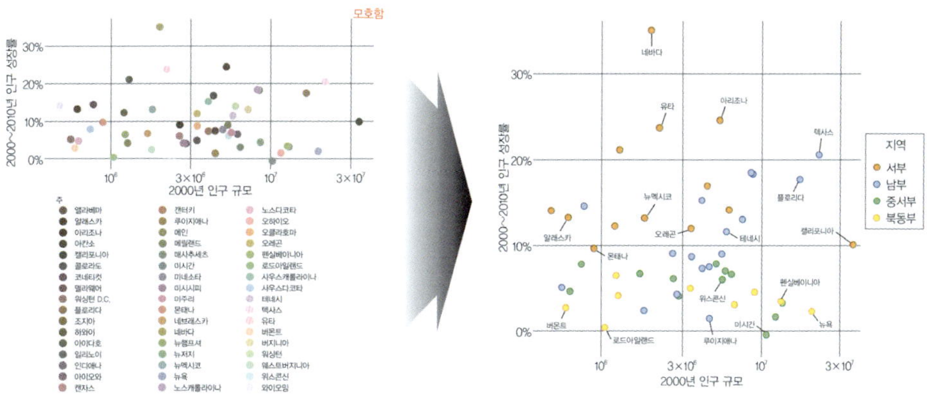


**그림 2.22** 범례 간소화

그리고 색깔이 다른 범례 구분보다 모양으로 표현하는 것이 정보 전달력이 좋고, 여러 범주가 포함되는 꺾은선그래프의 경우 데이터의 시간적 순서가 있다면, 범례도 동일 순서로 배열하는 것이 중요하다. 더불어 추이를 보이기 위해 $y$축의 선을 제시하는 것을 추천한다.

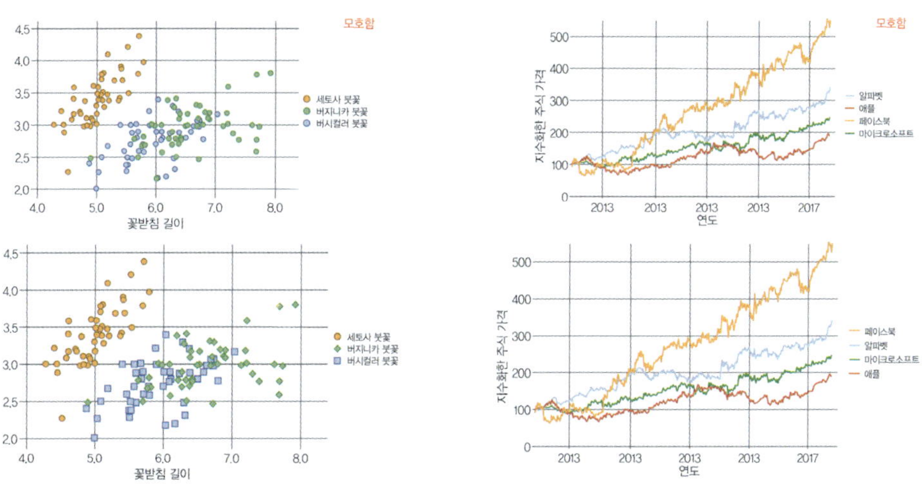


**그림 2.23** 범례 모양 구분과 동일 순서

## 2. 계급간격

승무원을 제외한 타이타닉호[4] 승선객은 1,309명으로 알려져 있다. 그중 1,046명은 나이가 알려져 있다고 한다. 연령에 따른 타이타닉호 승선객에 대한 승선객의 분포를 알아보자.

먼저 자료 도표화 과정으로 도수분포표를 작성한다. 다음으로 히스토그램을 그린다. <그림 2.24>는 원자료, 자료 도표화, 그리고 히스토그램을 보여주고 있다. 연령에 따른 타이타닉 승선객의 분포는 20대, 30대가 상대적으로 높은 비중을 보이고 약간 왼쪽으로 치우친 형태를 나타내고 있다. 그리고 5세 미만도 56명, 70세 이상도 6명의 분포를 나타내고 있다.

| 분류 | 총원 | 구조율 | 사망율 | 생존자 | 사망자 |
|---|---|---|---|---|---|
| 1등실, 어린이 | 6 | 83% | 17% | 5 | 1 |
| 2등실, 어린이 | 24 | 100% | 0% | 24 | 0 |
| 3등실, 어린이 | 79 | 34% | 66% | 27 | 52 |
| 1등실, 여성 | 144 | 97% | 3% | 140 | 4 |
| 2등실, 여성 | 93 | 86% | 14% | 80 | 13 |

| 연령 | 인원 | 상대도수 |
|---|---|---|
| 0-5 | 56 | 0.054 |
| 6-10 | 30 | 0.029 |
| 11-15 | 29 | 0.028 |
| 16-20 | 133 | 0.127 |
| 21-25 | 195 | 0.186 |
| 26-30 | 166 | 0.159 |

4 RMS 타이타닉(영어: RMS Titanic)은 영국의 화이트 스타 라인이 운영한 북대서양 횡단 여객선이다. 1912년 4월 10일 영국의 사우샘프턴을 떠나 미국의 뉴욕으로 향하던 첫 항해 중에 4월 15일 빙산과 충돌하여 침몰하였다. 타이타닉이 완전히 침몰한 시간은 새벽 2시 20분이다. 타이타닉의 침몰로 1,514명이 사망하였다.

| 분류 | 총원 | 구조율 | 사망율 | 생존자 | 사망자 |
|---|---|---|---|---|---|
| 3등실, 여성 | 165 | 46% | 54% | 76 | 89 |
| 1등실, 남성 | 175 | 33% | 67% | 57 | 118 |
| 2등실, 남성 | 168 | 8% | 92% | 14 | 154 |
| 3등실, 남성 | 462 | 16% | 84% | 75 | 387 |
| 승무원, 여성 | 23 | 87% | 13% | 20 | 3 |
| 승무원, 남성 | 885 | 22% | 78% | 192 | 693 |
| 어린이 총합 | 109 | 51% | 49% | 56 | 53 |
| 여성 총합 | 425 | 74% | 26% | 316 | 109 |
| 남성 총합 | 1690 | 20% | 80% | 338 | 1352 |
| 전체 총합 | 2224 | 32% | 68% | 710 | 1514 |

| 연령 | 인원 | 상대도수 |
|---|---|---|
| 31-35 | 115 | 0.110 |
| 36-40 | 95 | 0.091 |
| 41-45 | 72 | 0.069 |
| 46-50 | 60 | 0.057 |
| 51-55 | 36 | 0.034 |
| 56-60 | 26 | 0.025 |
| 61-65 | 23 | 0.022 |
| 66-70 | 4 | 0.004 |
| 71-75 | 4 | 0.004 |
| 76-80 | 2 | 0.002 |
| 합계 | 1046 | 1.000 |

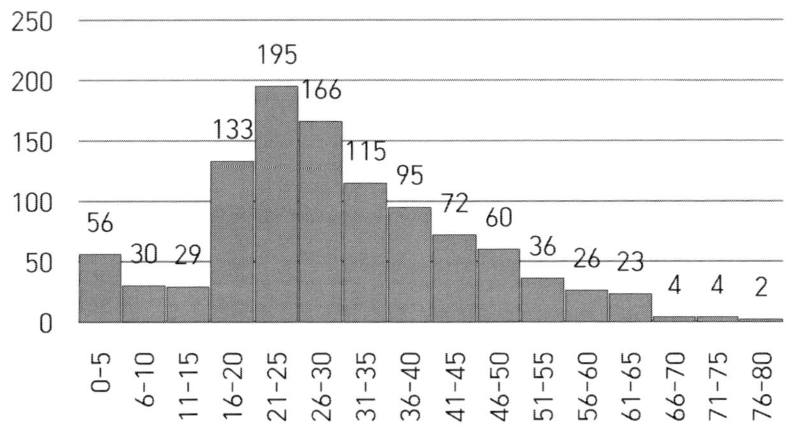


**그림 2.24** 타이타닉호 승선객 자료, 도수분포표, 연령별 히스토그램

이제 계급 수에 따라 동일한 자료가 어떻게 다르게 표현되는지 알아보자. 계급간격을 줄어가면서 히스토그램을 그려보면 자료 분포의 윤곽을 정확하게 파악할 수 있는 장점이 있다. 더욱 계급간격을 세밀하게 나눈 후, 막대의 끝점들을 이으면 분포곡선 형태가 나타난다. 이를 확률밀도곡선(probability density curve)이라고도 한다. 만약 분포곡선 형태가 좌우 대칭이면, 정규분포곡선(normal distribution curve)이 된다.

그런데 계급간격은 적게, 많게 하면서 분포의 곡선이 달라지는 경향이 있다. 너무 과도하게 계급간격을 단순하게 하면 전혀 다른 분포 형태가 나올 경우도 있다. 따라서 시각화에서 적절한 계급간격 설정은 중요한 고려사항이다.

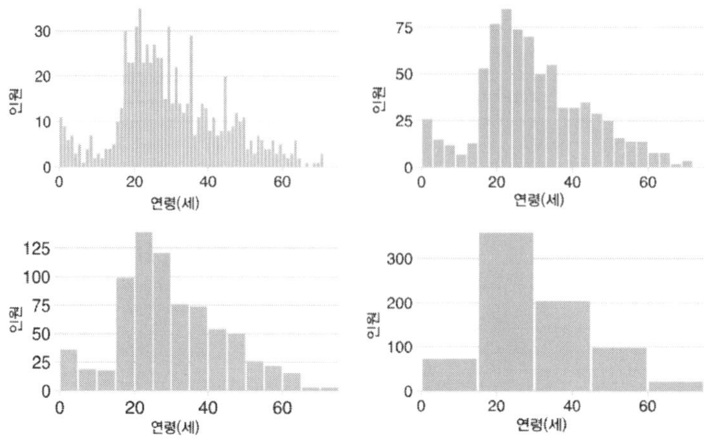


**그림 2.25** 히스토그램의 계급간격 다양화

50명의 통계학 중간고사 성적을 연속확률변수 $X$라고 하자. 계급간격 10으로 그룹화하여 상대도수 히스토그램의 계급간격을 매우 조밀(5의 간격, 1의 간격, ⋯ , 0.01 간격 등, 이를 상대도수밀도라고 함)하게 나눈다면 어떻게 될까? 그런 다음 히스토그램의 각 구간의 중점들을 부드럽게 연결하면 <그림 2.26>과 같이 분포곡선으로 나타난다. 계급간격을 조밀하게 함으로써 분포곡선은 더욱 선명하게 드러나는 것을 확인할 수 있다.

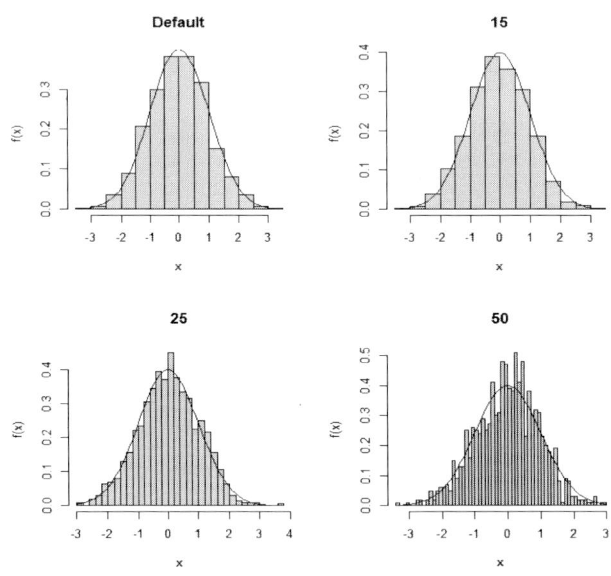


* Default는 R 프로그램에서 자동으로 계급간격 설정

**그림 2.26** 확률밀도곡선

## 3. 내포비율 시각화

앞 절에서 소개한 내포비율(nested proportions)은 범주형 자료의 이전 비율 내에 중첩된 자료의 세부적인 비율을 포함하는 것을 의미한다. 따라서 내포비율은 자료 분포의 계층적 관계를 살펴볼 수 있다. 가장 큰 비율을 차지하는 범주가 왼쪽 상단에 위치하고 가장 낮은 비율을 차지하는 것은 오른쪽 하단에 위치한다. 상대적인 비율을 사각형으로 표시하기 때문에 원형, 도넛형 등과 같은 시각화는 쉽지 않다. 계층 분기는 트리 분기라고도 하며 사각형으로 나타나고 각 하위 분기는 더 작은 사각형으로 나타낸다. 계층적 관계를 크기 순서대로 빠르게 비교하고 알 수 있어서 유용하다.

그런데 내포비율로 작성된 자료를 원그래프나, 막대그래프로 시각화한다면 어떻게 될까? 예를 들어, <표 2.5>는 분기별 4개 공장의 불량품 수를 보여준다. 즉, 4개 공장별 제품생산 과정에서 발생하는 분기별 불량품 수를 전형적인 교차표 형태로 정리한 것이다. 이를 패널자료처럼 계층적 형태로 변형할 수 있다. 이들 자료를 원그래프와 트리맵으로 시각화한 결과는 <그림 2.27>과 같다. 그림에서 알 수 있듯이 원그래프는 공장별과 분기별에 따른 많은 범례로 자료 분포를 파악하기가 쉽지 않지만, 트리맵은 공장별 불량품 수의 차이와 분기별 불량품의 차이를 쉽게 파악할 수 있다.

**표 2.5** 분기별 4개 공장의 불량품 수

| | 1분기 | 2분기 | 3분기 | 4분기 |
|---|---|---|---|---|
| 1공장 | 15 | 20 | 5 | 40 |
| 2공장 | 10 | 20 | 30 | 40 |
| 3공장 | 50 | 40 | 30 | 10 |
| 4공장 | 5 | 5 | 5 | 20 |

⇨

| | | |
|---|---|---|
| 1공장 | 1분기 | 15 |
| 1공장 | 2분기 | 20 |
| 1공장 | 3분기 | 5 |
| 1공장 | 4분기 | 40 |
| 2공장 | 1분기 | 10 |
| 2공장 | 2분기 | 20 |
| 2공장 | 3분기 | 30 |
| 2공장 | 4분기 | 40 |
| 3공장 | 1분기 | 50 |
| 3공장 | 2분기 | 40 |
| 3공장 | 3분기 | 30 |
| 3공장 | 4분기 | 10 |
| 4공장 | 1분기 | 5 |
| 4공장 | 2분기 | 5 |
| 4공장 | 3분기 | 5 |
| 4공장 | 4분기 | 20 |

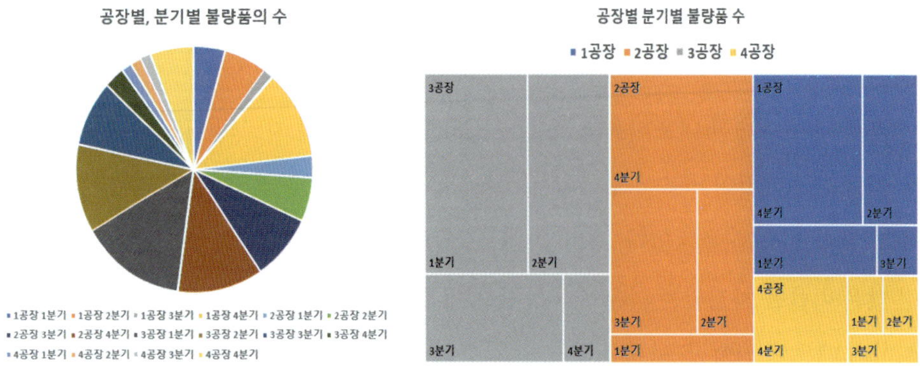


**그림 2.27** 내포비율 자료의 원그래프와 트리맵 차이

또한 기존자료 이후에 추가로 자료가 수집되었다면, 내포비율 시각화는 뛰어난 기능을 발휘한다. 예를 들어, A지점의 월별 판매량은 기존자료이고, 다른 B지점의 판매량 자료가 추가로 수집되었다고 하자. 이런 경우 두 지점의 판매량을 비교해보면 다양한 정보를 도출할 수 있다. <그림 2.28>은 이들 자료를 보여준다.

두 지점의 월별 판매량 비교는 트리맵으로 쉽게 표현할 수 있다. 500대 가운데 A지점은 5월-6월-3월 순이고, B지점은 12월-11월-10월 순으로 판매량이 높다. 따라서 A지점은 하절기에, 반면 B지점은 동절기에 판매량이 집중되는 것을 알 수 있다. 단, 이런 비교는 총판매량이 500대로 동일한 경우에 의미가 있다.

| 구분 | 지점 | 월별 | 판매량 (단위: 천 개) | 구분 | 지점 | 월별 | 판매량 (단위: 천 개) |
|---|---|---|---|---|---|---|---|
| 기존 자료 | A | 1월 | 22 | 추가 수집 자료 | B | 1월 | 22 |
| | | 2월 | 23 | | | 2월 | 23 |
| | | 3월 | 65 | | | 3월 | 45 |
| | | 4월 | 35 | | | 4월 | 22 |
| | | 5월 | 94 | | | 5월 | 35 |
| | | 6월 | 82 | | | 6월 | 20 |
| | | 7월 | 26 | | | 7월 | 23 |
| | | 8월 | 32 | | | 8월 | 43 |
| | | 9월 | 45 | | | 9월 | 45 |
| | | 10월 | 48 | | | 10월 | 59 |
| | | 11월 | 16 | | | 11월 | 70 |
| | | 12월 | 12 | | | 12월 | 93 |

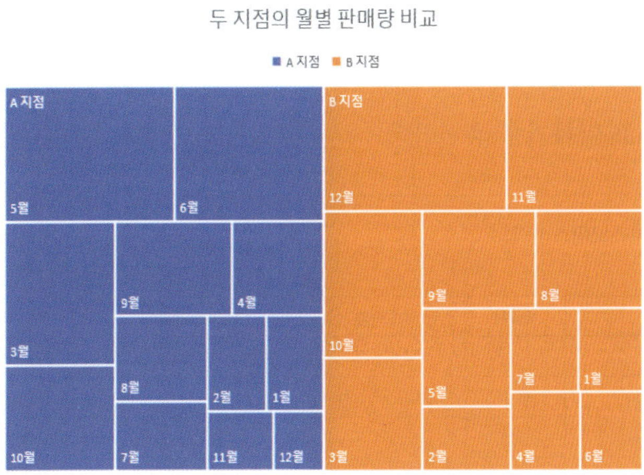


**그림 2.28** 두 지점의 월별 판매량 비교

이처럼 우리 일상생활에서 내포비율 자료는 손쉽게 접할 수 있다. 이를 원그래프나 막대그래프로 그리면 시각화에는 문제가 없으나 시각화를 통한 정보해석은 어렵다.

내포비율 시각화를 위해 모자이크 도표, 트리맵 외에 nested proportional Area Chart도 있으니 관심 있는 독자는 구글에서 검색해 보길 바란다.

## 4. 시각적 도표

일반적으로 도표를 제시할 때 다음과 같은 원칙을 적용하면 시각적 효과를 겸비한 도표가 만들어 진다.

- 세로 선은 '선 없음'을 적용하는 것이 시각적으로 뛰어남
- 데이터의 행과 행 사이에 가로 선을 넣지 않음
- 글자는 왼쪽으로, 숫자는 오른쪽으로 정렬
- 모든 표 숫자의 소수점 자릿수는 통일
- 열에 숫자나 문자가 1글자만 들어갈 경우에는 가운데로 정렬
- 주요한 표의 주제어는 음영으로 표시
- 구분선은 실선보다는 이중선으로 표현하여 구분

<표 2.6>은 2022년 전 세계 박스오피스 수익을 정리한 도표이다. 도표 (a)보다는 도표 (b), (c), (d)가 시각적 정보 전달력이 뛰어남을 알 수 있다. 따라서 박스 안에 제시한 원칙을 활용하여 도표 만들기를 추천한다.

**표 2.6** 2022년 박스오피스 수익

(a)

| 순위 | 제목 | 배급사 | 전 세계 수익 |
|---|---|---|---|
| 1 | 아바타: 물의 길 | 디즈니/20세기 | $2,174,420,442 |
| 2 | 탑건: 매버릭 | 파라마운트 | $1,488,732,821 |
| 3 | 쥬라기 월드: 도미니언 | 유니버설 | $1,003,927,920 |
| 4 | 닥터 스트레인지: 대혼돈의 멀티버스 | 디즈니 | $955,755,804 |
| 5 | 미니언즈 2 | 유니버설 | $939,433,210 |
| 6 | 블랙 팬서: 와칸다 포에버 | 디즈니 | $842,381,066 |
| 7 | 더 배트맨 | 소니 | $770,836,163 |
| 8 | 토르: 러브 앤 썬더 | 워너 브라더스 | $760,928,081 |
| 9 | 장진호 2 | 화하영화발행회사 | $626,571,967 |
| 10 | 문맨 | 카이신마화 | $460,237,662 |

(b)

| 순위 | 제목 | 배급사 | 전 세계 수익 |
|---|---|---|---|
| 1 | 아바타: 물의 길 | 디즈니/20세기 | $2,174,420,442 |
| 2 | 탑건: 매버릭 | 파라마운트 | $1,488,732,821 |
| 3 | 쥬라기 월드: 도미니언 | 유니버설 | $1,003,927,920 |
| 4 | 닥터 스트레인지: 대혼돈의 멀티버스 | 디즈니 | $955,755,804 |
| 5 | 미니언즈 2 | 유니버설 | $939,433,210 |
| 6 | 블랙 팬서: 와칸다 포에버 | 디즈니 | $842,381,066 |
| 7 | 더 배트맨 | 소니 | $770,836,163 |
| 8 | 토르: 러브 앤 썬더 | 워너 브라더스 | $760,928,081 |
| 9 | 장진호 2 | 화하영화발행회사 | $626,571,967 |
| 10 | 문맨 | 카이신마화 | $460,237,662 |

(c)

| 순위 | 제목 | 배급사 | 전 세계 수익 |
|---|---|---|---|
| 1 | 아바타: 물의 길 | 디즈니/20세기 | $2,174,420,442 |
| 2 | 탑건: 매버릭 | 파라마운트 | $1,488,732,821 |
| 3 | 쥬라기 월드: 도미니언 | 유니버설 | $1,003,927,920 |
| 4 | 닥터 스트레인지: 대혼돈의 멀티버스 | 디즈니 | $955,755,804 |
| 5 | 미니언즈 2 | 유니버설 | $939,433,210 |
| 6 | 블랙 팬서: 와칸다 포에버 | 디즈니 | $842,381,066 |
| 7 | 더 배트맨 | 소니 | $770,836,163 |
| 8 | 토르: 러브 앤 썬더 | 워너 브라더스 | $760,928,081 |
| 9 | 장진호 2 | 화하영화발행회사 | $626,571,967 |
| 10 | 문맨 | 카이신마화 | $460,237,662 |

(d)

| 순위 | 제목 | 배급사 | 전 세계 수익 |
|---|---|---|---|
| 1 | 아바타: 물의 길 | 디즈니/20세기 | $2,174,420,442 |
| 2 | 탑건: 매버릭 | 파라마운트 | $1,488,732,821 |
| 3 | 쥬라기 월드: 도미니언 | 유니버설 | $1,003,927,920 |
| 4 | 닥터 스트레인지: 대혼돈의 멀티버스 | 디즈니 | $955,755,804 |
| 5 | 미니언즈 2 | 유니버설 | $939,433,210 |
| 6 | 블랙 팬서: 와칸다 포에버 | 디즈니 | $842,381,066 |
| 7 | 더 배트맨 | 소니 | $770,836,163 |
| 8 | 토르: 러브 앤 썬더 | 워너 브라더스 | $760,928,081 |
| 9 | 장진호 2 | 화하영화발행회사 | $626,571,967 |
| 10 | 문맨 | 카이신마화 | $460,237,662 |

지금까지 시각화의 주의사항을 학습하였다. 시각화는 동일 그래프이더라도 자료의 형태와 구조 그리고 시각화 방법에 따라 데이터가 표현하고자 하는 정보 전달에 차이가 있다. 또한 자료 시각화는 정답이 없고, 합리적인 해답만 존재하며, 데이터가 표현하고자 하는 정보를 잘 나타내는 것이 중요하다. 결론적으로 시각화에서 가장 중요한 점은 자료가 내포하는 정보를 알기 쉽게 시각적으로 잘 표현하는 정보 전달력에 있다.

# 3장

# 기초 통계 이론


**3.1** 확률변수와 표본분포

**3.2** 통계적 추정

**3.3** 통계적 가설검정

# 1 확률변수와 표본분포

## 1. 변수

최근 언론, 인터넷 매체, 학술 논문, 연구보고서 등에서 불확실성(uncertainty)이라는 단어가 자주 등장한다. 불확실성은 미래가 정해져 있지 않고 어떤 일, 현상 등이 나타날 다양한 가능성을 의미한다. 그런데 불확실성을 계량화하려면 이를 내포하는 사건, 일상, 지식을 사용 가능한 정량적 지식으로 바꿀 수 있어야 한다. 예를 들어, 기상청은 날씨 예보를 '비가 내릴 것이다', '비가 내리지 않을 것이다.'의 결정적인 용어로 사용했던 예전 방식과는 다르게 최근에는 '비가 올 확률은 30%, 50% 70%이다.' 등으로 알려주고 있나. 이는 날씨의 미래 불확실성을 계량적으로 표시하는 방법 중 하나이며 확률적 표현이다.

이제 500원짜리 동전을 무작위로 던지는 경우를 생각해 보자. 100번 던졌을 때 앞면이 나온 횟수가 53번이면, 앞면이 나온 비율(proportion)은 52 / 100 = 0.52가 된다. 이것은 앞면이 나온 상대도수(relative frequency)라고 한다. 이런 시행을 ∞번 시행하면 100원짜리 동전의 앞면이 어느 일정한 값인 1/2에 가까워지며, 이때 수렴하는 0.5인 값을 통계적 확률(statistical probability)이라고 한다. 통계적 확률은 0 이상 1 이하의 값을 취하고, 일어나기 쉬운 현상일수록 확률값은 커지게 되는데, 이는 미래 불확실성이 재현될 가능성이 크다는 의미이다.

예전부터 확률(probability)은 어떤 사건이 일어날 가능성(likelihood)으로 사용했다. 확률이란 통계적 시행(trial)에서 어떤 특정한 사건이 일어날 가능성을 측정하는 수치적 척도이다(노맹석 외 6인, 기초통계학, 2016). 이런 확률을 정의하기 위해 고전적 접근방법, 상대도수의 극한적인 개념, 주관적 접근방법과 확률의 공리적 정의를 여러 학자가 제시하였다. 이에 대한 자세한 설명은 오진호(2022)를 참고하면 된다.

## 2. 확률변수

이제 확률변수(random variable)와 확률분포(probability distribution)의 개념을 알아보자. 예를 들어 주사위를 던진다고 가정하자. 주사위의 눈의 수를 $X$라고 할 때, $X$는 1, 2, 3, 4, 5, 6이고 각 경우의 확률값은 1/6이다. 이때 주사위를 굴리면 6가지 중에서 하나의 값의 결과로 나오고, 나온 값 $X$는 1, 2, 3, 4, 5, 6으로 변한다. 즉, $X$는 바뀌는 숫자인 변수(variable)가 되고, 각 변수에 1/6의 확률값이 부여된다. $X$는 각 시행의 결과로 값이 결정되는 변수이고 그 변수에 확률값이 부여되므로 이를 확률변수라고 한다.

또 다른 예로, D지역 H아파트 단지의 1000세대의 가구당 PC 수 분포를 파악하기 위해 도수분포표(표 3.1)를 작성하였다고 하자. 이러한 PC 수를 $X$라고 할 때 $X$는 0, 1, 2, 3, 4대 이상 중 하나이고, 각 PC 수 $X$는 0.05, 0.40, 0.30, 0.15, 0.10의 확률이 부여된다.

이처럼 확률변수는 시행(실험, 관찰, 조사 등, 통계학에서는 이를 확률실험(random experiment)으로 정의)의 결과로 값이 결정되는 변수이고 그 변수에 확률값이 부여된다.

<표 3.1>에서 확률변수 $X$는 0, 1, 2, 3, 4대 이상을 가지고 그에 상응하는 확률값을 가진다. 이를 수식으로 표현하면 $P(X=1)=0.7$, $P(X=3)=0.03$으로 나타낸다. 이들 확률값은 가구당 PC 수의 분포(확률분포)를 보여주는 정보이다.

**표 3.1** 가구당 PC 수 분포와 확률

| 가구당 PC 수($X$) | 도수 | 상대도수 |
|---|---|---|
| 0 | 15 | 0.015 |
| 1 | 700 | 0.700 |
| 2 | 250 | 0.250 |
| 3 | 30 | 0.030 |
| 4* | 5 | 0.005 |
| 합계 | 1000 | 1 |

* '4'는 4대 이상의 PC 수를 의미함

이러한 확률변수는 확률변수가 나타내는 확률값을 셀 수 있는 여부에 따라 이산확률변수(discrete random variable)와 연속확률변수(continuous random variable)로 나누어

진다.

<표 3.1>에서 확률변수 $X$ 다양한 확률값을 가지고, $X$의 확률값을 모두 합치면 1이 된다. 즉, $P(X=0)+P(X=1)+P(X=2)+P(X=3)+P(X=4)=1$이다. <표 3.1>은 총합 1인 확률이 확률변수 각각의 값에 분포되어 있다. 이처럼 확률변수 $X$의 확률값이 어떻게 분포되어 있는지를 나타내는 것을 확률분포라고 하고 이를 정리한 표를 확률분포표라고 한다.

정리하면, 도수분포표는 모집단으로부터 추출된 표본자료에 대한 표본 통계량의 분포 파악이고, 확률분포표는 관심 있는 사건, 실험 등에 대한 추측을 계량적인 확률분포로 표현하여 파악하는 것이 주된 관심 대상이다.

## 3. 이산확률변수, 연속확률변수와 확률분포

확률변수는 셀 수 있는 여부와 속성에 따라 이산확률변수와 연속확률변수로 분류되는데, 확률변수의 값이 셀 수 있는 값을 취할 때 이산확률변수라고 한다. 주사위와 PC 수 등은 셀 수 있는 값을 취하기 때문에 이산확률변수에 해당한다.

$X$를 이산확률변수라고 할 때, $X$가 취할 수 있는 가능한 값들과 확률분포를 나타낸 것을 $X$의 이산확률분포라고 한다. <표 3.1>의 PC 수를 $X$라고 할 때 $X$의 확률분포표를 나타내면 <표 3.2>와 같다. 이를 PC 수 $X$의 확률분포표라고 정의한다.

이러한 이산확률변수 확률분포는 다음과 같은 두 가지 성질을 갖는다.

첫째, 이산확률변수 $X$의 각 값에 대한 확률은 0과 1 사이의 값을 취한다. 즉, $P(X=x)$는 $0 \le P(X=x) \le 1$이다. 둘째, 이산확률변수 $X$의 모든 가능한 확률값들에 대한 확률의 합은 1이다. 이 두 성질을 만족하지 않는 확률변수는 확률분포를 나타낸다고 할 수 없다.

**표 3.2** 가구당 PC 수($X$)와 확률분포

| 가구당 PC 수($X$) | $P(X=x)$ |
|---|---|
| 0 | 0.015 |
| 1 | 0.700 |
| 2 | 0.250 |
| 3 | 0.030 |
| 4* | 0.005 |
| 합계 | 1 |

양적 데이터의 분포 파악을 위해 도수분포표나 히스토그램(histogram)을 작성하고, 이들로부터 중심 위치와 산포를 짐작한다. 이와 유사하게 이산확률변수도 확률분포표가 있고 이들로부터 중심 위치와 산포가 계산된다.

확률변수의 중심 위치인 평균은 기댓값(expected value)으로, 어떤 확률실험을 수많이 반복할 때 평균적으로 관찰될 것으로 기대하는 값이다. 통계학에서 기댓값은 확률변수 $X$의 기댓값으로 $E(X)$로 표현하고, 다음의 공식을 따른다.

$$E(X) = \sum xP(X=x) = \sum xp(x)$$

<표 3.1>에 대한 PC 수 $X$의 기댓값은 $E(X)$은 1.31이며, 이 결과는 'H아파트 1000세대 가구당 **평균적으로** 1.31대(1~2대)의 PC가 있을 것으로 기대'를 의미한다.

$$\begin{aligned}\sum xP(X=x) &= 0\times P(X=0)+1\times P(X=1)\\ &\quad +2\times P(X=2)+3\times P(X=3)+4\times P(X=4)\\ &= 0\times 0.015+1\times 0.7+2\times 0.25+3\times 0.03+4\times 0.005=1.31\end{aligned}$$

이산확률변수의 표준편차는 기댓값 주변으로 어느 정도 흩어져 있는가를 나타내는 것으로, 높은 수치로 나타나면 확률변수 $X$가 취하는 값들이 기댓값 주위로 넓게 퍼져 있음을 뜻한다. 표준편차($\sigma$)의 공식은 다음과 같다. 또한 이산확률변수 $X$의 분산은 $\sigma^2$이다.

$$\begin{aligned}\sigma &= \sqrt{\sum (x-E(X))^2 P(X=x)} = \sqrt{\sum (x-E(X))^2 p(x)}\\ &= \sqrt{\sum x^2 p(x) - E(X)^2}\end{aligned}$$

<표 3.1>에 대한 자녀 수 $X$의 표준편차를 구하면, <표 3.3>과 같은 과정을 거치면 수월하다.

**표 3.3** 표준편차를 도출하기 위한 계산과정

| 가구당 PC 수($X$) | $P(X=x)$ | $xp(x)$ | $x^2p(x)$ |
|---|---|---|---|
| 0 | 0.015 | 0.00 | 0.00 |
| 1 | 0.700 | 0.70 | 0.70 |
| 2 | 0.250 | 0.50 | 1.00 |
| 3 | 0.030 | 0.09 | 0.27 |
| 4* | 0.005 | 0.02 | 0.08 |
| | | $\sum xp(x)=1.31$ | $\sum x^2p(x)=2.05$ |

$$\sigma = \sqrt{2.05 - 1.31^2} = 0.5778 \approx 0.58$$

따라서 PC 수 $X$의 기댓값은 1.31대이고 표준편차는 대략 0.58대이다.

이산확률변수의 대표적인 분포로는 베르누이 분포, 이항분포, 초기하분포, 포아송 분포 등이 존재한다.

다음으로 연속확률변수에 대하여 알아보자. 확률변수의 값을 셀 수 있는 경우는 이산확률변수이지만 연속확률변수는 셀 수 없는 값을 취한다. 여기서 '셀 수 없다'라는 것은 이산확률변수처럼 확률변수 $X$가 특정값을 나타내지 못하는 것을 의미한다. 따라서 연속확률변수 $X$는 특정값이 아니라 구간이나 범위로 나타내고, 어떤 구간 사이에 나타나는 임의의 값들을 의미한다.

예를 들어, 전등의 수명을 측정한다고 하자. 수명자료이므로 어떤 구간 사이로 나타날 것이지만 나타나는 값의 개수는 무한히 많으므로 연속확률변수가 취할 수 있는 가능한 값들은 무한개가 되어 그 값들을 일일이 셀 수 없다. 그러므로 수명자료는 0, 1, 2, ⋯ , 4,000시간 등 다양한 값이 된다. 이러한 전등의 최대수명은 4,000시간으로 가정하고 확률변수 $X$는 이들 전등 중에서 임의로 선택한 전등의 수명이라고 할 때, $X$는 0에서 4,000시간 사이의 구간 안에 임의의 값이 되어 $X$는 연속확률변수이고, 구간 (0, 4,000시간) 안의 값의 개수가 무한히 많아서 일일이 셀 수 없는 값이 연속확률변수 $X$가 되므로 구간으로 표현한다. 이처럼 셀 수 없는 경우, 수직선(실수, real number)의 어떤 임의의 구간 내에 있는 점들로 나타낼 때 이들을 확률실험의 결과라고 간주하자. 그러면 확률변수 $X$는 그 각각의 점들이고 그 구간 내에서 확률변수가 취할 수 있는 점은 무한개로 생각할 수 있다. 이때 확률변수 $X$가 수직선의 임의의 두 점 $x_1$, $x_2$ 사이의 구간 내에서 어떤 값을 취할 수 있는 경우를 고려하는 것이다. 대표적인 연속확률변수는 성적, 온도, 건전지의 수명, 전기자동차 배터리 수명, 몸무게, 키, 100 m 단거리 기록, 자동차의 속도 등을 들 수 있다.

50명의 통계학 중간고사 성적을 연속확률변수 $X$라고 하자. 계급간격 10으로 그룹화하여 상대도수 히스토그램의 계급간격을 매우 조밀(5의 간격, 1의 간격, ⋯ , 0.01 간격 등, 이를 상대도수밀도라고 함)하게 나눈다면 어떻게 될까? 그런 다음 히스토그램의 각 구간의 중점들을 부드럽게 연결하면 <그림 3.1>과 같은 분포곡선으로 나타난다.

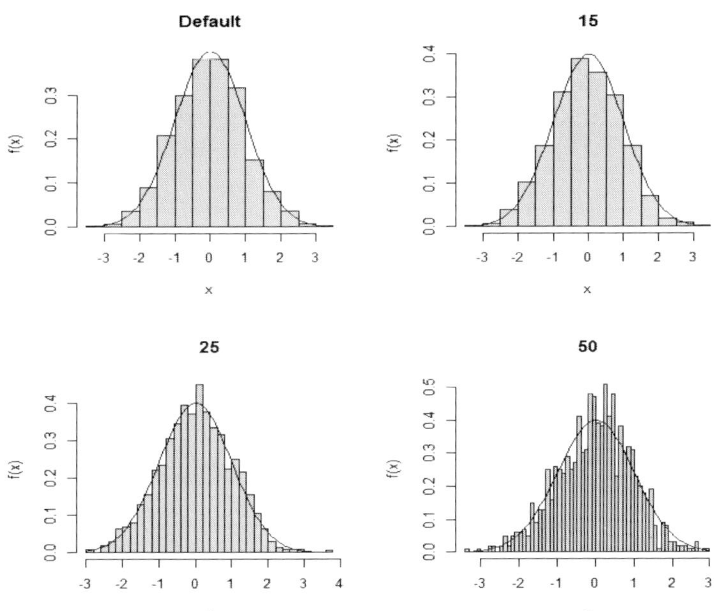


* Default는 R 프로그램에서 자동[1]으로 계급간격 설정

**그림 3.1** 계급간격에 따른 정규분포의 확률밀도곡선

1 〈그림 3.1〉은 통계 패키지인 R 프로그램을 활용하여 정규분포를 따르는 1,000개의 데이터를 난수 생성한 다음 계급간격을 점진적으로 증가하면서(default, 15, 25, 50) 히스토그램과 분포곡선의 변화를 나타낸 것이다. 계급간격이 조밀해질수록 분포곡선이 부드럽게 연결되고 정규분포의 형태를 보인다.

이런 과정을 거쳐 만들어지는 연속확률변수의 확률분포곡선을 확률밀도함수 (probability density function, pdf, $f(x)$)라고 한다. 대표적으로 잘 알려진 연속확률변수의 확률분포는 정규확률분포(normal probability distribution, 종(bell) 모양)이다. 이를 활용하여 확률밀도함수를 도출해 보자.

확률밀도함수 $f(x)$는 이산확률분포함수(확률질량함수) $p(x)$와 같이 하나의 확률(값)을 의미하는 것이 아니고 확률밀도임을 유의하자. 연속확률변수는 확률 계산을 위해서는 반드시 구간으로 주어져야 한다.

이산확률변수처럼 연속확률변수의 확률밀도함수 $f(x)$는 다음 두 가지 조건을 만족한다.

첫째, $x$의 모든 값에 대하여 $f(x)$는 $f(x) \geq 0$이 된다.

둘째, 확률밀도함수 $f(x)$ 곡선 아래의 총면적은 반드시 1이 된다.

$$P(-\infty < X < \infty) = \int_{-\infty}^{\infty} f(x)dx = 1$$

만약, 두 점 $x_1, x_2$ 사이의 구간에 대한 연속확률변수의 확률은 다음의 공식으로 계산한다.

$$P(x_1 < X < x_2) = \int_{x_1}^{x_2} f(x)dx$$

<그림 3.2>는 나타낸 면적이 바로 두 점 $x_1, x_2$ 사이의 구간에 대한 확률을 보여주고, 이 확률은 곡선 $f(x)$ 아래의 두 점 $x_1, x_2$ 사이의 면적과 일치함을 나타낸다.

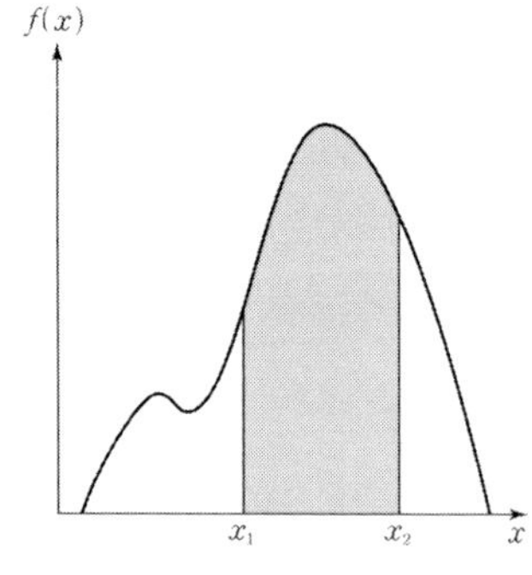


**그림 3.2** 두 점 $x_1$, $x_2$ 사이의 확률밀도함수 $f(x)$ 곡선 아래의 면적

한 가지 유의해야 할 점은 연속확률변수 $X$가 어떤 구체적인 값 $x_1$을 취할 확률은 0으로 가정하였으므로 $P(X = x_1) = 0$이 된다. 따라서 두 점 $x_1, x_2$ 사이의 구간에 대한 양 끝점 $x_1, x_2$가 포함 여부에 상관없이 구간 확률값은 아무런 변화가 없으므로(같으므로) 다음과 같은 공식이 성립한다.

$$P(x_1 < X < x_2) = P(x_1 \leq X < x_2) = P(x_1 < X \leq x_2) = P(x_1 \leq X \leq x_2)$$

지금까지 연속확률변수의 확률분포를 살펴보았다. 연속확률변수도 이산확률변수처럼 중심 위치와 산포를 나타내는 기댓값과 표준편차가 존재한다. 연속확률변수 $X$의 기댓값인 $E(X)$와 표준편차 $\sigma$는 다음 공식을 따른다.

$$E(X) = \int x f(x) dx$$

$$\sigma = \sqrt{\int (x - E(X))^2 f(x) dx} = \sqrt{\sum x^2 f(x) - E(X)^2}$$

## 4. 정규확률분포

S기업은 맛있는 O과자를 중량 350 g으로 생산하고 1,000원 가격으로 판매한다. S기업은 과자 생산 공정 과정을 점검하기 위해 1년 중 임의의 한 달을 정해 그달에 생산되는 O과자 중량을 전수조사하였다. 이를 조사한 결과 350 g로 정확하게 측정되는 제품이 있고, 이 중량보다 작거나 큰 경우가 드물게 있음을 알게 되었다. 따라서 측정한 중량을 연속확률변수 $X$로 간주하고 그래프를 그리면 <그림 3.3>과 같이 나타난다. 즉, O과자 중량의 평균은 350 g이고 이 값에서 벗어나는 경우는 평균에서 떨어져 표준편차로 표현 가능하다.

<그림 3.3>의 측정 분포는 가우스(C. Gauss, 1777~1855)가 발견한 분포로 정규분포, 가우스 분포[2] 등으로 정의한다.

---

2 통계학 초기 발전 단계에서는 모든 자료의 히스토그램이 이 분포의 곡선과 가까운 형태이어야만 옳고, 그렇지 않을 때는 자료의 수집 과정에 잘못이 있다고 간주 이러한 이유로 이 분포에 '정규(Normal)'라는 이름이 붙게 되었다고 한다.

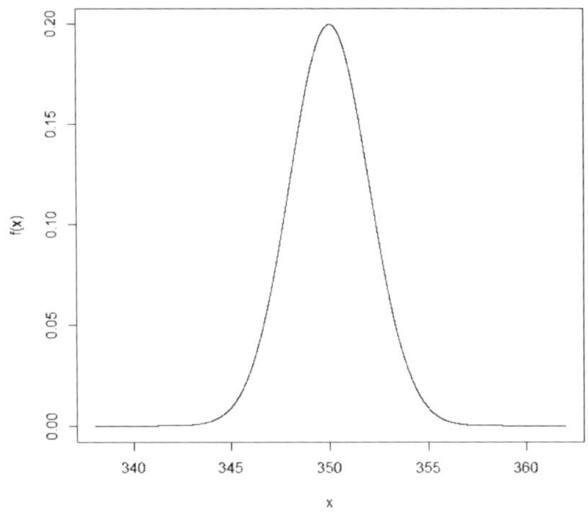


**그림 3.3** O과자 중량 $X$의 측정 분포

가우스는 다양한 물리 실험과정에서 수반되는 계측 오차에 대한 확률분포로 가우스 분포(Gauss distribution)로 알려진 연속확률분포를 제시하였다. 그 이후로 이 분포는 물리학뿐만 아니라 다른 모든 학문 분야에서도 널리 사용되었다.

정규분포는 확률분포의 왕이라고 불리는데, 그 이유는 다수의 확률분포는 상대도수 극한의 개념을 적용하면 정규분포에 가까워[3]지는 것으로 알려져 있기 때문이다. 수많은 이산확률분포도 극한(limit, $n \to \infty$)에서는 정규분포에 가까워지는 것으로 알려져 있다. 이러한 성질 때문에 '정규(normal)'라는 명칭이 붙여졌다는 유래도 여러 문헌에서 소개되고 있다.

모집단에서 추출한 키, 몸무게, 통계학 수강생들의 성적, 확률실험에서의 측정된 오차 등은 정규분포를 따른다고 알려져 있다. 이런 이유에서 통계학, 경제학, 사회학, 공학 등 다양한 분야에서 자주 사용된다.

정규확률분포를 따르는 확률변수를 정규확률변수 $X$라고 하며, 정규확률분포를 간략히 정규분포(normal distribution)라고도 한다. 정규분포의 일반적인 모양은 <그림 3.3>과 같고, 이 분포의 평균과 표준편차를 알아보자.

3 미래 불확실성에 따른 전염병, 펜데믹, 금융 파산에 따른 분포는 정규분포와 서로 다른 형태를 나타내는 경우가 종종 있다.

<그림 3.3>의 패턴과 유사한 곡선은 가우스가 제시한 정규확률분포의 공식으로 표현된다.

$$f(x) = \frac{1}{\sigma\sqrt{2\pi}} e^{-\frac{(x-\mu)^2}{2\sigma^2}} ; \quad -\infty < x < \infty .$$

$$\mu: \text{평균}, \sigma: \text{표준편차}, e \approx 2.718, \pi \approx 3.141$$

위의 공식에서 $f(x)$는 정규확률밀도곡선으로 정규확률밀도함수이고, 수직선 $x$축과 이 곡선 사이의 수직 거리를 의미하고 구간으로 나타날 때 면적으로 계산된다. 정규확률변수 $X$의 분포를 간단히 $X \sim N(\mu, \sigma^2)$으로 표기하고 '정규확률변수 $X$는 평균이 $\mu$이고, 분산이 $\sigma^2$인 정규분포($N$)을 따른다(~)'라고 읽는다.

정규확률분포는 다음과 같은 몇 가지 특징이 있다.

첫째, 정규확률밀도함수를 전체 구간($-\infty < x < \infty$)까지 적분하면(면적을 구하면), 1이 된다. 이를 수식으로 표현하면 다음과 같다.

$$\int_{-\infty}^{\infty} f(x)dx = \int_{-\infty}^{\infty} \frac{1}{\sigma\sqrt{2\pi}} e^{-\frac{(x-\mu)^2}{2\sigma^2}} dx = 1$$

둘째, 정규확률분포곡선은 평균 $\mu$을 중심으로 정확하게 대칭 형태를 보인다. 즉, 정규분포곡선 아래의 총면적이 1이므로 평균 $\mu$을 중심으로 왼쪽, 오른쪽 부분의 면적은 0.5이다. 그리고 평균 부분의 구간에 많은 면적을 차지하고 평균에서 멀어질수록 면적은 0에 근사할 정도로 매우 작은 값을 가진다.

셋째, 정규확률분포는 평균($\mu$)값과 표준편차 $\sigma$에 따라 다양한 모양을 나타낸다. 특히 $\mu$는 정규확률분포의 중심 위치, $\sigma$는 정규확률분포곡선의 펼쳐진 모양을 결정한다.

<그림 3.4>는 정규확률분포를 따르는 O과자 측정 중량 $X$는 연속확률변수의 $\mu$와 $\sigma$ 변화에 따른 정규확률분포곡선의 모양 변화를 보여준다. 평균 $\mu$가 변할 때는 분포 모양은 변화 없고 중심 위치만 변경되며, 표준편차 $\sigma$는 $\sigma$가 높을 때는 평균값 중심에서 많이 퍼져나가고 낮을 때는 평균에 밀집되는 펼쳐진 정도를 결정한다. 이런 의미에서 통계학에서는 평균값을 위치모수(location parameter, $\mu$), 표준편차를 척도모수(scale parameter,

$\sigma$)라고 한다.

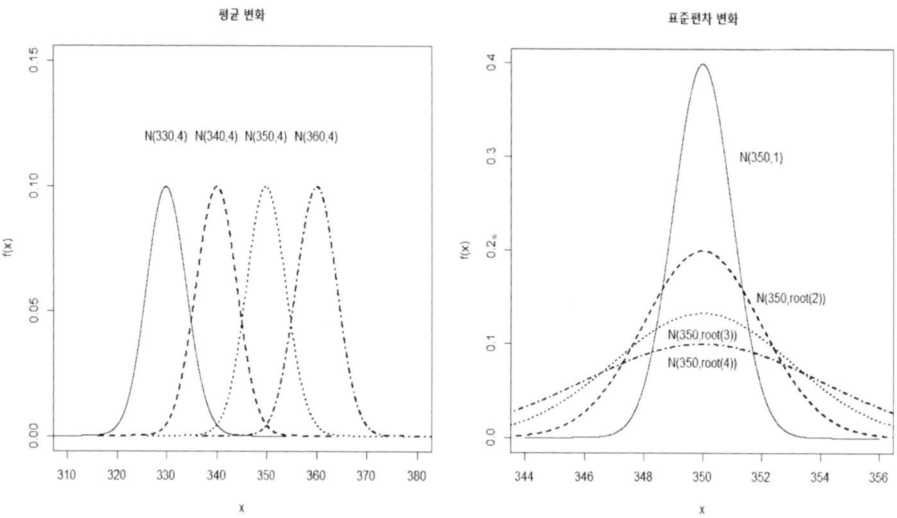


**그림 3.4** 평균($\mu$)과 표준편차($\sigma$)의 변화에 따른 정규확률분포

넷째, 정규확률분포를 따르는 확률변수 $X$가 평균 $\mu$로부터 표준편차까지의 거리의 면적은 다음의 공식을 따르며, 표준편차 1배, 2배, 3배 이내에 면적은 <그림 3.5>와 같이 각각 약 0.683, 0.955, 0.997 정도가 된다.

$$P(\mu-\sigma < X < \mu+\sigma) = \int_{\mu-\sigma}^{\mu+\sigma} \frac{1}{\sigma\sqrt{2\pi}} e^{-\frac{(x-\mu)^2}{2\sigma^2}} dx = 0.6827$$

$$P(\mu-2\sigma < X < \mu+2\sigma) = \int_{\mu-2\sigma}^{\mu+2\sigma} \frac{1}{\sigma\sqrt{2\pi}} e^{-\frac{(x-\mu)^2}{2\sigma^2}} dx = 0.9545$$

$$P(\mu-3\sigma < X < \mu+3\sigma) = \int_{\mu-3\sigma}^{\mu+3\sigma} \frac{1}{\sigma\sqrt{2\pi}} e^{-\frac{(x-\mu)^2}{2\sigma^2}} dx = 0.9973$$

예를 들어, 평균 $\mu$로부터 표준편차까지의 거리의 면적이 '0.9545'라는 것은 전체면적 1에서 약 95.45%를 차지하고 있음을 나타낸다.

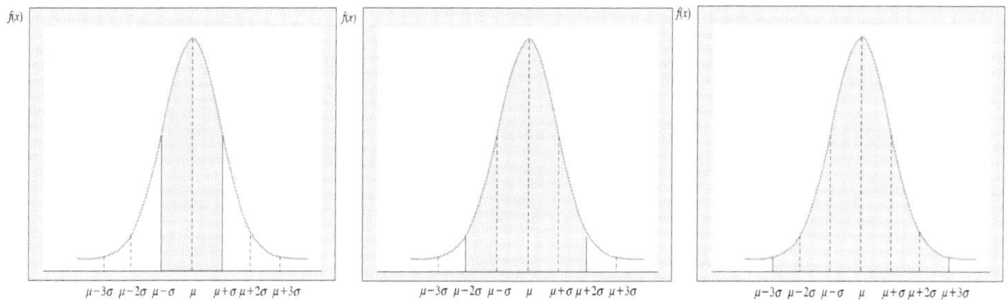

**그림 3.5** 평균으로부터 표준편차의 1, 2, 3 이내에 있는 면적 비교
자료: 노맹석 외 5인, 기초통계학, 자유아카데미

지금까지 정규확률분포의 정의, 성질 등을 살펴보았다. 다음절에서는 정규확률분포를 표준화하는 표준화 과정과 이들의 분포를 소개한다.

## 5. 표준정규분포

다음과 같은 문제를 생각해 보자.

**[문제 1]** 전국 수학능력 모의평가에서 국어 모의고사 성적 $X$는 평균이 80이고 표준편차가 10인 정규분포를 따르고, 수학 모의고사 성적 $Y$는 평균이 84점이고 표준편차가 8인 정규분포를 따른다고 밝혀졌다. 이 평가에 참여한 철수의 국어 점수는 90점, 영희의 수학 점수는 90점이다. 통계분석자는 철수와 영희는 같은 성적이지만 누가 더 우수한 점수인지 알고 싶어 한다. 이에 대한 합리적인 통계적 판단은 어떻게 해야 할까?

**[문제 2]** '교육부 2019년 학생건강검사 표본통계'에 따르면 2019년 중학교 3학년 남자 몸무게 $X$는 평균이 54.8이고 표준편차가 0.24인 정규분포이고, 고등학교 3학년 남자 몸무게 $Y$는 평균이 71.5이고 표준편차가 0.23인 정규분포를 따른다고 한다. 평균에서 5배 표준편차 거리로써 중학교 1학년 H학생 몸무게 56 kg과 대학교 1학년 K학생 몸무게 72.65 kg은 같은 상위 위치일까? 만약 중학교 1학년 O학생은 65 kg, 고등학교 3학년 L학생은 82 kg이다. 이 두 학생의 몸무게 분포의 상위 위치는 동일할까?

**[문제 3]** 문제 2의 동일 통계에 따르면 고등학교 1학년 학생의 키 $X$는 172.8 cm, 표준편차는 0.11인 정규분포를 따른다고 한다. 고등학생들은 성장이 빠르므로, 이를 감안하여 교실 출입문 선반에 머리가 닿는 학생의 수를 1% 이내로 하고자 한다면, 선반의 높이는 얼마로 해야 할까?

위의 세 문제는 여러 상황을 반영한 연속확률변수이고, 정규확률분포는 따른다. 즉, 여러 값의 평균과 표준편차를 보이는 정규확률분포이다. 이런 경우 보다 객관적이고 표준화된 평가 체계에서 정규확률변수들을 비교할 필요가 있는데, 이를 가능하게 하는 분포가 표준정규확률분포(standard normal probability distribution, 줄여서 표준정규분포라고 명칭)이다. 일반적인 정규확률분포 $X$는 표준정규분포 $Z$로 변환할 수 있으며 다음의 관계가 성립한다.

정규확률분포를 따르는 확률변수 $X$는 평균 $\mu$, 표준편차 $\sigma$를 가질 때, 표준정규확률변수 $Z$는

$$X \sim N(\mu, \sigma^2), \qquad Z = \frac{X-\mu}{\sigma}, \;\; Z \sim N(0, 1^2)$$

로 평균 0, 표준편차 1인 정규분포를 따른다. 그리고 $X$에서 $Z$로 치환된 값을 $z$값이라고 하며, $z$값은 표준편차의 단위로 표시된 평균과의 거리를 의미한다. 이렇게 $X$에서 $Z$로 변환하는 과정을 표준화(standardization)라고 한다.

<그림 3.6>은 O과자 측정 중량 확률변수 $X$의 정규확률변수분포와 표준화 과정 후 표준정규확률변수 $Z$의 표준정규확률변수 분포곡선을 보여준다.

이런 표준정규분포의 표준정규확률밀도함수는 평균 $\mu = 0$이고, 표준편차가 $\sigma = 1$인 정규확률분포를 따른다. 이 표준정규확률밀도함수를 식으로 표현하면 정규확률분포 공식에서 $\mu = 0$, $\sigma = 1$을 대입하면 된다.

$$f(z) = \frac{1}{\sqrt{2\pi}} e^{-\frac{z^2}{2}}; \quad -\infty < z < \infty .$$

위의 공식에서 $f(z)$는 표준정규확률밀도곡선인 표준정규확률밀도함수이고, 수직

선 $z$축과 이 곡선 사이의 수직 거리를 의미하고 구간으로 나타날 때 면적으로 계산된다.

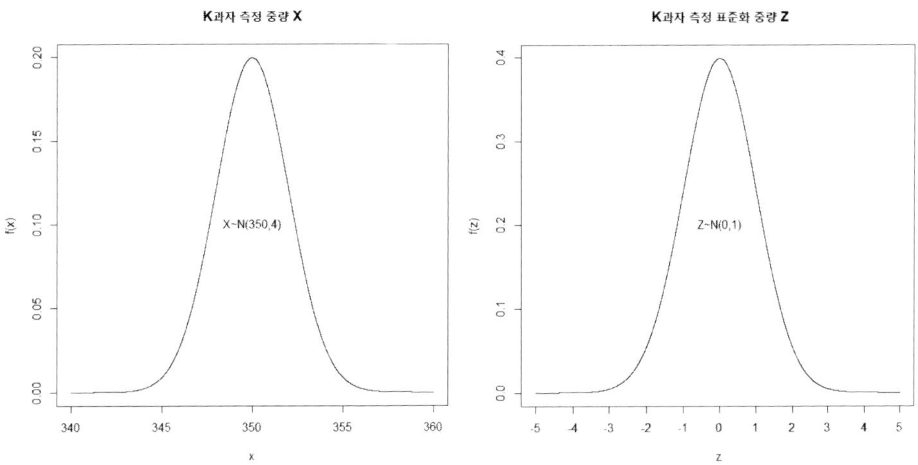


**그림 3.6** O과자 측정 중량 $X$ 분포와 표준화 후의 중량 $Z$ 정규분포

정규확률변수 $Z$의 분포를 간단히 $Z \sim N(0, 1^2)$로 표기하고 '표준정규확률변수 $Z$는 평균이 0이고 분산이 1인 표준정규분포($N$)을 따른다(~)'라고 읽는다. 표준정규확률분포도 평균 0을 중심으로 정확히 좌우 대칭이므로 평균 0을 중심으로 왼쪽과 오른쪽의 표준정규확률분포곡선 아래의 면적은 각각 0.5가 된다.

표준정규확률분포도 정규확률분포처럼 몇 가지 특징이 있다.

첫째, 표준정규확률밀도함수를 전체 구간($-\infty < x < \infty$)까지 적분하면(면적을 구하면), 1이 된다.

둘째, 표준정규확률분포를 따르는 확률변수 $Z$가 평균 0으로부터 $z$ 표준편차까지의 거리의 면적은 다음의 공식을 따른다.

$$P(0 < Z < z) = \int_0^z \frac{1}{\sqrt{2\pi}} e^{-\frac{z^2}{2}} dz$$

셋째, 표준정규확률분포는 평균 0을 중심으로 좌우 대칭이므로 구간 $[P(-z < Z < z)]$에 대한 면적은 오른쪽 면적 $[P(0 < Z < z)]$이 $A$라고 할 때 구간 면적은 $2 \times A$가 된다.

넷째, 다양한 구간 면적은 계산하기 쉽지 않으므로 이항분포표처럼 표준정규확률분포의 구간 위치에 대한 확률값을 표로 정리하면 <그림 3.7>과 같고, 이를 표준정규분포표라고 한다. 이 표를 활용하면 다양한 구간의 확률값(면적)을 계산할 수 있다.

다섯째, 표준정규확률분포는 표준정규확률변수들이 취하는 확률값($P(-2.3 < Z < 1.58)$)과 표준정규확률분포를 따르는 표준정규확률변수 취하는 확률값($P(Z < z_0) = 0.1$, 단 $z_o < 0$, $P(Z > z_0) = 0.05$, 단 $z_o > 0$)을 만족하는 위치값 $z_0$을 다음의 공식으로 찾을 수 있다.

<그림 3.7>의 표준정규분포표로부터

$$\begin{aligned} P(-2.3 < Z < 1.58) &= P(Z < 1.58) - P(P < -2.3) \\ &= P(Z < 1.58) - (1 - P(Z < 2.3)) \\ &= 0.9429 - (1 - 0.9893) = 0.9322 \end{aligned}$$

왼쪽 꼬리 부분 면적이 0.1이 되는(하위 10%) $z_o$값: $P(Z < z_0) = 0.1$, 단 $z_o < 0$.

오른쪽 꼬리 부분 면적이 0.05가 되는 $z_o$값(상위 5%): $P(Z > z_0) = 0.05$, 단 $z_o > 0$.

---

**표준정규분포표에서 $P(0 < Z < a)$ 찾기**

단계 1. $a$값의 소수점 첫째 자리를 행의 값에서 찾는다.

단계 2. $a$값의 소수점 둘째 자리는 열의 값에서 찾는다.

단계 3. 행과 열이 마주치는 값을 찾는다. 그 값이 $P(0 < Z < a)$.

(주의) 만약, 소수점 셋째 자리면 단계 2의 열 값에서 보간(중앙값)하여 계산한다.

예를 들어, $a = 1.645$이면, 열 0.04와 0.05의 중앙값(0.4495+0.4505/2=0.45)을 제시한다.

(예시)

① $P(0 < Z < 2.53) = 0.4943$

② $$\begin{aligned} P(-1.5 < Z < 1.5) &= 2 \times P(Z < 1.5) \\ &= 2 \times 0.4332 \\ &= 0.8664 \end{aligned}$$

③ $$\begin{aligned} P(-1.78 < Z < 3.23) &= P(Z < 3.23) - [1 - P(Z < 1.78)] \\ &= 0.5 + 0.4994 - [1 - (0.5 + 0.4625)] \\ &= 0.9619 \end{aligned}$$

---

| $z$ | .00 | .01 | .02 | .03 | .04 | .05 | .06 | .07 | .08 | .09 |
|---|---|---|---|---|---|---|---|---|---|---|
| 1.5 | 0.4332 | 0.4345 | 0.4357 | 0.4370 | 0.4382 | 0.4394 | 0.4406 | 0.4418 | 0.4429 | 0.4441 |
| 1.6 | 0.4452 | 0.4463 | 0.4474 | 0.4484 | 0.4495 | 0.4505 | 0.4515 | 0.4525 | 0.4535 | 0.4545 |
| 1.7 | 0.4554 | 0.4564 | 0.4573 | 0.4582 | 0.4591 | 0.4599 | 0.4608 | 0.4616 | 0.4625 | 0.4633 |
| 1.8 | 0.4641 | 0.4649 | 0.4656 | 0.4664 | 0.4671 | 0.4678 | 0.4686 | 0.4693 | 0.4699 | 0.4706 |
| 1.9 | 0.4713 | 0.4719 | 0.4726 | 0.4732 | 0.4738 | 0.4744 | 0.4750 | 0.4756 | 0.4761 | 0.4767 |
| 2.0 | 0.4772 | 0.4778 | 0.4783 | 0.4788 | 0.4793 | 0.4798 | 0.4803 | 0.4808 | 0.4812 | 0.4817 |
| 2.1 | 0.4821 | 0.4826 | 0.4830 | 0.4834 | 0.4838 | 0.4842 | 0.4846 | 0.4850 | 0.4854 | 0.4857 |
| 2.2 | 0.4861 | 0.4864 | 0.4868 | 0.4871 | 0.4875 | 0.4878 | 0.4881 | 0.4884 | 0.4887 | 0.4890 |
| 2.3 | 0.4893 | 0.4896 | 0.4898 | 0.4901 | 0.4904 | 0.4906 | 0.4909 | 0.4911 | 0.4913 | 0.4916 |
| 2.4 | 0.4918 | 0.4920 | 0.4922 | 0.4925 | 0.4927 | 0.4929 | 0.4931 | 0.4932 | 0.4934 | 0.4936 |
| 2.5 | 0.4938 | 0.4940 | 0.4941 | 0.4943 | 0.4945 | 0.4946 | 0.4948 | 0.4949 | 0.4951 | 0.4952 |
| 2.6 | 0.4953 | 0.4955 | 0.4956 | 0.4957 | 0.4959 | 0.4960 | 0.4961 | 0.4962 | 0.4963 | 0.4964 |
| 2.7 | 0.4965 | 0.4966 | 0.4967 | 0.4968 | 0.4969 | 0.4970 | 0.4971 | 0.4972 | 0.4973 | 0.4974 |
| 2.8 | 0.4974 | 0.4975 | 0.4976 | 0.4977 | 0.4977 | 0.4978 | 0.4979 | 0.4979 | 0.4980 | 0.4981 |
| 2.9 | 0.4981 | 0.4982 | 0.4982 | 0.4983 | 0.4984 | 0.4984 | 0.4985 | 0.4985 | 0.4986 | 0.4986 |
| 3.0 | 0.4987 | 0.4987 | 0.4987 | 0.4988 | 0.4988 | 0.4989 | 0.4989 | 0.4989 | 0.4990 | 0.4990 |
| 3.1 | 0.4990 | 0.4991 | 0.4991 | 0.4991 | 0.4992 | 0.4992 | 0.4992 | 0.4992 | 0.4993 | 0.4993 |
| 3.2 | 0.4993 | 0.4993 | 0.4994 | 0.4994 | 0.4994 | 0.4994 | 0.4994 | 0.4995 | 0.4995 | 0.4995 |
| 3.3 | 0.4995 | 0.4995 | 0.4995 | 0.4996 | 0.4996 | 0.4996 | 0.4996 | 0.4996 | 0.4996 | 0.4997 |

* 자세한 표준정규분포표는 부록 참고

**그림 3.7** 표준정규분포표에서 값 찾기

표준정규분포표로부터 $P(Z < z_0) = 0.1$을 만족하는 $z_o$는 약 $-1.28$이며, $P(Z > z_0) = 0.05$을 만족하는 $z_o$는 <그림 3.8>처럼 약 1.645이다. 이를 정리하면 일반적으로 $Z \sim N(0,1^2)$일 때, 상위 $\alpha-$분위수를 $z_\alpha$라 하면 $P(Z > z_\alpha) = \alpha$이다.

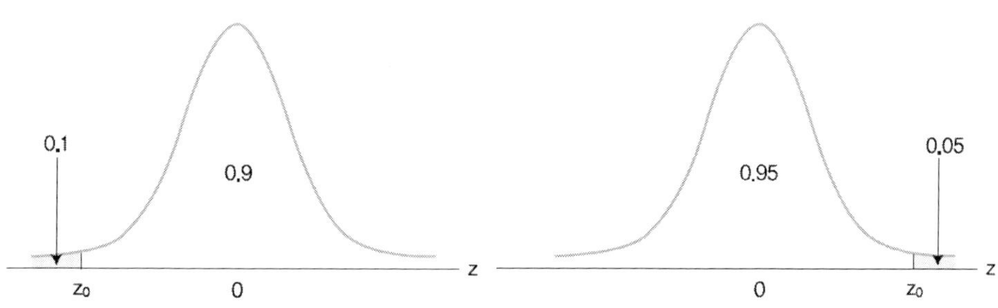


$<P(Z<-1.28) = 0.1008 \approx 0.1>$ $<P(Z>1.645) = 0.05>$

**그림 3.8** 하위 10%, 상위 5%를 의미하는 $z_o$ 위치값

이제 앞에서 소개한 세 가지 문제를 표준정규분포로 풀어보자.

각 문제는 표준화 과정을 거치 표준정규분포로 표현한 후, 위치값을 찾아 해석한다.

[문제 1 풀이] $X_{국어} \sim N(80, 10^2)$, $Y_{수학} \sim N(84, 8^2)$에서 철수 국어 점수 $x_{철수} = 90$, 영희 수학 점수 $y_{영희} = 90$이다. 이들 두 $X, Y$ 정규확률분포를 표준화 과정을 거쳐 표준정규분포로 표현하면,

$$Z_{철수} = \frac{90-80}{10} = 1, \quad Z_{영희} = \frac{90-84}{8} = 0.75\text{이다.}$$

철수의 국어 점수가 영희의 수학 점수보다 높은 상위 분위수에 위치하므로 상대적으로 우수한 점수라고 판단할 수 있다.

[문제 2 풀이] $X_{중3} \sim N(54.8, 0.24^2)$, $Y_{고3} \sim N(71.5, 0.23^2)$에서 H학생 몸무게 $x_H = 55.52$kg과 고등학교 3학년 K학생 몸무게 $y_K = 72.19$이다. [문제 1]과 동일 과정으로 표준정규분포로 표현하면,

$$Z_{중3} = \frac{55.52-54.8}{0.24} = 3, \quad Z_{고3} = \frac{72.19-71.5}{0.23} = 3\text{이므로}$$

오른쪽 꼬리 부분의 상위 위치를 나타내고, 중3과 고3의 상위 분위수는 동일하다.

[문제 3 풀이] $X_{고1} \sim N(172.8, 0.11^2)$이고, 상위 1%에 해당하는 위치값 $(P(Z > z_0) = 0.01)$을 찾는 문제이므로, 표준화 과정을 거쳐 표준정규분포에서 이 값을 구하면 적어도 약 174 cm 이상으로 높이를 정하면 된다.

$$P(Z_{고1} > \frac{x_{고1} - 172.8}{0.11}) = 0.01, \quad \frac{x_{고1} - 172.8}{0.11} \fallingdotseq 2.33,$$

$$x_{고1} = 172.8 + 2.33 \times 0.11 = 173.05 \approx 174$$

## 6. 모집단분포와 표본분포

모집단의 특성을 나타내는 대푯값인 모수(parameter)는 일정한 값을 갖지만 알려져 있는 경우가 흔치 않다. 표본통계량(statistics)을 통해 모수를 추측한다. 다만 어디까지나 표본통계량은 표본을 추출할 때마다 얼마든지 다른 값이 나올 수 있는 불확실한 확률변

수이기 때문에 모수를 정확히 알아낼 수는 없다. 대표적인 표본통계량은 표본평균, 표본비율, 표본분산 등이 있다.

모집단의 모수를 파악하기 위해 모집단을 구성하는 관찰값 전부를 조사하여 모수의 값을 계산할 수 있지만, 크기가 크다면 시간과 비용 측면에서 효율적이지 못하다. 따라서 모집단을 잘 대표한다는 일부를 선출한 표본(sample)을 통해 표본 개체들의 통계량(표본평균($\overline{X}$), 표본표준편차($s$))을 활용하여 모집단 모수($\mu$, $\sigma$)를 추정한다.

전국 성인 체격 모집단에서 크기가 100명인 표본을 꺼낼 때마다 이 표본은 100명의 신장 평균값과 표준편차는 달라진다. 따라서 통계량은 변량으로 확률분포를 고려할 수 있으며, 이 분포를 표본분포라고 한다. 그리고 표본이 달라짐에 따라 통계량의 값도 변하므로 표본 변동이 발생한다. 가장 일반적으로 고려하는 통계량은 표본평균 $\overline{X}$와 표본분산 $s^2$이다. 그러므로 모수($\mu, \sigma^2, p$)를 변량인 통계량($\overline{X}, s^2, \hat{p}$)으로 추정하기 때문에 정확하게 모수와 통계량이 같지 않을 수도 있다. 이 차이를 통계학에서는 표본오차(sampling error)라고 한다.

<표 3.4>는 모집단의 모수와 표본의 통계량과 표본오차의 크기를 보여준다.

**표 3.4** 모수와 통계량의 차이

| 모집단(모수) | | 표본(통계량) | | 표본오차의 크기 |
|---|---|---|---|---|
| 모평균 | $\mu$ | 표본평균 | $\overline{X}$ | $\lvert\mu - \overline{X}\rvert$ |
| 모분산 | $\sigma^2$ | 표본분산 | $s^2$ | $\lvert\sigma^2 - s^2\rvert$ |
| 모표준편차 | $\sigma$ | 표본표준편차 | $s$ | $\lvert\sigma - s\rvert$ |
| 모비율 | $p$ | 표본비율 | $\hat{p}$ | $\lvert p - \hat{p}\rvert$ |

$$\overline{x} = \frac{1}{n}\sum_{i=1}^{n} x_i, \quad s^2 = \frac{1}{n-1}\sum_{i=1}^{n}(x_i - \overline{X})^2$$

모집단으로부터 단순확률추출 방법으로 표본을 추출한다면, 개별 표본은 모집단으로부터 같은 확률로 추출되고, 개별 표본들은 서로 독립적으로 추출된다. 그러므로 평균과 분산이 $\mu, \sigma^2$인 모집단으로부터 단순확률추출에 의해 크기 $n$인 표본을 추출한다면,

표본평균 $\overline{X}$의 기댓값과 분산은 다음과 같다.

$$E(\overline{X}) = E[(X_1 + X_2 + \cdots + X_n)/n)$$
$$= \frac{1}{n}[E(X_1) + E(X_2) + \cdots\ E(X_n)] = \frac{1}{n}n\mu = \mu$$
$$Var(\overline{X}) = Var[(X_1 + X_2 + \cdots + X_n)/n]$$
$$= \frac{1}{n^2}[Var(X_1) + Var(X_2) + \cdots + Var(X_n)] = \frac{1}{n^2}n\sigma^2 = \frac{\sigma^2}{n}$$

위의 두 수식에서 표본크기 $n$에 영향을 받는 것은 표본평균의 분산이다.

만약 표본크기 $n$이 점진적으로 커져, 모집단 크기와 같아진다면 $Var(\overline{X}) \approx 0$에 근접한다. 이는 표본의 수가 커짐에 따라 표본평균은 모집단의 모평균과 같아짐을 의미한다. <그림 3.9>처럼 표본크기가 크면 클수록 표본평균의 분산 $Var(\overline{X})$가 작아지는 경향이 있어 표본평균 $\overline{X}$는 모평균 $\mu$에 근접하는 것을 보여주고 있다.

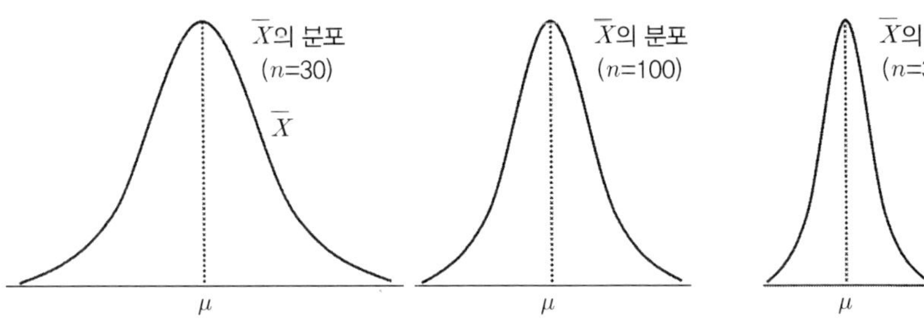


**그림 3.9** 표본크기에 따른 표본평균 $\overline{X}$의 분포

## 7. 표본평균분포와 중심극한정리

표본추출분포인 표본평균 $\overline{X}$는 표본크기가 증가할수록 모집단의 중심에 가까워지는 성질이 있다. 이제 정규확률분포를 따르는 모집단 여부에 따라 추출된 표본의 표본평균 분포가 어떻게 되는지 알아본다.

먼저 모집단의 분포가 정규분포를 따른다면 표본크기와 상관없이 표본평균 $\overline{X}$의 분포는 $N(\mu, \sigma^2/n)$을 따른다. 즉, 모집단이 정규확률분포를 따른다면 평균과 분산이 $\mu$,

$\sigma^2$인 정규모집단에서 단순확률추출 방법에 따라 크기 $n$의 표본을 추출한다면, 표본평균 $\overline{X}$는 평균이 $\mu$이고 분산이 $\sigma^2/n$인 정규분포를 따른다. 더 나아가 표본평균 $\overline{X}$의 표준화 확률변수 $Z=\dfrac{\overline{X}-\mu}{\sigma/\sqrt{n}}$의 분포는 표준정규분포 $N(0,1^2)$을 따른다.

다음으로 모집단의 분포가 정규분포를 따르지 않고 평균과 분산이 $\mu, \sigma^2$인 모집단에서 단순확률추출 방법에 따라 크기 $n$의 표본을 추출한다면, 표본평균 $\overline{X}$는 표본크기 $n$이 커짐에 따라 근사적으로 평균이 $\mu$이고 분산이 $\sigma^2/n$인 정규분포를 따른다. 그리고 표준화 확률변수 $Z=\dfrac{\overline{X}-\mu}{\sigma/\sqrt{n}}$의 분포는 표본크기 $n$이 커짐에 따라 근사적으로 표준정규분포 $N(0,1^2)$을 따른다. 첫 번째는 당연한 결과이고, 두 번째는 통계학적으로 상당한 중요한 의미를 제공한다. 즉, 임의의 모집단으로부터 단순확률추출 방법에 따라 확률표본을 추출하는 경우, 이들의 확률분포인 표본평균 $\overline{X}$의 분포는 표본크기가 충분히 큰 경우에 정규분포에 근사한다는 것이다. 이는 모집단의 분포가 임의의 분포라도 표본크기가 크다면 표본평균 $\overline{X}$의 분포는 거의 정규분포에 근사함을 의미한다. 이를 통계학에서는 중심극한정리(central limit theorem, C.L.T)라고 한다.

중심극한정리에 따르면 모집단의 분포 여부에 상관없이 표본평균 $\overline{X}$의 분포는 표본의 크기가 충분히 크다면 정규분포로의 근사 정도는 만족한다고 한다.

예를 들어, 'H기업의 B산수가 대표적인 생수 상품이다. B산수 생수병에 담긴 생수의 양이 평균 500 mL이고 표준편차는 20 mL인 정규분포를 따른다고 한다. 소비자 S가 H기업 B 산수 한 병을 편의점에서 구입하는 경우, 병에 담긴 생수의 양이 520 mL 이하일 확률은 얼마인가?'와 '만약 소비자 S가 H기업 B산수 25묶음 한 팩을 마트에서 구매할 경우, 병에 담긴 생수의 양이 평균적으로 520 mL 이하일 확률은 얼마인가?'의 문제는 서로 확률값이 다르다.

전자는 한 병을 구매하여 확률값을 고려하는 경우이므로 생수 한 병 $X$는 정규확률변수로 $X_{생수} \sim N(500, 20^2)$을 따르고, 후자는 표본추출분포 표본평균 $\overline{X} \sim N(500, 20^2/30)$을 따른다. 따라서 이들에 대한 확률 값은 다음과 같이 명확한 차이를 보인다.

$$전자: P(X < 520) = P(\frac{X-\mu}{\sigma} < \frac{520-500}{20}) = P(Z < 1) = 0.8413$$

$$후자: P(\overline{X} < 520) = P(\frac{\overline{X}-\mu}{\sigma/\sqrt{n}} < \frac{520-500}{20/\sqrt{25}}) = P(Z < 5) \approx 1$$

생수 한 병 $X$의 확률 문제와 25묶음 1팩의 표본평균 $\overline{X}$는 확률 차이가 명확하며, 표본평균 $\overline{X}$의 확률값이 높게 나타난다. 이것은 표본평균 $\overline{X}$의 분포는 모평균을 중심으로 점점 가까이 좁혀지는 경향을 보여준다. 위의 생수 문제에서 생산되는 500 mL는 520 mL보다 큰 표본이 생산될 확률은 약 16%이지만(만약 하루 생산량이 10,000개라면 약 1,600개가 520 mL 이상 생산), H기업에서 생산되는 생수들은 평균적으로 520 mL보다 작음을 알 수 있다.

위의 예제는 단순확률추출 방법으로 크기 $n$의 표본을 추출하고, 이들의 표본평균 $\overline{X}$는 표본크기가 커짐에 따라 <그림 3.10>과 같이 모평균 $\mu$에 더욱 집중되는 정규분포를 따름을 보여준다.

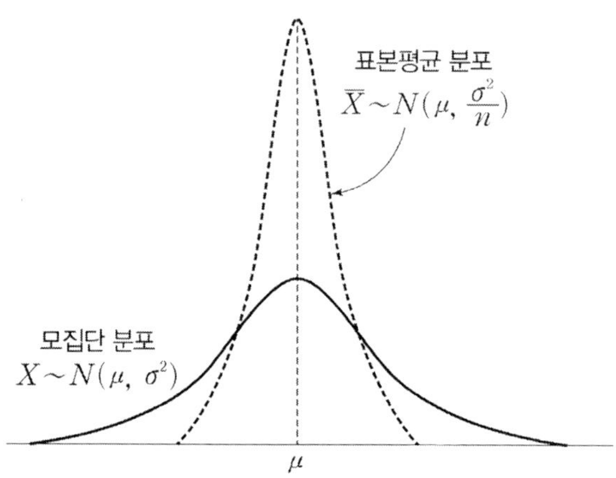


**그림 3.10** 모집단의 분포와 표본평균의 분포–모집단 정규분포를 따르는 경우

**중심극한정리**

평균이 $\mu$, 분산이 $\sigma^2$인 임의의 모집단으로부터 크기가 $n$인 확률표본 $X_1, X_2, \cdots, X_n$을 추출하면, 표본크기 $n$이 충분히 클 때 표본평균 $\overline{X}=\frac{1}{n}\sum_{i=1}^{n}X_i$는 모집단의 분포에 상관없이 평균 $\mu$, 분산 $\sigma^2/n$인 정규분포에 근사한다. 즉,

$$\overline{X} \sim N(\mu, \frac{\sigma^2}{n}),\ n \ge 30$$

더 나아가 표본평균 $\overline{X}$의 표준화 확률변수 $Z=\frac{\overline{X}-\mu}{\sigma/\sqrt{n}}$의 분포는 표준정규분포 $N(0,1^2)$을 따른다.

## 8. 표본비율분포와 중심극한정리

이번 절에서는 모집단의 모수인 모비율(population proportion, $p$)과 모비율 특성을 추정하기 위한 표본통계량 표본비율(sample proportion, $\hat{p}$)의 분포를 살펴본다.

모비율 $p$와 표본비율 $\hat{p}$은 관심의 대상이 되는 특정한 성질을 갖는 개체들이 모집단이나 표본 전체에 대한 상대적 비율이다. 예를 들어, 성공률, 찬성률, 지지율, 감염률, 출산율, 사망률, 부도율 등이 있다. 즉, 표본비율은 어떤 모집단에서 추출한 표본 중에서 특정 범주에 속하는 표본의 비율을 말한다. 모비율과 표본비율에 대한 분포를 파악하기 위해, 한 가지 예를 들어보자.

모 국회의원이 제안한 복지정책에 대한 국민들의 지지율은 다음과 같이 정의되는 확률변수 $X$로 표기될 수 있다고 하자.

$$X = \begin{cases} 1, & \text{지지 함} \\ 0, & \text{지지하지 않음} \end{cases}$$

주민등록인구의 모집단으로부터 크기 $n$의 확률표본 $X_1, X_2, \cdots, X_n$을 추출하였다면, 개별 확률변수는 위에서 정의한 0 또는 1의 값을 갖는다. 모비율 $p$의 특성을 파악하기 위한 표본 통계량 표본비율 $\hat{p}$은 다음과 같이 표현된다.

$$\hat{p}= \frac{X_1 + X_2 + \cdots + X_n}{n} = \frac{\text{정책 지지자 수}}{\text{표본크기}}$$

여기서 정책 지지자 수인 $T = X_1 + X_2 + \cdots + X_n$은 하나의 통계량이 되고 표본비율 분포를 보인다. 이는 총 $n$번의 독립된 베르누이 시행(Bernoulli trial, 임의의 결과가 '성공' 또는 '실패'의 두 가지 중 하나인 실험) 중 얻는 성공 횟수이며, 이는 평균 $E(T) = np$이고 분산이 $Var(T) = np(1-p)$을 갖는 이항분포4를 따른다. 그러므로 표본비율 $\hat{p}$의 평균과 분산은 다음과 같다.

$$E(T) = E(\frac{X_1 + X_2 + \cdots + X_n}{n}) = E(\hat{p}) = p$$

$$\begin{aligned} Var(T) = Var(\hat{p}) &= Var(\frac{X_1 + X_2 + \cdots + X_n}{n}) \\ &= \frac{1}{n^2} Var(X_1 + X_2 + \cdots X_n) \\ &= \frac{1}{n^2} np(1-p) = \frac{p(1-p)}{n} \end{aligned}$$

표본비율 $\hat{p}$도 표본평균 $\overline{X}$와 같이 모수의 특성을 파악하기 위한 통계량이다. 따라서 표본크기 $n$이 충분히 큰 경우에 중심극한정리에 의해 다음과 같이 정규분포를 근사적으로 따른다.

$$\hat{p} \doteq N\left(p, \frac{p(1-p)}{n}\right)$$

표본비율 $\hat{p}$도 실제 사례에 적용하고자 할 때 이항분포를 정규분포에 근사시키는 경우와 마찬가지로 $np \geq 5, n(1-p) \geq 5$이면 정규분포로 근사하므로 표준화하여 표준정규분포에서 다룬다.

표본비율 $\hat{p}$의 분포는 $np \geq 5, n(1-p) \geq 5$을 만족하고 표본의 크기 $n$이 커짐에 따라 근사적으로 평균이 $p$ 분산이 $p(1-p)/n$인 정규분포를 따른다. 따라서 표준화 과정을 거친 표준정규확률변수 $Z = (\hat{p} - p)/\sqrt{p(1-p)/n}$의 분포는 표준정규분포

4 베르누이 시행에서 사건 $A$가 일어날 확률을 $p$, 일어나지 않을 확률을 $q$라 하자. 이 시행을 $n$번 반복할 때, 사건 $A$가 일어난 횟수를 확률변수 $X$라 하면, $X$값에 대응하는 확률은 이항분포를 따르고 다음과 같이 구해진다. $P(X=x) = {}_nC_x p^x q^{n-x}, x = 0,1,2, \cdots, n. \ p+q=1$.

$N(0,1^2)$을 따른다.

다음은 표본비율이 주어지고, 정규분포를 따를 수 있는 조건을 만족할 때, 표준화 과정을 거친 표준정규분포에서 확률값을 도출할 수 있는 문제이다.

[문제 1] S학생은 'H대학 근처에 있는 G카페의 하루 평균 아메리카노(Americano) 판매량은 전체 커피음료 종류 대비 50%이다'라고 주장한다. 평소에 통계학에 관심이 많은 K학생은 S학생의 주장이 맞는지 알아보기 위해 G카페 주인의 협조로 하루 동안 판매된 200잔을 조사하였다. 이들 중 아메리카노 판매비율인 48~52% 내에 있을 확률은 얼마인가?

[문제 2] A 제약회사는 이 회사의 대표 감기약인 P감기약의 치유율은 80%라고 주장한다. 2020년에 유행하고 있는 감기에 대해서도 같은 치유율이 나타나는지 알아보기 위해 1,000명의 감기 환자에게 P감기약을 투여하였다. 이들 중 감기로부터 완전히 회복된 사람들의 비율이 75~85% 내에 있을 확률은 얼마인가?

위의 두 가지 사례는 표본비율의 정보와 $np \geq 5, n(1-p) \geq 5$을 만족하여 정규분포를 따르고 표준화 과정을 거쳐 표준정규분포에서 확률값을 계산할 수 있다. 확률 계산은 다음과 같다.

[문제 1 풀이] 모비율 $p=0.5$이고 $200 \times 0.5 > 5$, $200 \times (1-0.5) > 5$이므로 모비율 0.5에 대한 표본크기 $n=200$은 충분히 크다고 할 수 있어, 아메리카노 판매비율에 대한 중심극한정리에 따라 아메리카노 판매비율의 표본비율 $\hat{p}$의 분포는 정규분포로 근사시킬 수 있다.

따라서 $\hat{p}_{아메리카노\ 판매율} \div N\left(0.5, \frac{0.5(0.5)}{200}\right)$이다. 관심 확률값은

$P(0.48 < \hat{p} < 0.52)$이므로

$$P(0.48 < \hat{p} < 0.52) = P\left(\frac{0.48-0.5}{\sqrt{0.5 \times 0.5/200}} < Z < \frac{0.52-0.5}{\sqrt{0.5 \times 0.5/200}}\right)$$
$$\simeq P(-0.57 < Z < 0.57) = 0.7157 - 0.2843$$
$$= 0.4314 \fallingdotseq 0.43$$

즉, 표본대상 200명 중에서 아메리카노 판매비율이 48~52% 내에 있을 확률은 약 43%이다.

[문제 2 풀이] 모비율 $p = 0.8$이고 $1000 \times 0.8 > 5$, $1000 \times (1-0.8) > 5$이므로 모비율 0.8에 대한 표본크기 $n = 1000$은 충분히 크다고 할 수 있어, 치유율에 대한 중심극한정리에 따라 치유율의 표본비율 $\hat{p}$의 분포는 정규분포로 근사시킬 수 있다.

따라서 $\hat{p}_{치유율} \div N\left(0.8, \dfrac{0.8(0.2)}{1000}\right)$이다. 관심 확률값은 $P(0.75 < \hat{p} < 0.85)$이므로

$$
\begin{aligned}
P(0.77 < \hat{p} < 0.83) &= P\left(\frac{0.77-0.8}{\sqrt{0.8 \times 0.2/1000}} < Z < \frac{0.83-0.8}{\sqrt{0.8 \times 0.2/1000}}\right) \\
&\simeq P(-2.37 < Z < 2.37) = 0.9911 - 0.0087 \\
&= 0.9824 \fallingdotseq 0.98
\end{aligned}
$$

즉, 표본대상 1,000명 중에서 치유율이 75~85% 내에 있을 확률은 약 98%이다.

# 2 통계적 추정

## 1. 추정 문제

### (1) 실생활에 활용되는 추정 문제

우리는 실생활에서 활용되는 추정 문제들을 많이 접하고 있다. 다음 2가지 예를 살펴보자.

먼저, 대기업 S전자 회사에 재직 중인 황통계 씨는 직속 상사로부터 2024년도 L전자 드럼세탁기 판매 전략을 세우기 위해 작년도 드럼세탁기 판매량을 조사하여 일주일 뒤

에 보고하라는 지시를 받았다. 황통계 씨는 시간적 여유가 있다면 전국 L전자 판매 대리점을 조사하여 정확한 보고를 하고 싶었으나, 인력과 시간적 여유가 없어 고민하고 있다. 일단 판매 수치를 파악하기 위해 회사 근처 판매 대리점을 들러 판매량을 조사하고 전국 상점의 개수를 고려하여 대략적인 수치를 일주일 뒤에 직속 상사에게 보고하였다.

다음으로, S대학을 다니는 심통계 학생은 평소 존경하는 S교수님 권유로 사회복지정책 연구팀에 합류하게 되었다. S교수님은 고령자를 위한 복지정책 전문가이다. 어느 날 S교수님은 심통계 학생을 불러 작년에 K국회의원이 발의한 복지정책에 대해 고령자들이 어느 정도 지지하는지를 일주일 뒤에 알려달라고 하셨다. 심통계 학생은 일주일 동안 어떻게 해야 할까?

먼저, 위와 같은 추정 문제는 연구 대상의 전체 모집단이 무엇인가를 고민해야 한다. 황통계 씨의 판매량 문제에서 S전자의 드럼세탁기 판매량의 전체 모집단은 1년 동안 판매된 2023년 판매량일 것이다. 심통계 학생의 지지도 문제는 주민등록인구에서 65세 이상의 고령자가 전체 모집단이 될 것이다. 이들 모집단에서 부여받은 관심 주제를 잘 대변할 수 있는 표본을 선출하여 표본 통계량으로 추정값을 보고하면 된다.

일반적으로 추정값을 제시하는 방법은 2가지가 있다.

첫째, '평균적으로 판매량은 얼마'와 '지지율은 약 %'의 하나의 값으로 보고하는 방식이고, 둘째, 판매량과 지지율은 구간 [A 이상, B 이하, (A, B)] 형태로 표현하는 것이다. 첫째 방식은 매번 추출되는 표본에 따라 추정값이 다르므로 신뢰도가 떨어지는 문제가 발생한다. 반면, 둘째 방법은 구간으로 제시되어 이런 문제가 없다. 따라서 구간으로 제시하는 방법이 선호되고, 통계학에서는 첫 번째 방식을 점추정(point estimation), 두 번째 방식을 구간추정(interval estimation)으로 분류한다.

## 2. 점추정과 구간추정

모평균 $\mu$를 추정하기 위해서 표본으로 선출된 표본의 통계량 표본평균 $\overline{X}$를 사용한다. 이처럼 모수를 추정하기 위하여 하나의 추정량을 사용하는 것이 점추정이다.

점추정은 확률표본에 속한 자료들이 어떤 값들을 취하느냐에 따라 점추정값이 크게 달라질 수 있다. $\mu$를 추정하기 위해 매번 추출되는 표본에서 표본평균 $\overline{X}$는 모평균 $\mu$보다 작을 수도, 클 수도, 그리고 우연히 정확하게 같을 수도 있다. 결국 $\overline{X}$는 모수 모평균 $\mu$에 얼마나 가까이 있는지는 알 수 없다. 그러므로 모평균을 추정하기 위해서는 점추정량으로 제시하는 대신 모수의 참값 $\mu$가 어느 구간에 속한다고 추정되는 모수의 추정 하한값과 상한값으로 제시할 수 있다. 이처럼 모수를 추정하기 위하여 구간을 제시하는 것이 구간추정이다.

구간추정에서 중요한 것은 합리적인 추정 하한값(lower limit value)과 상한값(upper limit value) 제시이다. 모평균 $\mu$는 적당하게 추출된 표본 통계량으로 추정되는 추정값의 하한값, 상한값으로 만들어지는 구간에 존재하게 된다. 이때 모평균 $\mu$와 추정값의 하한값과 상한값의 차이(거리)를 오차의 한계(margin of error)라고 한다.

따라서 구간추정은 모평균 모수를 추정하기 위하여 점추정량의 오차의 한계를 고려하여 하한(lower limit)값과 상한(upper limit)값의 구간으로 제시하는 것이다.

모수의 구간추정을 위하여 제시한 하한값과 상한값을 각각 L과 U로 표기할 때 (L, U)를 모수의 신뢰구간(confidence interval)이고, 이 신뢰구간에 모수의 참값이 포함되는 것을 얼마나 신뢰할 수 있는가를 나타내는 정도를 신뢰수준(confidence level) 또는 신뢰도라고 한다. 이 신뢰수준은 $100(1-\alpha)\%$로 나타내며, 통상적으로 $\alpha$는 0.01, 0.05, 0.10을 사용한다. 예를 들어, $\alpha = 0.05$이면 95%($100(1-0.05)\%$)가 신뢰수준이 된다.

신문이나 인터넷 매체에서 자주 등장하는 "본 여론조사의 표본오차는 95% 신뢰수준에 ±3.1%포인트"를 해석하면, 표본오차는 표본 통계량의 추정값이 모수와 차이를 의미하고, 매번 다른 표본을 추출하였을 때 모수를 구간추정으로 나타낼 때 모수 참값이 포함되는 것을 95% 신뢰할 수 있으며 신뢰구간은 (지지율−3.1%, 지지율+3.1%)로 표현할 수 있다. 예를 들어, 특정 후보 A의 지지율이 40%라면 (36.9%, 43.1%)의 지지율을 얻을 것으로 기대한다는 의미이다.

## 3. 모평균의 구간추정

### (1) 표본크기 $n \geq 30$인 (대표본) 경우 모평균 구간추정

이번 절은 모집단의 모수인 모평균 $\mu$를 추정하기 위해 표본 통계량의 추정량을 사용하여 $100(1-\alpha)\%$ 신뢰수준에서의 신뢰구간으로 표현하는 방법을 소개한다.

모집단 모수 $\mu$를 추정하기 위해 매번 1,000개의 표본을 선출한다고 하자. 첫 번째 시행 1,000개의 표본에서 도출된 통계량 $\overline{X_1}$은 모평균 $\mu$의 $100(1-\alpha)\%$ 신뢰수준에서의 신뢰구간을 표현한다면 ($\overline{X_1} - 100(1-\alpha)\%$ 신뢰수준에서의 신뢰구간, $\overline{X_1} + 100(1-\alpha)\%$ 신뢰수준에서의 신뢰구간)[5]이 된다. 두 번째 시행 1,000개 표본에서 도출된 통계량 $\overline{X_2}$는 모평균 $\mu$의 $100(1-\alpha)\%$ 신뢰수준에서의 신뢰구간을 표현한다면 ($\overline{X_2} \pm 100(1-\alpha)\%$ 신뢰수준에서의 신뢰구간)이 된다. 세 번째 시행 1,000개 표본에서 도출된 통계량 $\overline{X_3}$은 모평균 $\mu$의 $\overline{X_1} + 100(1-\alpha)\%$ 신뢰수준에서의 신뢰구간을 표현한다면 ($\overline{X_3} \pm 100(1-\alpha)\%$ 신뢰수준에서의 신뢰구간)이 된다. 이러한 시행을 무수히 많이 반복한다면 <그림 3.11>과 같이 수평축에 시행 순서, 수직축에 모평균 모수 $\mu$의 $100(1-\alpha)\%$ 신뢰수준에서의 신뢰구간으로 나타낼 수 있다. 그리고 각 신뢰구간이 모수의 참값 $\mu$를 포함하면 ●, 포함하지 않으면 ×로 수평축의 시행 순서 아래에 표시할 수 있다. <그림 3.11>은 신뢰수준 $\overline{X_1} + 100(1-\alpha)\%$라는 의미는 매번 추출되는 표본 시행에서의 통계량들의 모평균 $\mu$의 $100(1-\alpha)\%$ 신뢰수준에서의 신뢰구간 가운데 대략 $100(1-\alpha)\%$는 모수의 참값 $\mu$를 포함하고, $\alpha\%$는 모수의 참값 $\mu$를 포함하지 않는다는 의미이다. 이는 추정하는 통계학자가 추출한 표본으로부터 산출된 구간에 모평균 $\mu$이 포함되어 확률이 $100(1-\alpha)\%$라는 것이다. 즉, 여러 번 표본을 100번 추출하면, 표본으로 산출된 구간이 $100(1-\alpha)$의 비율로 모평균을 포함한다는 것을 의미한다.

<그림 3.11>은 신뢰구간의 의미를 보여주고 있다.

---

5 이를 $\overline{X_1} \pm 100(1-\alpha)\%$ 신뢰수준에서의 신뢰구간으로 표기한다.

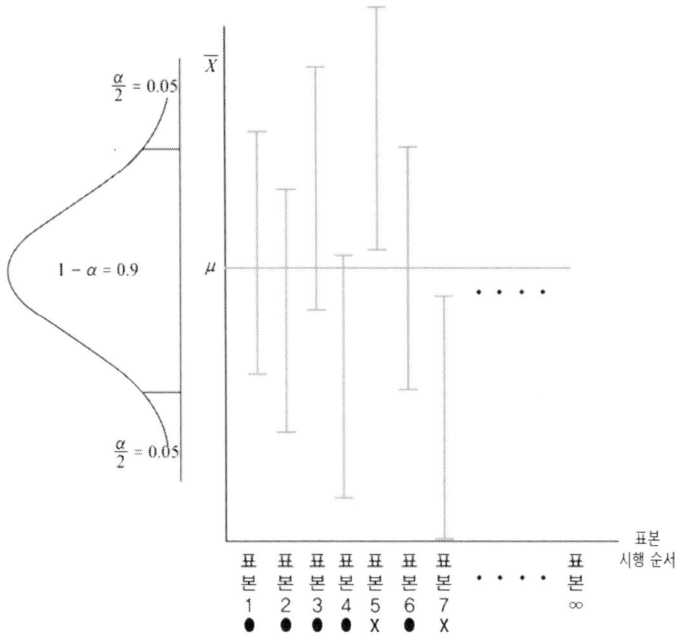


**그림 3.11** 표본 시행들로부터 도출된 모수의 참값 $\mu$의 $100(1-\alpha)$% 신뢰구간

이제 보다 체계적인 신뢰구간 표현 방법을 소개한다.

앞 장에서 '표본크기가 $n \geq 30$이면 모집단의 분포 여부에 상관없이 중심극한정리에 따라 표본평균 $\overline{X}$는 근사적으로 평균이 $\mu$이고 분산이 $\sigma^2/n$인 정규분포를 따른다. 그리고 $\overline{X}$를 표준화하면 근사적으로 표준정규분포를 따르고 표준화된 통계량, $Z=\dfrac{\overline{X}-\mu}{\sigma/\sqrt{n}} \div N(0,1^2)$은 표준정규분포가 된다'라고 했다. 이 사실을 모평균 $\mu$를 추정하는 신뢰구간에 적용해 보자. 예를 들어, 모평균 $\mu$에 대한 신뢰구간을 구하기 위하여 신뢰수준 $100(1-\alpha)$%를 90%로 한다면 <그림 3.11>처럼 $\alpha=0.1$이므로 표준정규분포곡선 양쪽 꼬리 끝의 확률이 각각 $\alpha/2$인 0.05가 됨을 알 수 있다. 그리고 표준정규확률변수 $Z=\dfrac{\overline{X}-\mu}{\sigma/\sqrt{n}}$가 $z$값인 $\pm z_{0.05}$의 안쪽에 위치할 확률은 0.90이다. 이를 식으로 나타내면 다음과 같다.

$$P(-z_{0.05} \leq Z=\frac{\overline{X}-\mu}{\sigma/\sqrt{n}} \leq z_{0.05})=0.90$$

<그림 3.12>는 이 식을 그림으로 나타낸 것이다. 그리고 위 식을 모평균 $\mu$에 관하여 부등식을 풀면 다음과 같다.

$$P(\overline{X}- z_{0.05}\frac{\sigma}{\sqrt{n}} \le \mu \le \overline{X}+ z_{0.05}\frac{\sigma}{\sqrt{n}}) = 0.90$$

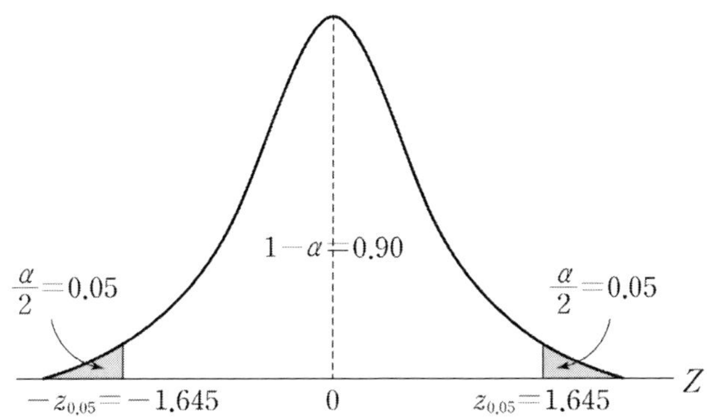


**그림 3.12** 신뢰수준 $100(1-0.1)\% = 90\%$일 때 $Z$의 분포에서 $\pm z_{\alpha/2} = \pm z_{0.05}$의 위치

모평균 $\mu$에 관한 위의 식을 <그림 3.12>와 같은 방법으로 도시하면 <그림 3.13>과 같다.

앞에서 통상적으로 $\alpha$는 0.01, 0.05, 0.10을 사용한다. 이 세 가지 경우의 $\pm z_{\alpha/2}$ 분위수 위치값은 1.645, 1.96, 2.575이다. 이들 분위수 위치값은 자주 사용되는 값이다.

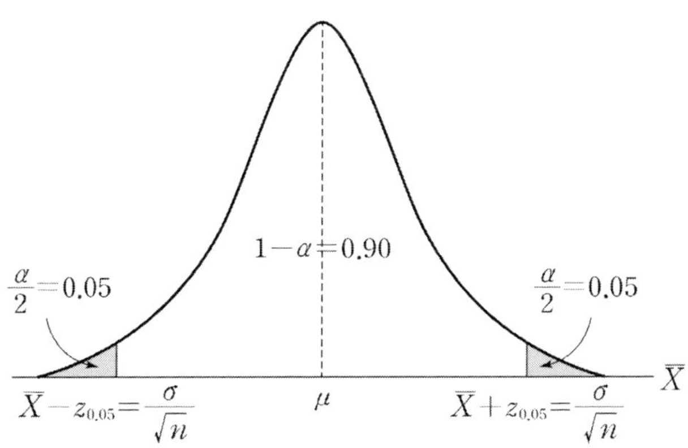


**그림 3.13** 신뢰수준 $100(1-0.1)\% = 90\%$일 때 $\overline{X}$의 분포에서 $\mu$의 신뢰한계

지금까지 소개한 내용을 정리하면, 모수 $\mu, \sigma^2$인 모집단으로부터 크기 $n \geq 30$인 표본을 추출할 경우 모평균 $\mu$에 대한 $100(1-\alpha)\%$ 신뢰구간은 다음과 같다.

$$(\overline{X} - z_{\alpha/2}\frac{\sigma}{\sqrt{n}}, \overline{X} + z_{\alpha/2}\frac{\sigma}{\sqrt{n}})$$

여기서 $\overline{X} - z_{\alpha/2}\frac{\sigma}{\sqrt{n}}$은 모평균 $\mu$의 표본 통계량 추정 신뢰 하한값, $\overline{X} + z_{\alpha/2}\frac{\sigma}{\sqrt{n}}$은 신뢰 상한값이다. 특히, $z_{\alpha/2}\frac{\sigma}{\sqrt{n}}$은 신뢰수준 $100(1-\alpha)\%$ 일 때 오차의 한계이다. 오차의 한계는 신뢰수준 $100(1-\alpha)\%$ 일 때 $Z$의 분포에서 $\pm z_{\alpha/2}$의 위치에 표본평균 $\overline{X}$의 표준오차인 $\sigma/\sqrt{n}$ 의 곱이다. 표본평균 $\overline{X}$의 표준오차는 표본평균 $\overline{X}$의 표준편차를 의미하고 $\sqrt{Var(\overline{X})}$ 이다. 표본평균 $\overline{X}$는 크기 $n$의 표본을 $\mu$와 $\sigma^2$의 모집단으로부터 단순 확률추출 방법에 의해 추출된 경우이므로 각 표본의 $Var(X_i) = \sigma^2$이 된다. 따라서 $\sqrt{Var(\overline{X})}$ 는 다음과 같다.

$$\begin{aligned}\sqrt{Var(\frac{X_1 + X_2 + \cdots + X_n}{n})} &= \sqrt{\frac{1}{n^2}(Var(X_1) + Var(X_2) + \cdots + Var(X_n))} \\ &= \sqrt{\frac{n\sigma^2}{n^2}} = \frac{\sigma}{\sqrt{n}}\end{aligned}$$

다음으로 모평균 $\mu$ 추정을 위해 선출된 표본크기가 충분치 않은 경우와 모집단에서 모수 $\sigma^2$ 정보가 알려지지 않은 경우를 소개한다.

예를 들어, 자동차 파괴 검사, 고가의 시약 검사, 의약 검사, 약품 개발을 위한 임상 환자 선출 등은 표본크기를 충분히 크게 할 수 없다. 이런 실험과 검사는 표본크기가 $n < 30$인 경우가 대부분이다.

모평균 $\mu$를 추정할 때 표본크기가 $n < 30$의 통계량 표본평균 $\overline{X}$의 확률분포는 정규분포를 하지 않고 자유도(degrees of freedom) $n-1$을 갖는 $t$-분포를 따른다. 자유도는 표본 안에서 자유롭게 변할 수 있는 관측값의 개수를 의미한다.

표준정규분포와 $t$-분포 관계는 <그림 3.14>와 같이 자유도가 커지면 표준정규분포 형태에 근사함을 보이고, 자유도가 작은 경우는 표준정규분포 형태에서 양 끝으로 퍼진 형태를 보인다. 표준정규분포 형태처럼 봉우리가 한 개이며 대칭분포를 보인다.

표준정규분포의 위치값 $z_\alpha$처럼 $t$-분포도 오른쪽 끝의 확률이 $\alpha$인 경우 $t_\alpha(n-1)$로 표기하고, 여러 값의 자유도와 $\alpha$값에 따른 확률값을 $t$-분포표(표 3.5)에 제시하고 있다.

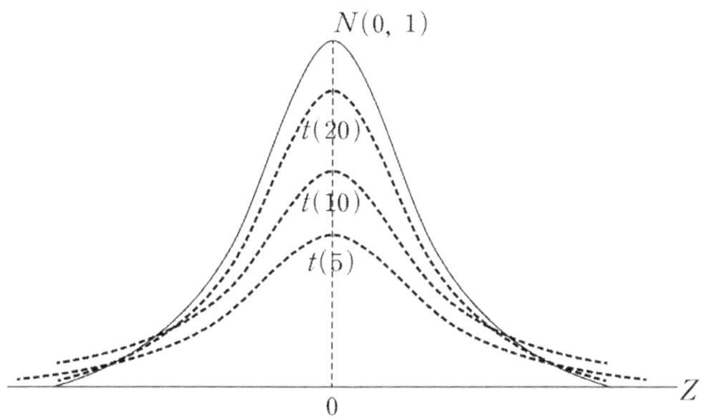


**그림 3.14** 표준정규분포와 $t$–분포 관계

이처럼 모평균 모수를 추정할 때 표본크기가 중요한 결정을 한다. 표본크기 $n$이 큰 경우는 표본평균 $\overline{X}$는 정규분포에 근사하지만 작은 경우는 $t$-분포를 따른다.

정규분포에 근사한다는 표본 통계량의 전제 조건은 모수 $\mu$와 $\sigma^2$을 따르는 모집단에서 선출된 표본이다. 만약 모집단 모수 정보 $\mu$와 $\sigma^2$ 중에서 $\sigma^2$이 알려지지 않은 경우(모분산이 알려지지 않은 경우)에는 표본분산인 $s^2$로 이를 대체해야 한다. 이런 경우에 $\overline{X}$의 확률분포가 다음과 같은 자유도 $n-1$인 $t$-분포를 따른다.

$$\frac{\overline{X}-\mu}{S/\sqrt{n}} \sim t(n-1)$$

지금까지 모평균 $\mu$를 추정할 때 표본의 크기가 충분치 않은 경우와 모분산 정보가 알려지지 않을 때, 표본의 통계량 표본평균의 확률분포는 $t$-분포를 따른다는 사실을 알 수 있다.

**표 3.5** $t$–분포표

| $df$ \ $\alpha$ | .4 | .25 | .1 | .05 | .025 | .01 | .005 | .0025 | .001 | .0005 |
|---|---|---|---|---|---|---|---|---|---|---|
| 1 | .325 | 1.000 | 3.078 | 6.314 | 12.706 | 31.821 | 63.657 | 127.32 | 318.31 | 636.62 |
| 2 | .289 | .816 | 1.886 | 2.920 | 4.303 | 6.965 | 9.925 | 14.089 | 22.327 | 31.598 |
| 3 | .277 | .765 | 1.638 | 2.353 | 3.182 | 4.541 | 5.841 | 7.453 | 10.214 | 12.924 |
| 4 | .271 | .741 | 1.533 | 2.132 | 2.776 | 3.747 | 4.604 | 5.598 | 7.173 | 8.610 |
| 5 | .267 | .727 | 1.476 | 2.015 | 2.571 | 3.365 | 4.032 | 4.773 | 5.893 | 6.869 |
| 6 | .265 | .718 | 1.440 | 1.943 | 2.447 | 3.143 | 3.707 | 4.317 | 5.208 | 5.959 |
| 7 | .263 | .711 | 1.415 | 1.895 | 2.365 | 2.998 | 3.499 | 4.029 | 4.785 | 5.408 |
| 8 | .262 | .706 | 1.397 | 1.860 | 2.306 | 2.896 | 3.355 | 3.833 | 4.501 | 5.041 |
| 9 | .261 | .703 | 1.383 | 1.833 | 2.262 | 2.821 | 3.250 | 3.690 | 4.297 | 4.781 |
| 10 | .260 | .700 | 1.372 | 1.812 | 2.228 | 2.764 | 3.169 | 3.581 | 4.144 | 4.587 |
| 11 | .260 | .697 | 1.363 | 1.796 | 2.201 | 2.718 | 3.106 | 3.497 | 4.025 | 4.437 |
| 12 | .259 | .695 | 1.356 | 1.782 | 2.179 | 2.681 | 3.055 | 3.428 | 3.930 | 4.318 |
| 13 | .259 | .694 | 1.350 | 1.771 | 2.160 | 2.650 | 3.012 | 3.372 | 3.852 | 4.221 |
| 14 | .258 | .692 | 1.345 | 1.761 | 2.145 | 2.624 | 2.977 | 3.326 | 3.787 | 4.140 |
| 15 | .258 | .691 | 1.341 | 1.753 | 2.131 | 2.602 | 2.947 | 3.286 | 3.733 | 4.073 |
| 16 | .258 | .690 | 1.337 | 1.746 | 2.120 | 2.583 | 2.921 | 3.252 | 3.686 | 4.015 |
| 17 | .257 | .689 | 1.333 | 1.740 | 2.110 | 2.567 | 2.898 | 3.222 | 3.646 | 3.965 |
| 18 | .257 | .688 | 1.330 | 1.734 | 2.101 | 2.552 | 2.878 | 3.197 | 3.610 | 3.922 |
| 19 | .257 | .688 | 1.328 | 1.729 | 2.093 | 2.539 | 2.861 | 3.174 | 3.579 | 3.883 |
| 20 | .257 | .687 | 1.325 | 1.725 | 2.086 | 2.528 | 2.845 | 3.153 | 3.552 | 3.850 |
| 21 | .257 | .686 | 1.323 | 1.721 | 2.080 | 2.518 | 2.831 | 3.135 | 3.527 | 3.819 |
| 22 | .256 | .686 | 1.321 | 1.717 | 2.074 | 2.508 | 2.819 | 3.119 | 3.505 | 3.792 |
| 23 | .256 | .685 | 1.319 | 1.714 | 2.069 | 2.500 | 2.807 | 3.104 | 3.485 | 3.767 |
| 24 | .256 | .685 | 1.318 | 1.711 | 2.064 | 2.491 | 2.797 | 3.091 | 3.467 | 3.745 |
| 25 | .256 | .684 | 1.316 | 1.708 | 2.060 | 2.485 | 2.787 | 3.078 | 3.450 | 3.725 |
| 26 | .256 | .684 | 1.315 | 1.706 | 2.056 | 2.479 | 2.779 | 3.067 | 3.435 | 4.707 |
| 27 | .256 | .684 | 1.314 | 1.703 | 2.052 | 2.473 | 2.771 | 3.057 | 3.421 | 3.690 |
| 28 | .256 | .683 | 1.313 | 1.701 | 2.048 | 2.467 | 2.763 | 3.047 | 3.408 | 3.674 |
| 29 | .256 | .683 | 1.311 | 1.699 | 2.045 | 2.462 | 2.756 | 3.038 | 3.396 | 3.659 |
| 30 | .256 | .683 | 1.310 | 1.697 | 2.042 | 2.457 | 2.750 | 3.030 | 3.385 | 3.646 |
| 40 | .255 | .681 | 1.303 | 1.684 | 2.021 | 2.423 | 2.704 | 2.971 | 3.307 | 3.551 |
| 60 | .254 | .679 | 1.296 | 1.671 | 2.000 | 2.390 | 2.660 | 2.915 | 3.232 | 3.460 |
| 120 | .254 | .677 | 1.289 | 1.658 | 1.980 | 2.358 | 2.617 | 2.860 | 3.160 | 3.373 |
| ∞ | .253 | .674 | 1.282 | 1.645 | 1.960 | 2.326 | 2.576 | 2.807 | 3.090 | 3.291 |

모분산 $\sigma^2$이 알려져 있고 표본크기가 충분히 큰 경우, 모평균의 $\mu$의 신뢰구간을 구할 때처럼 위의 2가지 경우에도 신뢰구간을 계산할 수 있다.

신뢰수준 $100(1-\alpha)\%$일 때, $t(n-1)$ 확률분포곡선 아래와 양쪽 꼬리 끝의 확률이 $\alpha/2$이며, 위의 $\dfrac{\overline{X}-\mu}{S/\sqrt{n}}$이 $\pm t_{\alpha/2}(n-1)$의 안쪽에 위치할 확률이 $1-\alpha$이 되도록 다음과 같은 식을 유도하면,

$$P\left(-t_{\alpha/2}(n-1) \leq \frac{\overline{X}-\mu}{S/\sqrt{n}} \leq t_{\alpha/2}(n-1)\right) = 1-\alpha$$

가 된다. 이 식을 모평균 $\mu$에 관하여 풀면, 모평균 $\mu$에 대한 $100(1-\alpha)\%$ 신뢰구간이 된다.

$$P\left(\overline{X}-t_{\alpha/2}(n-1)\frac{S}{\sqrt{n}} \leq \mu \leq \overline{X}+t_{\alpha/2}(n-1)\frac{S}{\sqrt{n}}\right) = 1-\alpha$$

지금까지 모평균 추정에서 표본크기가 충분히 큰 경우, 모분산이 알려지지 않은 경우를 살펴보았다, 이들 모두 모평균 $\mu$추정과 신뢰구간 유도가 가능하다. 이들 세 가지 상황을 정리한 것이 <그림 3.15>이다.

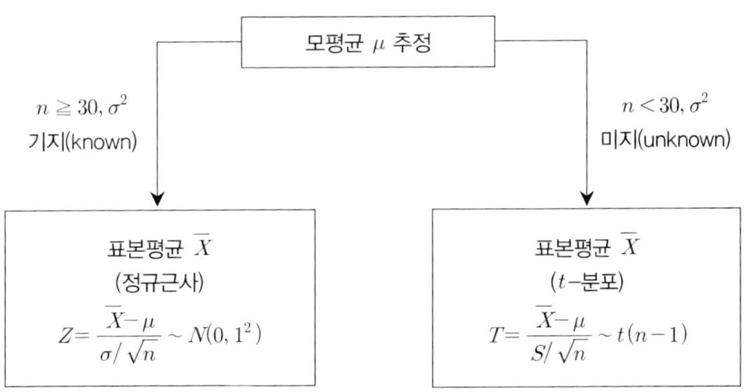


**그림 3.15** 표본크기와 모분산 $\sigma^2$ 정보에 따른 모평균 $\mu$추정

<그림 3.15>와 연관하여 아래 소개하는 세 가지 문제 유형은 모평균 $\mu$ 추정과 신뢰수준을 도출하는 것이다.

**문제 유형 1 (표본크기가 크고 모분산이 알려진 경우)**

전체 국민 중에 대학교 1학년 여성 200명을 추출하여 신장을 측정하였더니 평균 165 cm이었다. 전체 국민의 신장 표준편차는 10 cm라면, 전체 국민 가운데 대학교 1학년 여성의 신장 평균값은 신뢰수준 95%에서 어느 정도일까?

풀이 모분산 $\sigma = 10$ 정보가 제시되어 있고, 표본크기 $n = 200$으로 충분히 크고, 표본평균 $\overline{X} = 165$이므로 전체 국민 가운데 대학교 1학년 여성의 평균 신장 $\mu$의 95% 신뢰구간을 산출하면 다음과 같다.

$$\overline{X} \pm z_{\alpha/2}\frac{\sigma}{\sqrt{n}} = 165 \pm 1.96\frac{10}{200} = 165 \pm 0.098 \fallingdotseq (164.9, 165.1)$$

즉, 대학교 1학년 여성의 평균 신장 $\mu$의 95% 신뢰구간은 대략 (164.9 cm, 165.1cm)이다.

**문제 유형 2 (표본크기는 크고, 모분산이 알려지지 않은 경우)**

H은행은 고객에 대한 금융서비스를 개선하기 위해 지점별 고객들의 대기시간을 조사하였다. 지점별 대기시간을 종합한 결과, 고객 200명의 평균 대기시간은 8분이고 표준편차는 2.5분이었다. H은행의 고객들의 평균 대기시간 $\mu$의 95% 신뢰구간은 얼마인가?

풀이 모분산 정보가 없으나 표본크기 $n = 200$으로 충분히 크고, 표본평균 $\overline{X} = 8$, 표본표준편차 $S = 2.5$이므로 모분산은 표본표준편차 치환하여 H은행의 고객들의 평균 대기시간 $\mu$의 95% 신뢰구간을 산출하면 다음과 같다.

$$\overline{X} \pm z_{\alpha/2}\frac{S}{\sqrt{n}} = 8 \pm 1.96\frac{2.5}{100} = 8 \pm 0.049 \fallingdotseq (7.95, 8.05)$$

즉, 고객들의 평균 대기시간 $\mu$의 95% 신뢰구간은 대략 (7.95분, 8.05분)이다.

**문제 유형 3 (표본크기는 작고 모분산이 알려지지 않은 경우)**

H대학교 재학생 대상으로 학생들의 한 달 용돈으로 쓰는 비용을 조사하기 위하여 학생회관 1층 로비에서 무작위로 25명에게 설문을 조사한 결과 평균은 35만 원 표준편차는 5만 원이었다. H대학교 재학생의 월평균 용돈 $\mu$의 90% 신뢰구간을 구하여라.

**풀이** 모분산 정보가 제시되어 있지 않고, 표본크기 $n=25$로 충분히 크지 않다. 더불어 용돈의 분포에 대한 어떠한 정보가 없으므로 정규분포를 간주해서 풀 수 없다. 따라서 이런 소표본의 경우 $t$-분포를 가정하여 $\frac{\overline{X}-\mu}{S/\sqrt{n}} \sim t(n-1)$정보를 이용한다. 따라서 표본평균 $\overline{X}=35$, 표본표준편차 $S=5$이므로 H대학교 재학생의 월평균 용돈의 $\mu$의 90% 신뢰구간($\alpha=0.1$)을 산출하면 다음과 같다. $t_{0.05}(24)=1.711$이므로

$$\overline{X} \pm t_{0.1/2}(24)\frac{S}{\sqrt{n}} = 35 \pm 1.711\frac{5}{25} = 35 \pm 0.34 \fallingdotseq (34.7, 35.3)$$

즉, H대학교 재학생의 월평균 용돈의 $\mu$의 90% 신뢰구간은 (34.7만 원, 35.3만 원)이다.

## (2) 신뢰구간 폭과 신뢰수준의 관계

이번 절에서는 신뢰수준 $100(1-\alpha)\%$에 따른 신뢰구간의 폭을 알아본다. 표본크기가 충분히 크고 모분산이 알려졌을 때, 신뢰수준의 $\alpha$값이 0.01(99%), 0.05(95%), 0.1(90%)로 변함에 따라 신뢰구간은 폭은 <그림 3.16>과 같이 줄어든다. 신뢰수준 $100(1-\alpha)\%$에 따른 신뢰구간 폭은 신뢰수준이 90%, 95%, 99%로 커짐에 따라 신뢰구간 폭은 넓어지는 경향이 있다. 이것은 신뢰수준이 높다는 것은 더 정확하게 판단하는 것이므로 넓은 신뢰구간을 고려해야 한다는 것을 의미한다.

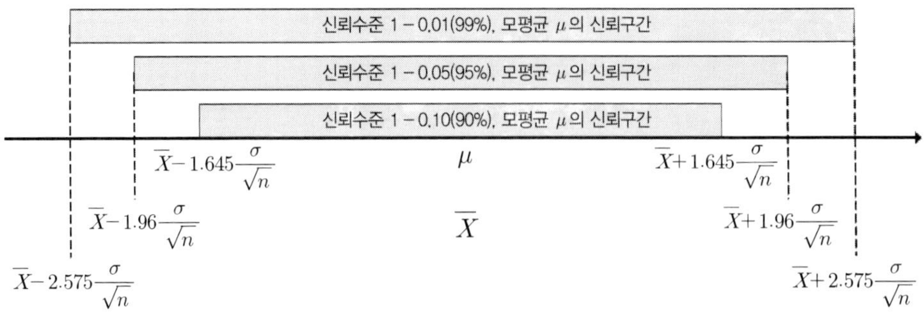


**그림 3.16** 신뢰수준 $1-\alpha$에 따른 신뢰구간 폭 변화

따라서 낮은 신뢰수준은 신뢰성이 떨어져 믿을만한 결과를 도출하지 못하는 경우도 발생한다. 만약 신뢰수준이 고정되어 있을 때 신뢰구간을 좁고 간결하게 구하기 위해서는 표본크기를 크게 하면 된다. 모평균의 신뢰구간은 $\mu$에서 얼마나 떨어진 정도를 나타내는 측도이므로 오차 한계인 하한값, 상한값에서 표준오차를 줄이면 구간이 좁혀진다.

따라서 표준오차 $\sigma/\sqrt{n}$에서 표본을 크게 하면 $n$이 커져 표준오차는 감소하게 된다. 이는 표본크기가 커지면 표본 통계량은 모집단의 모수를 닮아간다는 성질을 보여주는 것과 같다. 표준오차가 감소하면 표본 통계량 표본평균 $\overline{X}$는 모평균 $\mu$에 가까이 분포되는 경향과 유사하다. <표 3.6>은 신뢰구간의 폭을 조정하는 방법을 정리한 것이다.

**표 3.6** 신뢰구간 폭을 조정하는 방법

| 방법 | 신뢰수준 | 표본의 크기 | 표준오차 | 오차 한계 | 신뢰구간 폭 |
|---|---|---|---|---|---|
| | $1-\alpha$ | $n$ | $\sigma/\sqrt{n}$ | $z_{\alpha/2}\frac{\sigma}{\sqrt{n}}$ | 상한값−하한값 |
| 1 | 감소 | 고정 | 고정 | 감소 | 좁아짐 |
| 2 | 고정 | 증가 | 감소 | 감소 | 좁아짐 |
| 3 | 증가 | 고정 | 고정 | 증가 | 넓어짐 |

## 4. 모비율의 구간추정

이제 모평균 $\mu$ 대신 모비율 $p$에 대한 추정을 학습해 보자. 모비율 추정 문제는 우리 일상생활에서 모평균처럼 많으며, 신상품 만족도, 새 모델 자동차 시장 점유율, 75세 이상 노인 비율, 특정 부품의 불량률, 신약 치유율, 보험서비스에 대한 고객 만족도 등이 모비율 $p$를 추정하는 사례가 된다. 앞에서 모비율 $p$와 표본비율 $\hat{p}$의 분포를 소개하였다. 모집단으로부터 반복적으로 추출된 표본비율 $\hat{p}$은 $np \geq 5, n(1-p) \geq 5$이면 다음과 같이 근사적으로 정규분포를 따른다.

$$\hat{p} \div N\left(p, \frac{p(1-p)}{n}\right)$$

다음으로 표준화 과정을 거쳐 표준정규확률변수를 도출하는 것이다. 이런 과정을 거쳐 만들어진 표준정규분포는 다음과 같다.

$$\frac{\hat{p}-p}{\sqrt{\frac{\hat{p}(1-\hat{p})}{n}}} \div N(0,1^2)$$

따라서 신뢰수준 $100(1-\alpha)\%$일 때, $P\left(-z_{\alpha/2} \leq Z = \frac{\hat{p}-p}{\sqrt{\frac{\hat{p}(1-\hat{p})}{n}}} \leq z_{\alpha/2}\right) = 1-\alpha$이므로 이 식을 모비율 $p$에 관하여 풀면, 모비율 $p$에 대한 신뢰구간이 된다.

$$P\left(\hat{p} - z_{\alpha/2}\sqrt{\frac{\hat{p}(1-\hat{p})}{n}} \leq p \leq \hat{p} + z_{\alpha/2}\sqrt{\frac{\hat{p}(1-\hat{p})}{n}}\right) = 1-\alpha$$

**[문제 1]** H대학교 학생회장 선거를 대비하여 임의로 300명의 유권자를 조사한 결과 35%가 1번 후보를 지지한다고 답하였다. 1번 후보를 지지할 H대학 재학생 모비율의 95% 신뢰구간을 제시하고, 그 신뢰구간을 해석하라.

**풀이** 표본의 크기 $n = 300$, 300명의 유권자 중에서 1번 후보 지지율 $\hat{p} = 0.35$이므로, 95%의 신뢰구간은

$$\hat{p} \pm z_{\alpha/2}\sqrt{\frac{\hat{p}(1-\hat{p})}{n}}$$

$$= 0.35 \pm 1.96\sqrt{\frac{0.35(0.65)}{300}} \approx 0.35 \pm 0.054 = (0.296, 0.404)$$

그러므로 1번 후보 지지 모비율 $p$의 95% 신뢰구간은 대략 (29.6%, 40.4%)이다. 즉, 신뢰수준 95%를 가질 때 1번 후보 지지율은 29.6%에서 40.4% 사이의 값으로 추정된다.

## 3 통계적 가설검정

통계적 가설설정과 관련된 다음 사례를 살펴보자.

학부모는 자녀의 스마트폰 사용 시간의 증가에 매우 민감하다. 시력, 정서, 교육 문제 등에 부정적인 영향을 미치는 것은 익히 알려진 사실이다. 따라서 정말 스마트폰 사용 증가 여부를 판단하려면 어떻게 해야 할까? 앞장에서 자녀가 있는 가정의 스마트폰 사용 시간 $\mu$를 전부 조사하거나 전국 학생을 잘 대변할 수 있는 표본을 뽑아 사용 시간 표본평균 $\overline{X}$을 구하면 된다.

위의 문제는 점추정, 구간추정과는 다른 문제로 '스마트폰 사용 증가 여부'를 판단하고자 하는 것이다. 즉, '스마트폰 사용 시간이 3시간 이상이다. 3시간 이하이다. 3시간이 아니다' 등의 연구자의 주장 가설을 검정하는 것이다.

따라서 추정 방법과는 다른 새로운 통계적 방법이 요구되는데, 검정(test) 또는 가설검정(test of hypothesis)이 이런 문제를 다룰 수 있다. 따라서 가설검정은 모집단의 표본을 뽑아 표본 통계량으로 검정통계량을 만들어 관심 의견과 주장이 통계적으로 유의한 지를 판정할 수 있는 근거를 제공한다. 이번 절에서는 가설검정에 대해서 알아본다.

# 1. 가설검정 문제

## (1) 가설검정의 원리

통계학에서 가설검정은 어떤 가설 아래에서 일어나기 어려운 일이 발생하였을 때, 그 가설을 인정하지 않고 기각(rejection)한다는 것이다. 여기서 '어떤 가설'은 기존부터 유지되어 내려온 보수적인 주장(가설)이고, 어려운 일이 발생한다는 것은 연구자가 또는 실험자가 표본의 자료를 통하여 입증하려고 하는 주장(가설)으로 연구가설이라고 한다. 통계학에서는 보수적인 주장은 귀무가설(null hypothesis, $H_0$), 연구가설은 귀무가설에 대립되는 개념으로 대립가설(alternative hypothesis, $H_1$)이라고 한다. 스마트폰 사용 시간의 경우 대립가설은 '스마트폰 사용 시간이 증가하였다'이고 귀무가설은 '스마트폰 사용 시간은 변함이 없다'이다.

가설검정은 모집단의 모수 $\mu$ 또는 $p$에 대한 귀무가설과 대립가설을 설정한 다음, 표본의 자료를 기초로 도출한 검정통계량(test statistic)을 근거로 귀무가설의 채택 여부를 판정하고 결론을 내리는 과정이다.

따라서 가설검정 과정은 귀무가설 $H_0$을 설정하고, $H_0$에 의문을 품고 이에 반하는 가설에 대한 표본 통계량으로 검정통계량을 계산한다. 귀무가설 $H_0$하에서 검정통계량은 일어나기 어려운 것이면 $H_0$을 기각(reject $H_0$, 자신의 주장 $H_1$을 채택한다)한다.

## (2) 두 가지 가설과 검정오류

귀무가설 $H_0$은 대립가설 $H_1$과 반대되는 가설로 예전부터 유지되고 통념되어 왔던 보수적 주장이다. 반면, 대립가설 $H_1$은 연구자가 표본의 자료를 통하여 입증하고자 하는 주장으로 연구가설이다.

이 두 개념을 이해하기 위해 여러 상황에 대한 예를 살펴보자.

첫째, 피고인의 무죄에 대한 법정의 예로서, 피고인이 제시된 증거에 의하여 유죄판결이 결정된다. 이런 경우 위의 두 가설을 대입해 보면,

$$\begin{cases} \text{귀무가설}(H_0): \text{피고인은 무죄이다.} \\ \text{대립가설}(H_1): \text{피고인은 유죄이다.} \end{cases}$$

검사는 여러 정황이나 증거를 통하여 피고인의 유죄를 증명한다. 즉, 유죄(대립가설)를 지지(주장)하지 못하면 귀무가설이 채택(무죄)되는 것이다.

둘째, 신약 진통제에 대한 사례이다. 진통제는 통증을 제거하거나 경감시키는 목적인 의약품이다. H제약회사는 출시 예정인 신약 해열 진통제는 기존 진통제보다 빠른 시간에 통증을 가라앉히고 열을 떨어뜨리는 작용 효과를 보인다고 주장한다. 신약 해열 진통제는 기존 해열 진통제보다 효과가 뛰어나다는 것을 주장하는 것으로,

$$\begin{cases} \text{귀무가설}(H_0): \text{출시 예정인 신약 해열 진통제 효과는 종전과 차이가 없다.} \\ \text{대립가설}(H_1): \text{출시 예정인 신약 해열 진통제 효과는 종전보다 빠르다.} \end{cases}$$

이것은 경제성장률, 실업률, 소비자 물가지수, 선호도, 신약 치료율, 공정 개선율, 품질 향상률 등에 대한 가설검정과 유사하다.

셋째, S제약회사에서 생산되는 알약 1정당 A성분 평균 함량은 25 mg으로 안내하고 있다. 홍통계 씨는 S회사 안내를 확인하기 위해 알약 30정을 선택하여 A성분 함량을 측정하였다. 이것은 선택한 알약으로 홍통계 씨가 A성분 함량이 25 mg이 맞는지를 알아보자 하는 것으로,

$$\begin{cases} \text{귀무가설}(H_0): S\text{제약회사에서 생산되는 알약1정당} \\ \qquad\qquad\qquad A\text{성분 평균 함량은 } 25mg\text{이다.} \\ \text{대립가설}(H_1): S\text{제약회사에서 생산되는 알약1정당} \\ \qquad\qquad\qquad A\text{성분 평균 함량은 } 25mg\text{이 아니다.} \end{cases}$$

가설검정의 의사결정 결과는 귀무가설 $H_0$을 중심으로 "$H_0$을 기각한다" 또는 "$H_0$을 채택한다"라고 표현한다. $H_0$을 기각한다는 의미는 $H_1$을 지지할 만한 충분한 증거에 의해 $H_0$을 기각하고 $H_1$을 채택하는 의미이다. $H_0$을 채택한다는 의미는 $H_1$을 지지할 만한 충분한 증거가 없으므로 '$H_0$을 기각하지 않는다'를 의미한다. 따라서 가설검정은 '$H_0$을 기각한다'와 '$H_0$을 기각하지 않는다'로만 표현해도 무방하다.

가설검정은 충분한 증거에 의해 귀무가설 $H_0$을 기각하고 대립가설 $H_1$을 채택하는 것이다. 두 가지 사례를 살펴보자.

먼저, 충분한 증거를 제시하였음에도 무죄 방면 처리되는 경우와 더불어 실제 무죄를 주장하는 피고인은 억울한 누명으로 유죄가 되는 사례도 있다. 따라서 피고인이 실제로 무죄이면 충분한 증거에서 무죄, 유죄이면 충분한 증거에서 유죄로 판결되는 것이 가장 합리적이나 그렇지 않은 두 가지가 더 존재할 수 있다는 것이다. 이런 경우를 정리하면 <표 3.7>과 같아진다.

**표 3.7** 피고인 재판 결과

| 실제 \ 판결(가설검정) | 무죄 | 유죄 |
|---|---|---|
| 무죄 | 올바른 판결 | ① 오류 |
| 유죄 | ② 오류 | 올바른 판결 |

다음으로, 신혼부부인 S씨는 최근 두통, 어지러움, 가슴 통증 등의 임신 초기 증상을 느꼈다. 집 근처 산부인과에 방문하여 여러 검사를 한 결과 <표 3.8>과 같은 확진을 받았다고 하자.

**표 3.8** 임신 판단 여부

| 실제 \ 판단(가설검정) | 임신 아님 | 임신 |
|---|---|---|
| 임신 아님 | 올바른 판단 | ① 오류 |
| 임신 | ② 오류 | 올바른 판단 |

위의 <표 3.7>, <표 3.8>과 같이 가설검정에서 발생하는 오류는 2가지(①, ②)이다. ①은 무죄인데 유죄로 판결되는 경우, 임신이 아닌데 임신으로 판결하는 경우이다. ②는 유죄인데 무죄로 판결하는 경우, 임신이지만 임신이 아닌 경우이다.

통계학에서는 ①을 제1종 오류(type I error), ②를 제2종 오류(type Ⅱ error)라고 한다.

일반적으로 제2종 오류보다는 제1종 오류가 위험한 경우가 많다. 즉, 제1종 오류는 귀무가설이 맞지만 기각하는 경우의 확률이고, 제2종 오류는 귀무가설이 틀렸는데도 불구하고 기각하지 못한 오류를 말한다. 이들 두 가지 오류는 서로 균형(trade-off) 관계이다. 다시 말해 ① 오류를 줄이면 ②의 오류가 증가하고, ②를 작게 하면 ①의 오류가 증가한다.

지금까지 설명한 두 가지 오류를 <표 3.9>와 같이 정리할 수 있다.

먼저 귀무가설 $H_0$이 옳은데 귀무가설 $H_0$을 기각하는 결정은 제1종 오류라고 하며, 이런 오류를 범할 확률을 $\alpha$로 표기한다. 가설검정에서는 허용(설정)되는 $\alpha$값의 최댓값을 유의수준(significance level)이라고 정의한다. 일반적으로 사용되는 유의수준은 0.01, 0.05, 0.10이며, 일반적으로 0.05를 자주 사용한다.

다음으로 귀무가설 $H_0$이 옳지 않은데 귀무가설 $H_0$을 채택하는 것이다. 이 오류를 제2종 오류라고 하고, 제2종 오류를 범할 확률은 $\alpha$와 다르게 $\beta$로 표기한다.

$$\alpha = P(Type\ \ \text{I}\ \ error) = P(\text{옳은 } H_0\text{을 기각})$$
$$\beta = P(Type\ \ \text{II}\ \ error) = P(\text{틀린 } H_0\text{을 채택})$$

**표 3.9** 가설검정의 결과

| 사실 \ 결정 | $H_0$을 채택 | $H_0$을 기각 |
|---|---|---|
| $H_0$가 옳음 | 옳은 결정 | 잘못된 결정, 제1종 오류<br>(Type Ⅰ error) |
| $H_0$가 틀림 | 잘못된 결정, 제2종 오류<br>(Type Ⅱ error) | 옳은 결정 |

귀무가설 $H_0 : \mu = \mu_0$에 대하여 대립가설을 만족하는 평균 $\mu$가운데 한 점을 $\mu_1$이라고 하면, 대립가설은 $H_1 : \mu = \mu_1 (\mu_1 > \mu_0)$이다. <그림 3.17>의 위쪽의 그림은 $\alpha$($H_0$가 옳은데도 $H_0$을 기각하는 오류확률)을 작게 하면 $\beta$($H_0$가 옳지 않은데 $H_0$을 채택하는 오류확률)가 커지는 것을, 아래쪽은 $\alpha$를 크게 하면 $\beta$가 작아지는 것을 보여준다.

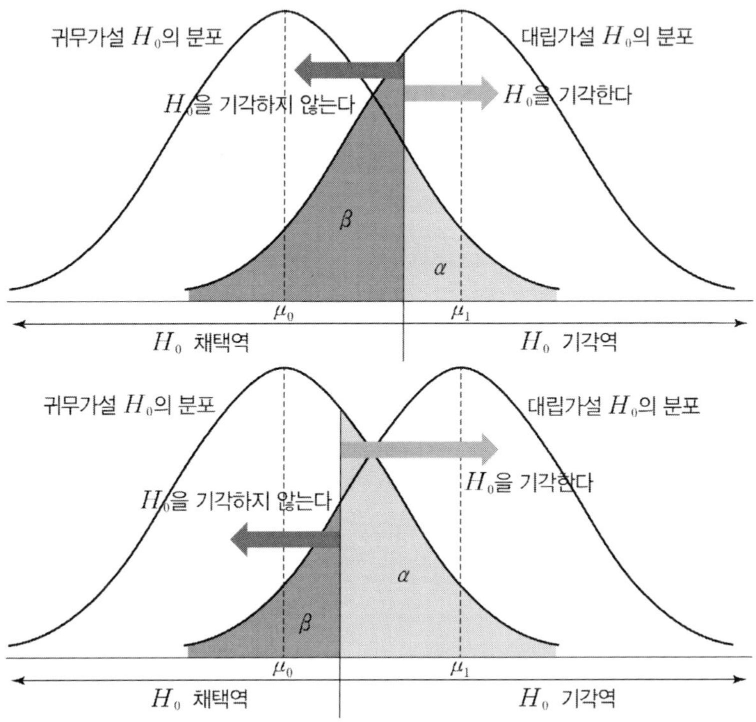


**그림 3.17** $\alpha$와 $\beta$의 관계

## (3) 단측검정과 양측검정

가설검정에서는 모평균 $\mu$ 또는 모비율 $p$의 귀무가설에 대해 서로 다른 세 종류의 대립가설이 존재한다. 첫째, $\mu$ 또는 $p$보다 큰 값, 둘째, $\mu$ 또는 $p$보다 작은 값, 셋째, $\mu$ 또는 $p$와는 다르다(일치하지 않는다)를 주장하는 세 가지 연구자의 대립가설이 있다.

첫째, 모수 $\mu$ 또는 $p$값보다 크다는 대립가설 주장을 살펴보는 것으로 기각역은 오른쪽에 나타나 우측검정 또는 오른쪽 꼬리검정(right-tailed test)이다.

둘째, 모수 $\mu$ 또는 $p$값보다 작다는 대립가설 주장이므로 왼쪽에 존재하고 좌측검정 또는 왼쪽 꼬리검정(left-tailed test)이다.

셋째, 일치하지 않는 경우로 오른쪽이나 왼쪽 모두에 존재할 수 있어 양측에 모두 기각역으로 잡는다. 일치하지 않다는 것은 크거나 작은 것을 모두 포함하는 경우이므로 우측검정과 좌측검증을 절충한 검정인 양측검정(two-tailed test 또는 two-sided test)이 된다.

우측검정과 좌측검정을 하나로 통합하여 단측검정(one-tailed test 또는 one-sided test)이라고 정의한다. 따라서 가설검정은 대립가설 형태에 따라 단측검정과 양측검정이 존재한다.

앞 절에서 세 번째 예제를 살펴보자.

귀무가설($H_0$): S 제약회사 생산되는 알약 1정당 A 성분 평균 함량은 25 mg이다.

대립가설($H_1$): S 제약회사 생산되는 알약 1정당 A 성분 평균 함량은 25 mg 아니다.

이 가설검정은 양측검정이다. 만약 대립가설을 'S제약회사에서 생산되는 알약 1정당 A성분 평균 함량은 25 mg보다 크다'로 변경하면 우측검정이고, 'S제약회사 생산되는 알약 1정당 A성분 평균 함량은 25 mg보다 작다'로 설정하면 좌측검정이 된다.

이처럼 가설검정은 연구자의 주장에 따라 대립가설 형태는 세 가지로 나타난다. <그림 3.18>은 이러한 세 가지 가설검정을 보여준다.

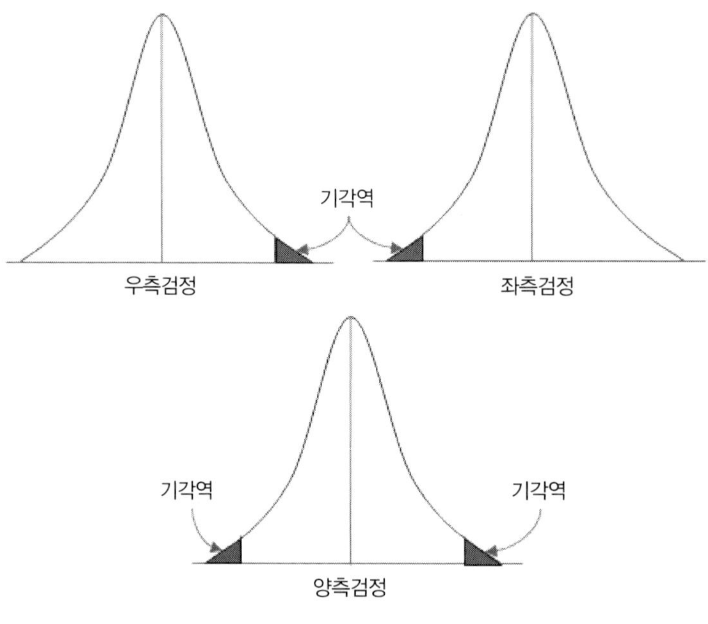


**그림 3.18** 단측검정과 양측검정

## 2. 기각역과 검정통계량

### (1) 우연이 아닌 필연적인 의미인 기각역

가설검정은 귀무가설하에서 일어나기 어려운 일이 발생하였을 때, 귀무가설을 인정하지 않고 부정한다는 것이라고 했다. 이런 가설검정 두 가지 사례를 살펴보자.

**[사례 1]** 앞면과 뒷면이 나올 확률이 같은 동전을 10번 던진다고 생각해 보자. 이런 확률실험에 대한 귀무가설은 "앞면과 뒷면이 나올 확률은 같다"이다. 그런데 10번의 확률시행 결과 모두 앞면이 나왔다면 어떨까?

**[사례 2]** 여러 음료 중에서 A음료를 정확하게 맞출 수 있다고 주장하는 시음 전문가 홍통계 씨의 시음력을 검정하는 문제이다. 처음 음료 실험에서 A음료를 정확하게 맞추면 1/2(0.5), 연이어 두 번 맞추면 (1/2)×(1/2)=0.25가 된다. 이런 과정을 연속하여 실험할 때, 세 번 연이어 맞추면 1/8인 0.125, 네 번 연이어 맞추면 1/16 0.063, 다섯 번 연이어 맞추면 0.032이다. 과연 홍통계 씨는 몇 번의 실험에서 A음료를 우연히 맞추는 것이 아니고 전문가 시음 능력을 보유하였다고 판정하겠는가?

이처럼 어떤 가설에서 거의 우연히 일어날 수 없는 일이 일어나면 그 가설은 쓸모가 없다. 문제는 있을 수 있는 것과 없는 것의 경계 설정이다. 이처럼 거의 있을 수 없는 일을 간주하는 범위를 기각역(critical region)이다. 기각역은 우연이 아닌 필연적인 의미로 해석해야 한다. [사례 1]에 대한 가설검정은 다음과 같다.

$$\begin{cases} H_0 : \text{동전은 앞면과 뒷면이 같은 확률이다.} \\ H_1 : \text{동전은 앞(뒷)면이 뒷(앞)면보다 많이 발생한다.} \end{cases}$$

가설검정을 위해 동전 던졌을 때 앞면이 나온 횟수는 이산확률변수 $X$이며, $X$는 0, 1, 2, ⋯ , 10의 값을 가지고 <표 3.10>과 같은 확률분포를 보인다.

**표 3.10** 10번 시행의 동전 앞면 확률분포

| $X$ | 0 | 1 | 2 | 3 | 4 | 5 | 6 | 7 | 8 | 9 | 10 |
|---|---|---|---|---|---|---|---|---|---|---|---|
| $P(X=x)$ | 0.001 | 0.009 | 0.043 | 0.117 | 0.205 | 0.246 | 0.205 | 0.117 | 0.043 | 0.009 | 0.001 |

<표 3.10>에 따르면 앞면이 8번 이상 나올 확률은 $0.043 \approx 0.05$ 정도에 불과하다. 8번 이상 앞면이 나오는 경우는 거의 있을 수 없는 일이며 희귀한 일이라고 규정한다.

[사례 2]의 시음력은 우연히 나타나는 경우가 아닌 진짜 희귀한 달인 같은 전문가 능력 범위는 0.05 이하로 간주한다. 즉, 기각역을 0.05로 간주할 때, 시음력은 다섯 번째까지 완벽하게 구분하면 통계학 가설검정하에서 시음 전문가로 인정한다.

이 두 사례에서 알 수 있듯이 확률 0.05는 지극히 드문 경우를 대변하는 기준값으로 유의수준(significance level)이라고 한다. 유의수준 0.05 확률보다 작은 일이 일어나면, 그것은 우연이 아닌 필연적인 의미가 있다. 즉, 전문가적인 능력이 있다 등의 의미에서 유의(significance)라고 한다. 참고로 기각역은 앞에서 학습한 제1종 오류를 범할 확률과 같다.

가설검정은 연구자, 주장하는 자 또는 전문 능력자가 옳다고 주장하는 가설인 대립가설 $H_1$의 정당성을 제삼자에게 입증하기 위해 실시한다. 이때 귀무가설 $H_0$이 옳다고 정해놓은 기각역이 실험 결과값에 포함되면 귀무가설을 기각하고, 연구자가 주장하는 대립가설이 옳음을 주장한다. 그러나 기각역에 포함되지 않으면, 연구자가 주장하는 대립가설을 채택하지 않고, 귀무가설이 우선적으로 옳다는 것이 아니라, 이번 실험 결과 귀무가설을 기각하려고 했으나 연구자의 주장이 유의하지 않음을 의미한다.

## (2) 검정통계량

가설검정 절차는 귀무가설 $H_0$을 설정하고, $H_0$에 의문을 품고 이에 반하는 가설에 대한 표본 통계량을 만든 후, 귀무가설 $H_0$하에서 통계량이 발생하기 어렵다고 판단되면 $H_0$을 기각(자신의 주장 $H_1$을 채택)하는 것이다. 이런 가설검정 절차에서 사용되는 통계량은 검정통계량(test statistics)이라고 하며, 표본자료로부터 계산한 모수 $\mu$ 또는 $p$의 점추정량($\overline{X}$ 또는 $\hat{p}$)을 근거로 하는 통계량이다.

모평균과 모비율에 대한 검정통계량은 모분산의 정보, 임의로 추출된 표본크기 여부에 따라 다르게 계산된다.

먼저 모평균에 대한 가설검정은 모분산 정보와 표본크기에 따라 <그림 3.19>와 같이 세 종류의 검정통계량을 고려한다. 표본크기가 30 이상이고 모분산($\sigma^2$)이 알려져 있을 때, 모평균 $\mu$를 검정하기 위한 검정통계량은 $Z=\dfrac{\overline{X}-\mu_0}{\sigma/\sqrt{n}}$ 이다. 여기서 $\mu_0$는 귀무가설 $H_0 : \mu=\mu_0$의 모평균 값을 의미한다.

다음으로 표본크기가 30 이상이지만 모분산이 알려지지 않을 때, 표본분산($S^2$)으로 모분산($\sigma^2$)을 치환하여 도출한 검정통계량은 $Z=\dfrac{\overline{X}-\mu_0}{S/\sqrt{n}}$ 이다.

끝으로 표본크기가 작은 경우는 표본평균 $\overline{X}$가 중심극한정리를 만족하지 못하므로 $t$-분포로 검정통계량 $T=\dfrac{\overline{X}-\mu_0}{S/\sqrt{n}}\sim t(n-1)$을 만든다.

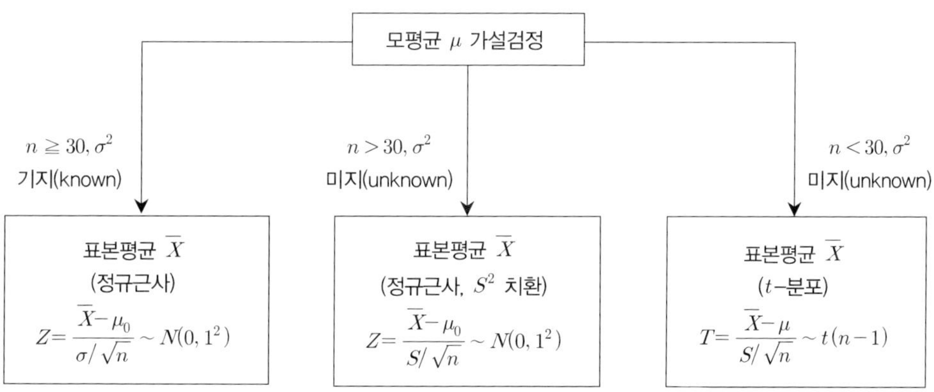


**그림 3.19** $\sigma^2$ 정보 여부와 $n$ 크기에 따른 모평균 $\mu$가설검정의 검정통계량

모비율에 대한 가설검정은 표본크기가 30 이상일 때, 표본비율 $\hat{p}$과 귀무가설 $H_0 : p=p_0$의 정보를 참고하여 도출한 검정통계량은

$$Z = \frac{\hat{p} - p_0}{\sqrt{\frac{p_0(1-p_0)}{n}}}$$

이다. 이는 모집단으로부터 크기가 $n$인 확률표본을 추출하여 표본비율을 $\hat{p}$로 할 때, $n$이 크면 표본비율 $\hat{p}$은 평균값이 모비율 $p$, 분산이 $p(1-p)/n$인 정규분포를 따르기 때문이다.

## 3. 가설검정 절차

### (1) 가설검정 절차 5단계

지금까지 살펴본 내용을 바탕으로 가설검정을 보다 체계적으로 실시하기 위해 다음 다섯 단계의 통계적 가설검정 절차를 소개한다.

1. 귀무가설 대립가설 설정
2. 유의수준 $\alpha$ 결정
3. 검정통계량 계산
4. 기각역 결정
5. 귀무가설 기각 여부 판정

단계 1은 연구자가 표본의 자료를 통하여 입증하고자 하는 대립가설을 설정하고, 이와 반대되는 귀무가설을 정한다.

단계 2는 제1종 오류를 범할 확률을 미리 지정하는 것으로 $\alpha$는 0.01, 0.05, 0.1을 많이 사용한다.

단계 3은 주어진 가설검정 상황에 따라 모수의 점추정량에 근거하여 표본크기와 모분산 정보에 따라 검정통계량을 도출한다.

단계 4는 단계 3에서 도출된 검정통계량의 값을 기준으로 귀무가설을 기각하는 기각역을 결정한다. 모평균과 모비율의 대립가설 형태에 따라 <표 3.11>과 같이 기각역이 다르다.

**표 3.11** 모평균, 모비율 가설검정, 검정통계량과 기각역

| 모평균 | 모평균 |
|---|---|
| $n \geq 30$, $\sigma^2$이 알려진(알려지지 않은) 경우 | $n < 30$, $\sigma^2$이 알려지지 않은 경우 |
| $\begin{cases} H_0 : \mu = \mu_0 \ \ vs. \ \ H_1 : \mu > \mu_{0,} \\ \quad H_0\text{의 기각역} : Z > z_\alpha \\ H_0 : \mu = \mu_0 \ \ vs. \ \ H_1 : \mu < \mu_{0,} \\ \quad H_0\text{의 기각역} : Z < -z_\alpha \\ H_0 : \mu = \mu_0 \ \ vs. \ \ H_1 : \mu \neq \mu_{0,} \\ \quad H_0\text{의 기각역} : \lvert Z \rvert > z_{\alpha/2} \end{cases}$<br>단, 모분산이 정보 여부에 따른 검정통계량<br>알려진 경우 $Z = \dfrac{\overline{X} - \mu}{S/\sqrt{n}}$,<br>알려지지 않은 경우 $Z = \dfrac{\overline{X} - \mu}{S/\sqrt{n}}$ | $\begin{cases} H_0 : \mu = \mu_0 \ \ vs. \ \ H_1 : \mu > \mu_{0,} \\ \quad H_0\text{의 기각역} : T > t_\alpha(n-1) \\ H_0 : \mu = \mu_0 \ \ vs. \ \ H_1 : \mu < \mu_{0,} \\ \quad H_0\text{의 기각역} : T < -t_\alpha(n-1) \\ H_0 : \mu = \mu_0 \ \ vs. \ \ H_1 : \mu \neq \mu_{0,} \\ \quad H_0\text{의 기각역} : \lvert T \rvert > t_{\alpha/2}(n-1) \end{cases}$<br>모분산 정보가 없으므로 표본분산($S^2$)으로 대체<br>$T = \dfrac{\overline{X} - \mu}{S/\sqrt{n}} \sim t(n-1)$ |

| 모비율 |
|---|
| $n \geq 30$ 경우 |
| $\begin{cases} H_0 : p = p_0 \ \ vs. \ \ H_1 : p > p_{0,} \ \ H_0\text{의 기각역} : Z > z_\alpha \\ H_0 : p = p_0 \ \ vs. \ \ H_1 : p < p_{0,} \ \ H_0\text{의 기각역} : Z < -z_\alpha \\ H_0 : p = p_0 \ \ vs. \ \ H_1 : p \neq p_{0,} \ \ H_0\text{의 기각역} : \lvert Z \rvert > z_{\alpha/2} \end{cases}$<br>$Z = \dfrac{\hat{p} - p_0}{\sqrt{\dfrac{p_0(1-p_0)}{n}}}$ |

단계 5는 검정통계량은 기각역에 포함되는지 확인한 후, 귀무가설 기각 여부(기각일 때는 '유의수준 $\alpha$에서 귀무가설 $H_0$을 기각한다', 기각하지 못할 때는 '유의수준 $\alpha$에서 귀무가설 $H_0$을 기각하지 못한다')를 판정한다.

가설검정 5단계를 연습하기 위해 모평균과 모비율 문제를 다뤄보자.

### 모평균

**[문제 1]** 50~60세 성인 여성 100명에 대한 비만 지수(BMI, body mass index, 체중/키$^2$)를 조사하였더니 표본평균 26.5이고 표본표준편차는 5이었다. 비만 지수가 25보다 크다고 할 수 있는지 유의수준 5%에서 검정하여라.

**풀이** 50~60세 성인 여성 100명에 대한 비만 지수에 대해

$$\mu_{비만지수} = 25, \; n = 100, \; \overline{X} = 26.5 \;\; s = 5 \text{이므로}$$

① 가설설정: $H_0 : \mu_{비만지수} = 25$ vs $H_1 : \mu_{비만지수} > 25$

② 유의수준 $\alpha = 0.05$

③ 모분산 정보가 없지만, n이 30보다 크므로, 검정통계량은 $Z$통계량을 적용한다.

$$Z = \frac{\overline{x} - \mu}{s / \sqrt{n}} = \frac{26.5 - 25}{5 / \sqrt{100}} = 3$$

④ 우측검정이므로 기각역($z_{0.05} = 1.645$)은 오른쪽에 위치(그림 3.20)하므로

$$\begin{cases} Z > z_{\alpha}, \; H_0 \text{기각} \\ Z = 3 > z_{0.05} = 1.645 \text{이므로} \;\; H_0 \text{ 기각} \end{cases}$$

⑤ 표본자료를 근거로 하였을 때 유의수준 5%에서 40~60세 성인 여성 100명의 평균 비만 지수는 25보다 크다고 할 수 있는 충분한 통계적 증거가 있다.

〈그림 3.20〉은 검정통계량 $Z$에 상응하는 임계값 위치의 표본평균을 보여준다.

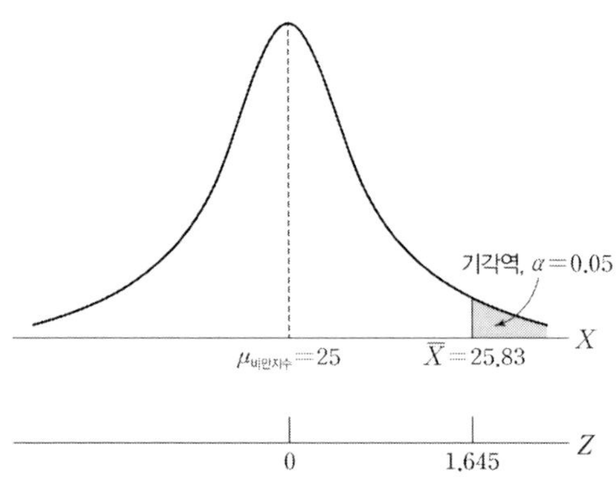


**그림 3.20** $H_0 : \mu_{비만지수} = 25$ $vs.$ $H_1 : \mu_{비만지수} > 25$에서 $\alpha = 0.05$일 때 기각역

따라서 $\overline{X}$는 $\overline{X}=\mu_0+z_{0.05}\dfrac{\sigma}{\sqrt{n}}=25+1.645\times\dfrac{5}{\sqrt{100}}\fallingdotseq 25.83$이 된다. 이것은 표본평균 $\overline{X}$가 25.83보다 크다면 $H_0$을 기각하는 근거를 마련해 준다. 따라서 $H_0 : \mu_{비만지수}=25$와 $H_1 : \mu_{비만지수}>25$의 검정은 검정통계량 $Z$와 표본평균 $\overline{X}$를 사용하여 $H_0 : \mu_{비만지수}=25$의 기각 여부를 결정할 수 있다. 이를 정리하면 다음 두 가지에 속할 때, $H_0 : \mu_{비만지수}=25$를 기각한다.

① 검정통계량 $Z$의 값을 기준으로 $z_{0.05}$보다 크게 나타나는 경우

② 임의로 선택된 40~60세 성인 여성 100명의 평균 비만 지수 $\overline{X}$가 25.83보다 크게 나타나는 경우

## 모평균

**[문제 2]** S전구 회사는 최근에 새로운 생산 공법을 적용하여 개발한 LED의 평균 수명이 기존의 평균 수명 950시간보다 증가하였다고 주장한다. 이런 주장이 설득력이 있는지 알아보기 위하여 새로운 생산 공법을 적용하여 생산한 LED 16개를 임으로 추출하여 조사하였더니 표본평균 $\overline{X}=1,020$이고 표본표준편차 $s=100$이었다. 이들 통계량을 기초하여 새로운 생산 공법을 적용하여 생산한 LED의 평균 수명이 900시간보다 증가하였다고 주장할 수 있는지 유의수준 10%에서 검정하여라.

**풀이** LED의 평균 수명 시간 $\mu$, $n=10$, $\overline{X}=1,020$, $s=90$

① 가설설정: $H_0 : \mu=950$ vs $H_1 : \mu>950$

② 유의수준 0.10

③ 모분산 정보가 없고, $n$이 30 이하 이므로 검정통계량은 $T$통계량을 적용한다.

$$T=\frac{\overline{x}-\mu}{s/\sqrt{n}}=\frac{1020-950}{90/\sqrt{16}}\fallingdotseq 3.11$$

④ 우측검정이므로 기각역($t_{0.10}(15)=1.341$)은 오른쪽에 위치하므로

$$\begin{cases} T>t_\alpha(n-1),\ H_0\text{기각} \\ T>t_{0.10}(15)=1.341,\ 3.11>1.341\text{이므로 } H_0\text{기각} \end{cases}$$

⑤ 표본자료를 근거로 하였을 때, 유의수준 10%에서 LED의 평균 수명 시간은 950 시간보다 크다고 할 수 있다는 충분한 통계적 증거가 있다.

### 모평균

**[문제 3]** 모평균 $\mu$가 35로 알려진 모집단에서 10개의 자료를 표본으로 추출하여 다음과 같은 표본 통계량을 얻었다.

| 32 34 35 36 37 38 41 40 44 45 |
|---|

(1) 모집단 $\mu$에 대한 점추정량은 얼마인가?

(2) 표준오차(standard error)와 신뢰수준 95%의 오차 한계는 얼마인가?

(3) 이들 자료를 바탕으로 '모평균은 35가 아니다'를 주장할 수 있는지 유의수준 5%에서 검정하시오.

**풀이** (1) 임의로 추출한 자료의 표본평균은 모평균의 점추정량이다. 따라서 $\mu=\overline{X}=$ $38.2$이다.

(2) 표본평균의 표준오차와 오차 한계는 모표준편차 정보가 없으므로 표본표준편차로 대신하여 구하면 된다. 따라서 표준오차는 1.96이 되고 95% 오차 한계는 4.43이다.

$$S.E(\overline{X})=\frac{S}{\sqrt{n}}=\frac{4.26}{\sqrt{10}}\fallingdotseq 1.35,$$

$$t_{\alpha/2}\frac{s}{\sqrt{n}}=t_{0.025}\frac{6.19}{\sqrt{10}}=2.262\times 1.35\fallingdotseq 3.05$$

표본분산은 $S^2=\dfrac{1}{n-1}\sum(X_i-\overline{X})^2=\dfrac{1}{n-1}\left(\sum X_i^2-n\overline{X}^2\right)\fallingdotseq 18.18$ 이고, 표본표준편차는 $S\fallingdotseq 4.26$이다.

(3) ① 귀무가설($H_0$): $\mu=35$, 대립가설($H_1$): $\mu\neq 35$

② 유의수준 $\alpha=0.05$

③ 모분산 정보가 없고, 표본크기는 작으므로 검정통계량은 $t$통계량을 적용한다.

$$T = \frac{\bar{x} - \mu}{s/\sqrt{n}} = \frac{35 - 38.2}{4.26/\sqrt{10}} \fallingdotseq 2.37$$

④ 양측검정이므로 기각역($t_{0.025}(9) = 2.262$)은 양쪽에 위치(그림 3.21)하므로

$$\begin{cases} |T| > t_{\alpha/2}(n-1), \ H_0 \text{기각} \\ |T| = |2.37| > t_{0.025}(9) = 2.262 \text{이므로} \ H_0 \text{기각} \end{cases}$$

⑤ 표본자료를 근거로 하였을 때, 유의수준 5%에서 '모평균은 35가 아니다'를 주장할 수 있는 충분한 통계적 증거가 있다.

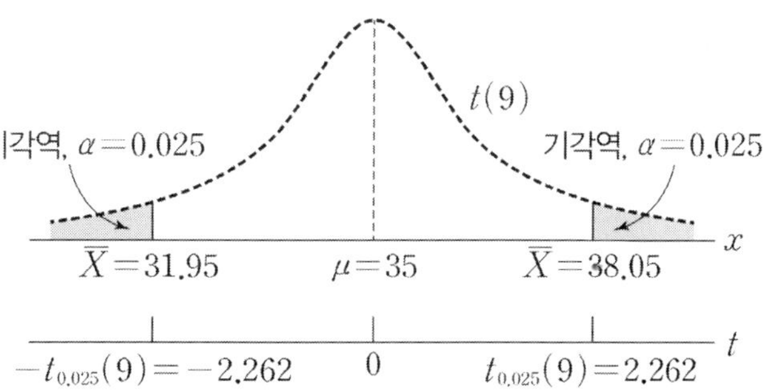


**그림 3.21** $H_0 : \mu = 35 \ vs. \ H_1 : \mu \neq 35$에서 $\alpha = 0.05$일 때 기각역

### 모비율

**[문제 4]** H지역 고용센터에서 실업률을 조사하기 위하여 경제활동인구 1,000명을 대상으로 실업자를 조사한 결과 70명이었다. 이 자료로부터 H지역의 실업률은 9% 미만이라고 주장 할 수 있는지 유의수준 5%에서 검정하시오.

**풀이** ① 귀무가설($H_0$): $p = 9\%\,(0.09)$, 대립가설($H_1$): $p < 9\%\,(0.09)$,

$$\hat{p} = X/n = 70/1000 = 0.07$$

② 유의수준 $\alpha = 0.05$

③ 표본크기가 30보다 크므로 검정통계량은 $Z$통계량을 적용한다.

$$Z = \frac{\hat{p} - p_0}{\sqrt{\frac{p_0(1-p_0)}{n}}} = \frac{0.07 - 0.09}{\sqrt{\frac{0.09(0.91)}{1000}}} \approx -2.22$$

④ 단측검정인 왼쪽검정이므로 기각역($-z_{0.05} = -1.645$)은 왼쪽에 위치하므로

$$\begin{cases} Z < -z_{\alpha}, & H_0 \text{기각} \\ Z = -2.22 < -z_{0.05} = -1.645 \text{이므로} & H_0 \text{기각} \end{cases}$$

⑤ 표본자료를 근거로 하였을 때, 유의수준 5%에서 'H 도시 실업률은 9% 미만'이라고 주장할 수 있는 충분한 증거가 있다.

### 모비율

**[문제 5]** 코로나 이전의 A 항공사 예약 취소율은 8%라고 알려져 있다. 특정 연휴 기간 예약 취소를 조사하였더니 3,500건 가운데 취소 예약 건은 315건으로 나타났다. 이 자료를 기초로 특정 연휴 기간 예약 취소율은 8%가 아니라고 할 수 있는지 유의수준 5%에서 검정하여라. 그리고 유의수준 1%에서는 어떠한 결론을 내릴 수 있는가?

**풀이** ① 귀무가설($H_0$): $p = 8\%(0.08)$, 대립가설($H_1$): $p \neq 8\%(0.08)$,

$$\hat{p} = X/n = 315/3500 = 0.09$$

② 유의수준 $\alpha = 0.05$

③ 표본크기가 30보다 크므로 검정통계량은 $Z$통계량을 적용한다.

$$Z = \frac{\hat{p} - p_0}{\sqrt{\frac{p_0(1-p_0)}{n}}} = \frac{0.09 - 0.08}{\sqrt{\frac{0.08(0.92)}{3500}}} \approx 2.18$$

④ 양쪽검정이므로, 기각역($|z_{0.025}| = 1.96$)은 양쪽에 위치하므로

$$\begin{cases} |Z| > |z_{\alpha/2}|, & H_0 \text{기각} \\ |Z| = |2.18| > z_{0.025} = 1.96 \text{이므로} & H_0 \text{기각} \end{cases}$$

⑤ 표본자료를 근거로 하였을 때, 유의수준 5%에서 '특정 연휴 동안 예약 취소율은 8%가 아니다'라고 주장할 수 있는 충분한 증거가 있다.

만약, 유의수준이 1%로 변경되면 $\alpha = 0.01$이고 ④의 기각역은 $|z_{0.025}| = 1.96$에서 $|z_{0.005}| = 2.575$로 변경된다. 이를 기준으로 양쪽검정을 실시하면

$$\begin{cases} |Z| > |z_{\alpha/2}|, & H_0\text{기각} \\ |Z| = |2.18| < z_{0.005} = 2.575\text{이므로} & H_0\text{기각 못함} \end{cases}$$

유의수준을 $\alpha = 0.05$에서 $\alpha = 0.01$로 변경하면, 표본자료를 근거로 하였을 때 유의수준 1%에서 '특정 연휴 동안 예약 취소율은 8%가 아니다'를 주장할 수 있는 충분한 증거가 없다.

즉, [문제 5]는 유의수준 $\alpha = 0.05$에서는 귀무가설이 기각되고, 유의수준 $\alpha = 0.01$에서는 귀무가설을 기각하지 못하는 상반된 결과가 된다. 이 결과는 동일 가설검정 문제에서 유의수준을 어떻게 설정하는가에 따라 검정 결과는 달라질 수 있음을 보여준다. 이러한 모호함을 보완하기 위해 유의확률($p-value$)을 이용하여 가설 검정한다.

### (2) 유의확률

가설검정은 유의수준이 변경됨에 따라 가설검정의 결과가 달라진다. 제삼자가 봤을 때, 유의수준 선택에 따라 달라지는 가설검정의 결과는 쉽게 동의하지 못할 것이다. 이런 모호함을 보완하기 위해 유의확률($p-value$)을 이용하여 가설을 검정한다.

$p-$값($p-value$)은 귀무가설 $H_0$을 기각할 수 있는 최소한의 유의수준으로 검정통계량이 관찰된 유의수준(observed significance level under test statistics) 또는 유의확률(significance probability)이라고 한다. 즉, $p-$값은 검정통계량의 주어진 관측값으로부터 계산된 값이 $H_0$을 기각하게 하는 최소의 유의수준 $\alpha$값을 말한다.

일반적으로 $p-$값이 유의수준 $\alpha = 0.05$보다 작으면(우연에 의한 결과가 아니므로), $H_0$에 대한 신뢰도가 낮아지고, $H_1$에 대한 신뢰도는 높아지며, $p-$값이 유의수준 $\alpha = 0.05$보다 크게 나타나면, $H_0$에 대한 신뢰도가 높아 상대적으로 $H_1$에 대한 신뢰도가 낮아진다.

유의수준이 클 때보다 유의수준이 작을 때(우연에 의한 결과가 아니라), $H_0$을 기각하는 것은 $H_1$이 참이라는 표본 통계량에 기초한 검정통계량의 증거를 더 확신한다.

따라서 $H_0$의 신뢰도가 낮다고 판단되는 것은 $p-$값이 작게 나타날 수밖에 없는 것이므로, $p-$값은 작을수록 $H_1$은 참이라는 증거로 볼 수 있다.

정리하면, $p-$값은 검정통계량이 실제 관측된 값보다 대립가설을 지지하는 방향으로 더욱 치우칠 확률로서 귀무가설 $H_0$하에서 계산된 값이며, 이 값이 작을수록 $H_0$에 대한 반증이 강하다. 결과적으로 유의확률은 $H_0$을 기각할 수 있는 가장 작은 $\alpha$의 확률값이다.

따라서 이 값은 표준정규확률변수 $Z$가 자료로부터 계산된 검정통계량의 값 $z$보다 큰 값 $P(Z>z)$로 계산한다. 따라서 유의확률 $p-$값은 단측검정과 양측검정에 따라 다음과 같이 계산된다.

---

**가설검정 형태에 따른 유의확률 계산식**

$$\begin{cases} H_0: \mu=\mu_0 \ \ vs.\ \ H_1: \mu>\mu_0, \ H_0\text{의 기각역}: Z>z_{\alpha},\ p-\text{값}=P(Z>z) \\ H_0: \mu=\mu_0 \ \ vs.\ \ H_1: \mu<\mu_0, \ H_0\text{의 기각역}: Z<-z_{\alpha},\ p-\text{값}=P(Z<z) \\ H_0: \mu=\mu_0 \ \ vs.\ \ H_1: \mu\neq\mu_0, \ H_0\text{의 기각역}: |Z|>z_{\alpha/2},\ p-\text{값}=2P(Z>z) \\ \qquad\qquad\qquad\qquad\qquad\qquad\qquad\qquad\qquad \text{또는 } 2P(Z<z) \end{cases}$$

---

자 이제 유의확률로 가설검정 [문제 5]를 다뤄보자.

[문제 5]는 귀무가설($H_0$): $p=8\%\,(0.08)$, 대립가설($H_1$): $p\neq 8\%\,(0.08)$에 대한 유의수준 5%, 1%에서 검정하는 것으로 검정통계량 $Z=\dfrac{\hat{p}-p_0}{\sqrt{\dfrac{p_0(1-p_0)}{n}}}=\dfrac{0.09-0.08}{\sqrt{\dfrac{0.08(0.92)}{3500}}}$ $\approx 2.18$이므로, $p-$값은 양측검정이므로 $2P(Z>2.18)\fallingdotseq 0.03$이다. 이 값은 유의수준 $\alpha=0.05$보다 작아서 귀무가설($H_1$): $p=8\%\,(0.08)$에 대한 신뢰도가 낮음을 의미한다.

하지만 유의수준을 $\alpha=0.05$에서 $\alpha=0.01$ 낮추면 $p-$값($2P(Z>2.18)\fallingdotseq 0.03$)은 0.01보다 크므로 귀무가설($H_1$): $p=8\%\,(0.08)$에 대한 신뢰도가 높음을 의미한다.

따라서 유의확률과 유의수준과의 비교로 귀무가설의 기각 여부를 판정한다. $p-$값은 주어진 자료로부터 귀무가설 $H_0$을 기각하게 되는 최소한의 유의수준이므로 이 $p-$값이 유의수준보다 작을 때 귀무가설 $H_0$을 기각한다. <그림 3.22>는 양측검정에서 $p-$값을 보여준다.

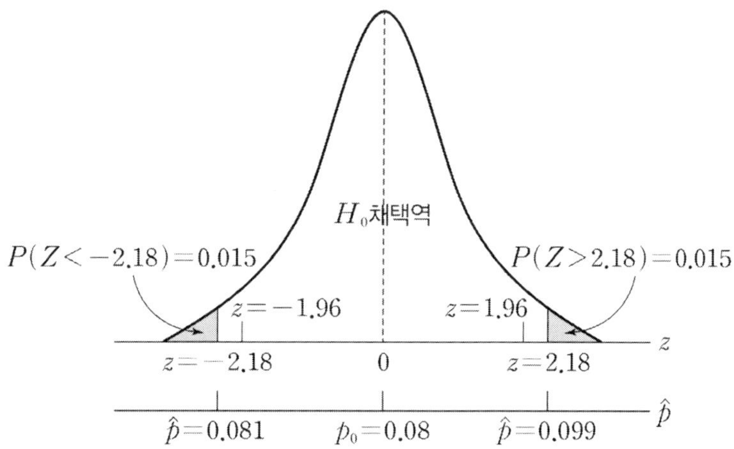


**그림 3.22** 양측검정의 $p-$값

$p-$값을 이용한 귀무가설 $H_0$ 기각 여부를 검정하는 절차는 다음과 같다.

---

1. 귀무가설, 대립가설 설정
2. 유의수준 $\alpha$ 결정
3. 검정통계량 도출
4. $p-$값 계산
5. 귀무가설 기각 여부 판정

---

단계 1에서 단계 3까지는 가설검정 절차 5단계와 같고, 단계 4에서는 검정통계량에 기반한 $P(Z>z)$, $P(Z<z)$, $2P(Z>z)$를 계산한다. 그런 다음 단계 5에서 $p-$값이 유의수준 $\alpha$보다 작으면 귀무가설 $H_0$을 기각하고, $p-$값이 $\alpha$보다 크거나 같으면 귀무가설 $H_0$을 채택한다.

4장

# 모델링과 텍스트마이닝

**4.1** 합리적인 모델링
**4.2** 텍스트마이닝

# 1 합리적인 모델링

## 1. 두 변수 관계

두 변수가 양적변수이고 순서쌍 $(x_i, y_i)$의 형태로 주어질 때 이 둘의 관계를 모색하는 것은 흥미로운 연구이다. 예를 들어, (키, 몸무게), (흡연, 폐암), (금리, 주가)와의 관계가 이들 연구이다. 두 변수 관계는 산점도(scatter plot)를 통해 좌표평면에 나타내어 대략적인 관계를 파악한다. 일반적으로 두 변수의 산점도를 나타냈을 때 점의 분포는 <그림 4.1>과 같이 세 가지 패턴으로 나타난다.

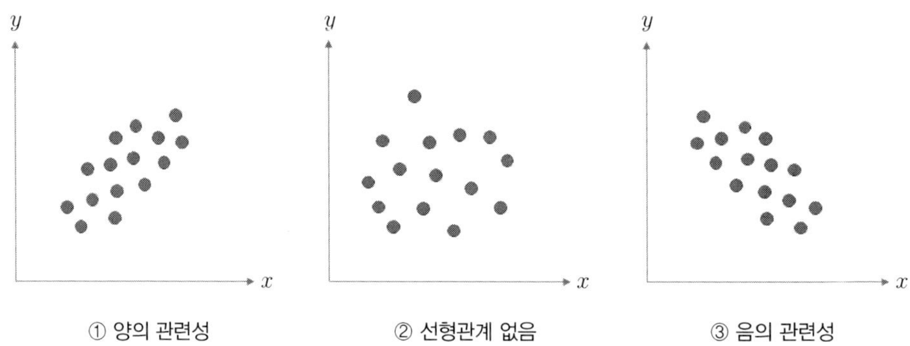


**그림 4.1** 산점도 패턴 분류

먼저, ①처럼 $x_i$의 값이 증가하면 $y_i$도 증가하는 양의 관련성이 보인다고 하여 양의 선형관계 또는 양의 상관관계가 있다고 한다. 키와 몸무게는 양의 상관관계이다. 이에 반해 ③은 $x_i$의 변수가 증가하면 $y_i$는 감소하는 관계이므로 음의 관련성이 보인다고 하고, 음의 선형관계 또는 음의 상관관계가 있다고 한다. 금리가 올라가면 주가는 떨어지는 것과 유사한 관계이다.

다음으로, ②처럼 두 변수의 어떠한 선형성을 찾을 수 없을 때는 선형관계가 없다고 한다. 여기서 중요한 점은 선형관계가 없다는 것은 관계가 없음을 의미하는 것이 아니고 양(①)과 음(③)의 선형관계와 같은 특정한 관계가 없음을 의미한다. 이처럼 통계학에서 선형(linear)은 두 변수의 직선 관계만 의미하고 2차, 3차 곡선 관계는 선형관계에서 고려하지 않는다.

<그림 4.1>을 분포 양상으로 더욱 세분화하여 <그림 4.2>처럼 나타낼 수 있다.

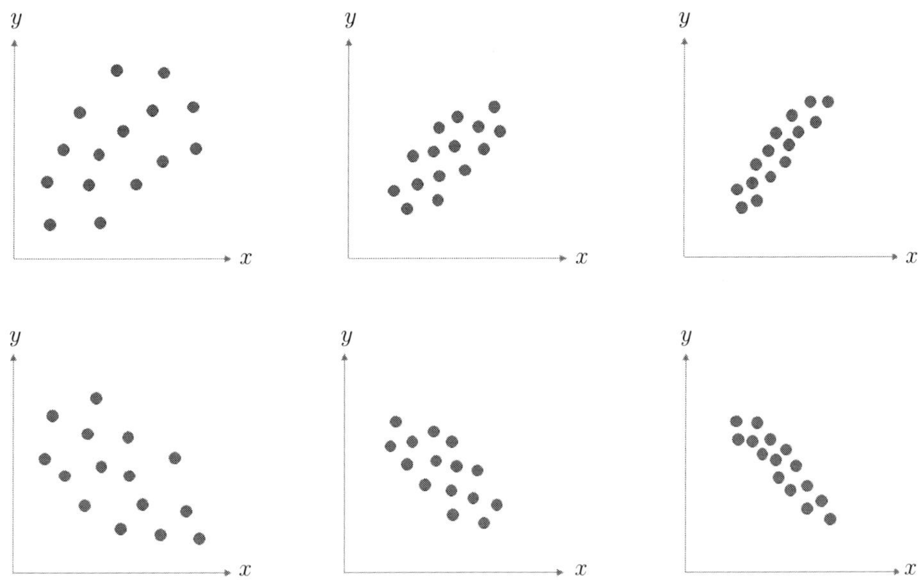


**그림 4.2** 상관관계 정도가 다른 양과 음의 산점도

<그림 4.2>와 같이 상관관계 정도(강도)를 객관적으로 나타낼 수 있는 수치화 개념이 필요한데, 상관계수(correlation coefficient)는 이 정도를 나타내는 수치 지표이다.

먼저, 두 변수 관계가 <그림 4.2>와 같이 나타날 때, 양의 상관관계는 양의 값으로 음의 상관관계는 음의 값으로 표현된다면 쉽게 이해할 수 있을 것이다. 이는 공분산(covariance)의 개념으로 설명할 수 있다. 공분산은 두 변수의 편차의 곱 $(x-\overline{x})\times(y-\overline{y})$이다. 이 값이 양이 된다면 $(x-\overline{x})\times(y-\overline{y})$가 '양수×양수', '음수×음수'일 때이며, 음이 된다면 서로 반대('양수×음수', '음수×양수')되는 값일 때 가능하다. 이런 관계를 그림으로 표현하면 <그림 4.3>과 같다.

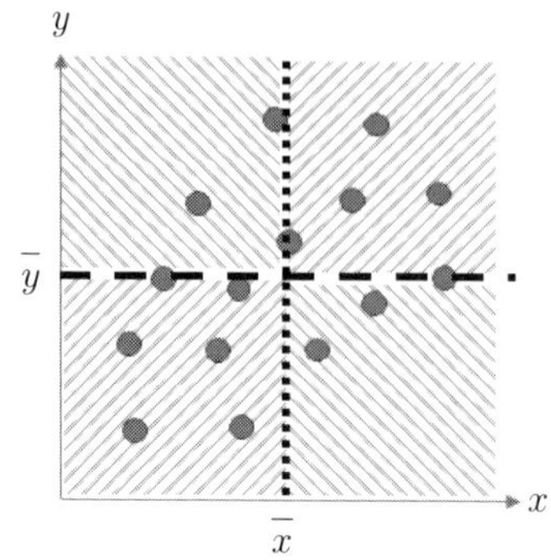


**그림 4.3** 두 변수 편차의 곱에 대한 양, 음 분포

<그림 4.3>에서 ▨부분은 $(x-\overline{x})\times(y-\overline{y})$값이 양, ▧부분은 음의 값이다. 따라서 두 변수 $x$와 $y$의 관측값 분포가 편차의 곱이 음수인 부분에 많다면 ▧에 많이 분포되어 있으며, 이들의 총합은 음이 되고, ▨에 많이 분포되어 있다면 이들 총합은 양이 된다.

그런데 편차의 곱은 관측값의 수에 따라 늘어나는 성질이 있다. 예를 들어, <표 4.1>처럼 동일 관측값을 2번 반복한 경우 편차들의 곱의 총합은 2배이다. 따라서 관측값 수에 따라 편차를 곱한 총합이 변동되는 것을 방지하기 위해 관측값 수를 나눈 편차 곱의 평균을 사용한다.

**표 4.1** 관측값 반복에 변하는 편차

| | 1th | 2th | 평균 |
|---|---|---|---|
| $x$ | 1 | 3 | 2 |
| $y$ | 1 | 3 | 2 |
| $\sum_{i=1}^{2}(x_i-\overline{x})(y_i-\overline{y})=2$ | | | |

| | 1th | 2th | 3th | 4th | 평균 |
|---|---|---|---|---|---|
| $x$ | 1 | 1 | 3 | 3 | 2 |
| $y$ | 1 | 1 | 3 | 3 | 2 |
| $\sum_{i=1}^{4}(x_i-\overline{x})(y_i-\overline{y})=4$ | | | | | |

<표 4.1>의 두 가지 경우에 대해 편차 곱의 평균을 구하면 $\frac{1}{2}\sum_{i=1}^{2}(x_i-\overline{x})(y_i-\overline{y})=1$이 되고, $\frac{1}{4}\sum_{i=1}^{4}(x_i-\overline{x})(y_i-\overline{y})=1$이 되어 같은 값이 된다. 따라서 공분산은 두 변수가 주어질 때, 편차 곱의 평균값으로 정의하고 $cov(x,y)$로 표기하고 다음의 수식을 사용

한다.

$$cov(x,y) = \frac{1}{n}\sum_{i=1}^{n}(y_i - \bar{x})(y_i - \bar{y})$$

특히, $cov(x,y) > 0$이면 양의 상관관계, $cov(x,y) < 0$이면 음의 상관관계, 그리고 $cov(x,y) \fallingdotseq 0$일 때 상관관계가 없음을 의미한다. 그런데 공분산은 <그림 4.1>처럼 상관관계 여부를 나타내는 것에는 유용한 지표지만, <그림 4.2>와 같은 상관관계 정도를 나타내기에는 한계가 있다. 더불어 단위에 따라 공분산의 값은 크게 나타나는 단점도 있다.

예를 들어, 키(cm), 체중(kg)의 cm, kg을 mm, g로 단위를 변경하면 공분산이 100배 정도 커지는 경향이 있다. <그림 4.4>는 양의 상관관계를 보이는 공통점이 있으나 왼쪽 그림 산점도는 오른쪽 산점도보다 상대적으로 높은 공분산을 보인다.

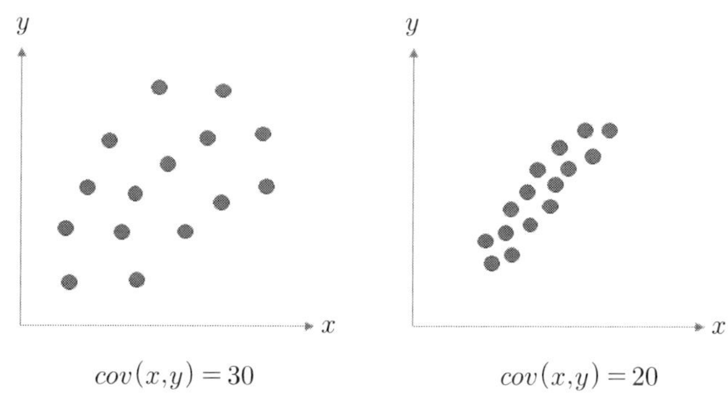


**그림 4.4** 공분산이 다른 양의 상관관계

이와 같이 공분산도 측정 단위에 민감하게 반응하여, 표준화 과정과 같은 객관성을 지닌 지표로 치환이 필요하다. 공분산에 대해서도 일종의 표준화 개념을 적용하여 상관 정도의 객관성을 보일 수 있는데, 이런 객관성을 지닌 상관 정도를 살펴보는 지표가 상관계수(correlation coefficient)이고 관계식은 다음과 같다.

$$\text{상관계수} = \frac{\text{두 변수 } x,y\text{의 공분산}}{\text{변수}x\text{의 표준편차} \times \text{변수}y\text{의 표준편차}} = \frac{cov(x,y)}{sd(x)sd(y)}$$

상관계수도 모집단과 표본에서 살펴볼 수 있다. 모집단과 표본의 상관계수는 모상관계수 $\rho_{xy}$와 표본상관계수 $r_{xy}$로 구분한다. 모집단에서는 전체 데이터 수 $N$을 고려한 평균, 분산, 상관계수를 계산하고, 표본은 표본평균을 제외한 모든 지표에 자유도 $n-1$을 고려한다.

따라서 모상관계수와 표본상관계수는 다음과 같다.

$$\text{모상관계수} = \rho_{xy} = \frac{cov(x,y)}{sd(x)sd(y)} = \frac{\frac{1}{N}\sum_{i=1}^{N}(x_i-\overline{x})(y_i-\overline{y})}{\sqrt{\frac{1}{N}\sum_{i=1}^{N}(x_i-\overline{x})^2}\sqrt{\frac{1}{N}\sum_{i=1}^{N}(y_i-\overline{y})^2}}$$

$$\text{표본상관계수} = r_{xy} = \frac{cov(x,y)}{sd(x)sd(y)} = \frac{\frac{1}{n-1}\sum_{i=1}^{n}(x_i-\overline{x})(y_i-\overline{y})}{\sqrt{\frac{1}{n-1}\sum_{i=1}^{n}(x_i-\overline{x})^2}\sqrt{\frac{1}{n-1}\sum_{i=1}^{n}(y_i-\overline{y})^2}}$$

모상관계수 $\rho_{xy}$는 표본상관계수 $r_{xy}$를 활용하여 추정하는데 이런 이유에서 $r_{xy}$ 대신에 $\hat{\rho}_{xy}$를 표기하기도 한다.

표본상관계수 $r_{xy}$는 $-1 \leq r_{xy} \leq 1$의 부등식을 만족하는 것이 수학적으로 증명되어 있다. 따라서 표본상관계수 $r_{xy}$는 1에 가까울수록 양의 상관관계가 강하고(좁은 간격으로 우상향), $-1$에 가까울수록 음의 상관관계(좁은 간격 우하향)가 강하다는 것을 나타낸다. 그리고 표본상관계수 0은 상관관계가 없음을 의미한다. 그리고 0.5를 중앙점으로 $0.5 \leq r_{xy} \leq 1(-1.0 \leq r_{xy} \leq -0.5)$은 $0 < r_{xy} < 0.5(-0.5 < r_{xy} < 0)$에 비해 강한 양(음)의 상관관계가 있다고 표현한다. 지금까지 설명한 상관계수를 <그림 4.2>에 적용해 상관관계를 나타내면 약한 양의 상관관계 $r_{xy} \fallingdotseq 0.4$, 양의 상관관계 $r_{xy} \fallingdotseq 0.6$, 강한 양의 상관관계 $r_{xy} \fallingdotseq 0.8$, 약한 음의 상관관계 $r_{xy} \fallingdotseq -0.4$, 음의 상관관계 $r_{xy} \fallingdotseq -0.6$, 강한 음의 상관관계 $r_{xy} \fallingdotseq -0.8$이다.

간혹 상관관계(correlation relationship)와 인과관계(cause-and-effect relationship, causal relationship)를 구분 없이 사용되는 경우가 있는데 이 둘은 다른 개념이다.

예를 들어, 화재 건수와 우체통 수를 조사하여 산점도를 그렸더니 양의 상관관계가 나타났다고 해서 이 두 변수가 상관관계를 가졌다고 할 수 없다. 이는 우체통 수가 많다는 것은 인구가 많고 그 결과로 화재 건수도 많아진다는 원인과 결과의 관계이다. 비슷한 사례로 '개원의가 늘어나면 교통사고가 증가한다.', '화장품 소비가 많아지면 경기가 좋아진다.', '아이스크림 매출은 익사자 증가와 무관하지 않다.' 등은 원인과 결과의 인과관계를 의미한다고 볼 수 있다.

## 2. 합리적인 관계 직선과 예측

<그림 4.5>와 같이 광고비와 매출금액의 관계를 참고하여 두 변수의 관계를 나타내는 직선을 긋는다면, 곡선 1, 2, 3, 직선 1, 2중 어느 것이 가장 합리적인 선일까? 광고비와 매출금액의 선형관계가 뚜렷할 때 광고비가 9억 원일 때 매출금액은 얼마일까?. 표본으로 추출되지 않은 광고비가 4억 원일 때, 이 값에 상응하는 매출금액은 얼마로 추정될까? 등과 같은 질문에 해답을 제시할 수 있는 통계적 방법이 필요하다.

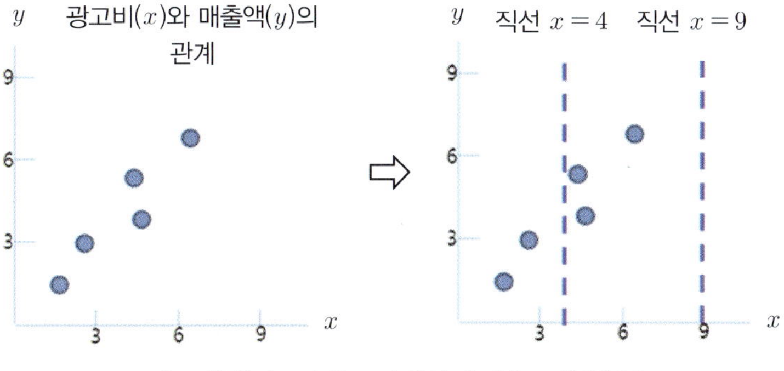


광고비($X$)가 9억 원, 4억 원일 때 매출금액($Y$)은?

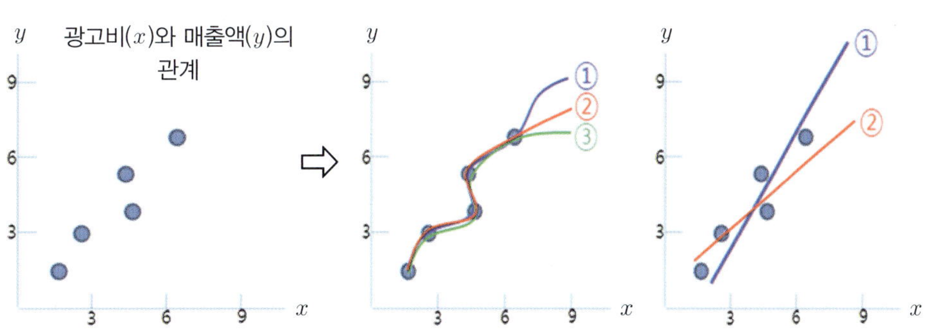


광고비와 매출금액의 관계를 나타내는 합리적인 선은 어느 것인가?

광고비와 매출액

| 광고비(억 원) | 1.8 | 2.8 | 4.5 | 5.0 | 6.3 |
|---|---|---|---|---|---|
| 매출액(10억 원) | 1.8 | 3.0 | 5.6 | 3.8 | 6.5 |

**그림 4.5** 광고비와 매출금액의 관계와 예측

가장 먼저 추세를 파악하고 두 변수의 관계를 함수 형태로 나타내기 위해서는 모형(model)이 필요하다. 모형이란 두 변수의 관계를 나타내는 수학적 함수식이다. 보통 두 변수를 $X$와 $Y$로 나타내고 이들 관계의 함수식을 $Y=F(X)$로 표현한다. 초등학교, 중학교에서는 $F(X)$을 일차식 또는 이차식으로 표현하고, 고등학교 때는 로그, 지수, 초월함수, 삼각함수 등을 사용한다. 가장 기본적인 일차식 모형은 $y=ax+b$이다. 여기서 $y$와 $x$는 두 변수의 관측값, $a$는 기울기 $b$는 절편을 뜻한다. $y=ax+b$은 '$y$관측값은 기울기 $a$와 $x$관측값 곱에 절편 $b$을 더한 값과 같다'라는 것을 의미하는 일차 함수식이다. 즉, $y$관측값은 그에 상응하는 $x$관측값과 기울기 $a$, 절편 $b$로만 결정되어 $y=ax+b$을 결정적 모형(deterministic model)이라고 한다.

그러나 현실적으로 모집단에서 추출된 표본 관측값은 측정할 때 측정오차와 표본오차가 발생하여 두 변수의 관계를 나타내는 기울기 $a$와 절편 $b$만으로 정확하게 $y$ 변수를 설명할 수는 없다.

따라서 결정적 모형에 오차항이 포함된 함수식이 합리적이며, $y=ax+b+\epsilon$로 표기한다. 이때 결정적 모형과 구분하기 위해 확률적 모형(probabilistic model)으로 명명한다.

여러 통계학 문헌에서는 기호의 통일성을 위해 모집단에 대한 확률적 모형의 일차 함수식 $y=ax+b+\epsilon$을 아래와 같이 표현하고 단순선형회귀모형(simple linear regression model)이라고 정의한다. 여기서 단순(simple)은 두 변수의 관계가 직선(선형)인 경우를 의미한다.

$$y_i=\beta_0+\beta_1 x_i+\epsilon_i, \quad i=1,2,\cdots,n$$

$$\beta_0=b: \text{절편}, \ \ \beta_1=a: \text{기울기}, \ \ \epsilon: \text{오차항}$$

이처럼 두 변수 간에 단순선형관계(simple linear relationship)가 존재할 때, 변수 $x$의 값으로부터 그에 상응하는 변수 $y$의 값을 예측하는 통계적 분석방법이 단순회귀분석(simple regression analysis)이다. 단순회귀분석은 두 변수 관계를 단순선형회귀모형으로 나타내어 오차항($\epsilon$) 값이 최소가 되는 상태에서 합리적인 기울기와 절편을 추정하는 것이다. 회귀분석에서 두 변수 중 예측하려는 변수를 종속변수(dependent variable, response variable, target variable)라고 하며, 종속변수를 설명하려는 변수를 독립변수(independent variable, predictor variable)라고 한다.

만약, <그림 4.5>의 광고비와 매출금액을 단순선형회귀모형(독립변수는 광고비, 종속변수는 매출금액)으로 나타낸다면 다음과 같다.

$$\text{매출금액} = \beta_0 + \beta_1 \text{광고비} + \epsilon$$

이 단순회귀모형의 모수 $\beta_0$와 $\beta_1$을 오차항이 최소가 되는 조건에서 표본통계량으로 추정한다.

<그림 4.6>은 오차항과 모집단 회귀직선($y = \beta_0 + \beta_1 x$)을 보여주고 있으며 $\epsilon_i$는 $y_i - (\beta_0 + \beta_1 x_i)$을 의미한다.

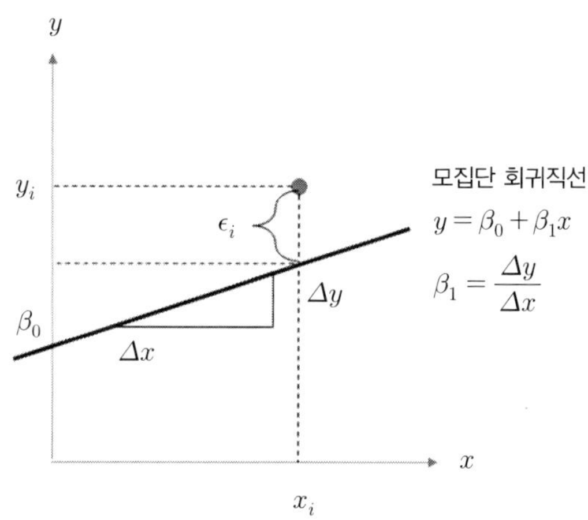


**그림 4.6** 랜덤 오차항 $\epsilon$을 포함하고 있는 단순선형회귀모형 $y = \beta_0 + \beta_1 x + \epsilon$
[참고] 모집단 회귀직선은 모집단 전체자료에 대한 단순선형회귀직선이므로 오차가 없다.

즉, $\epsilon_i$는 관측값 또는 실측값 $y_i$와 모집단 회귀직선 [회귀계수($\beta_0$, $\beta_1$)에 $x_i$관측값의

곱] 차이, '$y_i - (\beta_0 + \beta_1 x_i)$'을 의미한다. 만약 이 차이가 작다면 $y_i$과 모집단 회귀직선의 $y$값과 같아져 오차가 없는 모집단 회귀직선과 동일함을 의미한다.

## 3. 평균점을 지난다

이번 절은 '광고비와 매출금액의 관계를 가장 잘 나타내는 합리적인 선은 어느 것인가?'에 대한 답을 제시하고자 한다. 광고비와 매출액의 일반적인 관계를 파악하기 위해 임의의 한 회사의 5년간의 광고비와 매출액을 살펴보았다. 광고비와 매출액 관계를 나타내는 여러 직선은 하나의 점을 공통으로 지나게 된다. 이 점은 <그림 4.7>처럼 광고비, 매출액의 평균값이다. 다른 임의의 데이터를 대입해도 평균점을 지난다. 따라서 가장 합리적인 직선은 평균점($\overline{x}, \overline{y}$)을 지난다는 사실을 알 수 있다.

| 광고비와 매출액의 관계를 나타내는 직선은 광고비, 매출액의 **평균값**을 지나친다.<br>다른 임의의 회사를 조사해도 **평균점**을 지나치는 직선은 유사하다. |
|---|

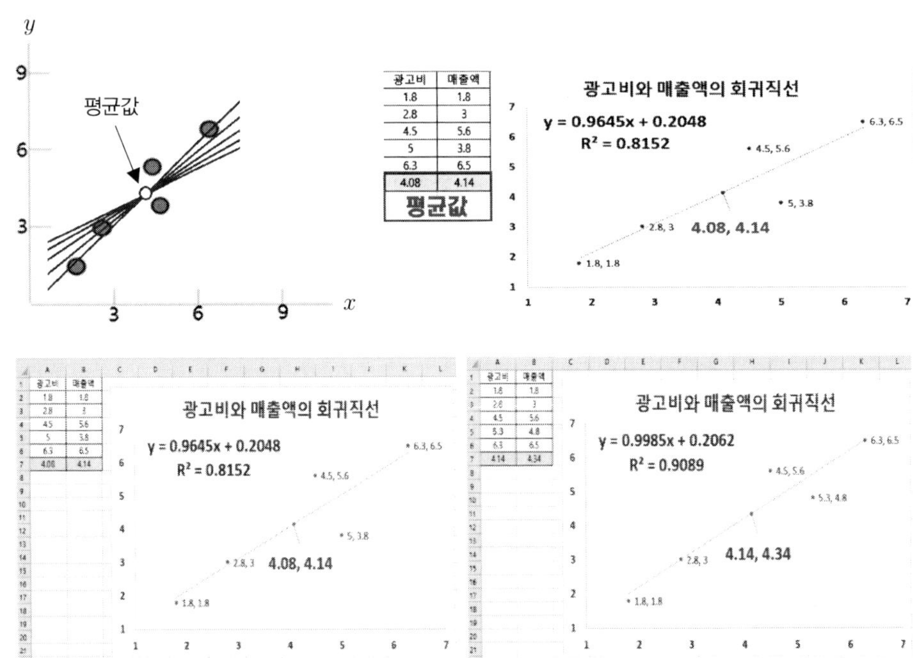


**그림 4.7** 평균점을 지나는 회귀직선

그렇다면 평균점을 지나는 모든 직선이 '합리적인 직선인가'에 대한 논의를 할 때, 추가적인 조건이 필요하다. <그림 4.7>처럼 평균점을 지나는 직선은 여러 개다. 이런 직선 중에서 가장 합리적인 직선은 실측값 $y_i$와 직선과의 거리가 가장 짧을 때이다. 이는 다음 절에서 상세히 소개한다.

## 4. 적합 직선과 $y$축과의 거리

<그림 4.7>처럼 평균점을 지나는 직선은 수없이 많으나, 그중에서 실제 $y$값과의 거리가(차이가) 가장 짧은 직선이 최적(best) 회귀직선으로 판정한다. 이유는 여러 후보 회귀직선의 적합값(추정값, $x_i$값에 대응되는 점선 회귀직선 상의 $y_i$값, $\hat{y_i}$으로 표기)과 실제값($x_i$값에 대응되는 $y_i$)과 차이($y_i - \hat{y_i}$)가 크다면, 후보로 제시한 회귀직선은 광고비($x$)와 매출액($y$)자료 분포를 잘 설명하지 못한다고 할 수 있다. <그림 4.8>은 여러 후보 직선 중에서 $y_i - \hat{y_i}$의 차이가 가장 작은 직선을 보여준다.

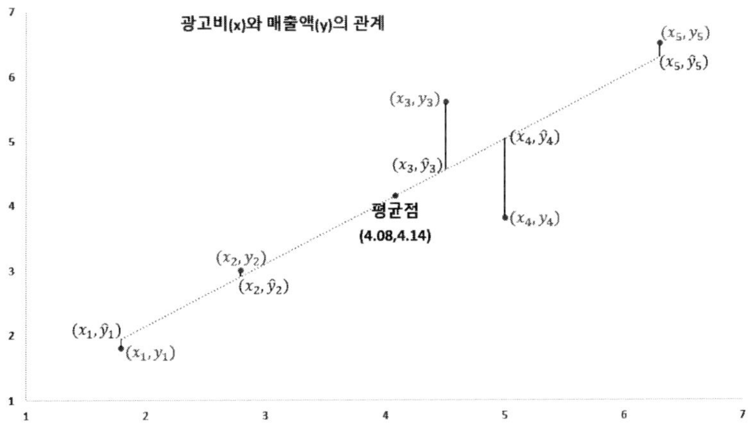


**그림 4.8** 최적 회귀직선의 $y_i$값과 $\hat{y_i}$의 차이($y_i - \hat{y_i}$)

만약, 차이가 0이라면 회귀직선 적합값과 실제값은 거의 일치함을 의미하고, <그림 4.9>와 같이 회귀직선 상에 실제값이 위치하게 된다.

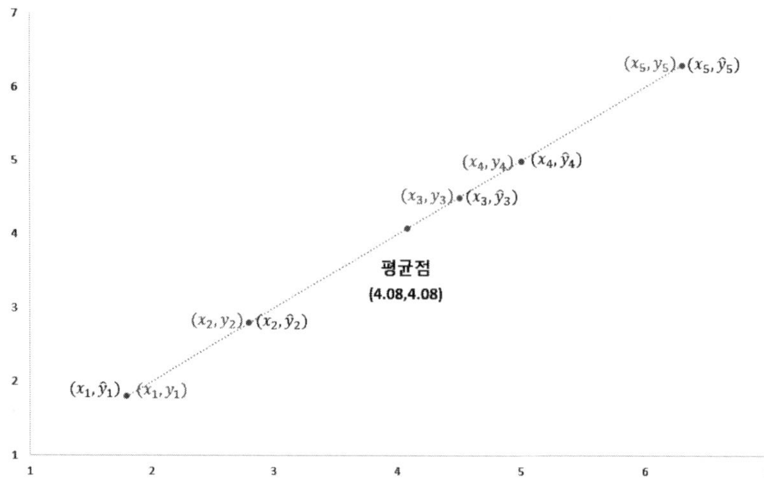


**그림 4.9** $y_i$값과 $\hat{y_i}$의 차이($y_i - \hat{y_i}$)가 0이 단순선형회귀직선

이를 수식으로 접근해 보자. 위의 문제는 $y_i = \beta_0 + \beta_1 x_i + \epsilon_i$의 $\epsilon_i = y_i - (\beta_0 + \beta_1 x_i)$에서 $\epsilon_i$를 최소화하는 문제로 귀결된다. 순서쌍 $(x_i, y_i)$, $i = 1, 2, \cdots, 5$이므로 5개의 $\epsilon_i$가 존재한다. 이런 $\epsilon_i$는 양수, 음수, 0이 되는 세 가지가 존재하여 이들의 거리를 최소화하기 위해 $\sum_{i=1}^{5} \epsilon_i^2$을 고안한다. 다음 절에서는 $\sum_{i=1}^{5} \epsilon_i^2$을 최소화하는 방법을 자세히 소개한다.

## 5. 최소제곱법에 의한 회귀직선

회귀분석은 두 변수 관계를 확률적 모형인 단순선형회귀모형($y_i = \beta_0 + \beta_1 x_i + \epsilon_i$)으로 표현해 오차항 값이 최소($\sum_{i=1}^{n} \epsilon_i^2$)가 되는 상태에서 기울기($\beta_1$)와 절편($\beta_0$)을 추정하는 것이다. 이는 단순회귀모형에서 모회귀계수($\beta_0$와 $\beta_1$)을 주어진 표본 관측값을 활용하여 추정하는 방법은 여러 가지가 있다. 그중에서 오차항($\epsilon_i$)을 최소화하는 최소제곱법(least squares method)을 가장 많이 이용한다.

먼저 이 방법을 소개하면, 오차항 $\epsilon_i$은 단순선형회귀모형 $y_i = \beta_0 + \beta_1 x_i + \epsilon_i$에서 $\epsilon_i = y_i - \beta_0 - \beta_1 x_i$와 같이 정리되어 모집단에서 표본크기 $n$개의 두 변수 $x$와 $y$에 대한

오차제곱합은 다음과 같다.

$$\sum_{i=1}^{n} \epsilon_i^2 = \sum_{i=1}^{n} (y_i - \beta_0 - \beta_1 x_i)^2$$

오차항 제곱합을 고려하는 이유는, 예를 들어 <그림 4.10>과 같이 세 개의 관측값 $((x_1, y_1), (x_2, y_2), (x_3, y_3))$의 $\epsilon_i$ 값이 추정된 회귀직선 위쪽, 아래쪽, 직선상에 위치할 수 있으므로 $\epsilon_i$는 양, 음, 0으로 나타나기 때문이다. $\epsilon_1$ 처럼 모집단 회귀직선 위에 나타나면 오차항은 양, $\epsilon_2$처럼 모집단 회귀직선 아래에 위치하면 오차항은 음이 된다. 만약 모집단 회귀직선 위에 놓이면 오차가 없으므로 $\epsilon_3 = 0$이다.

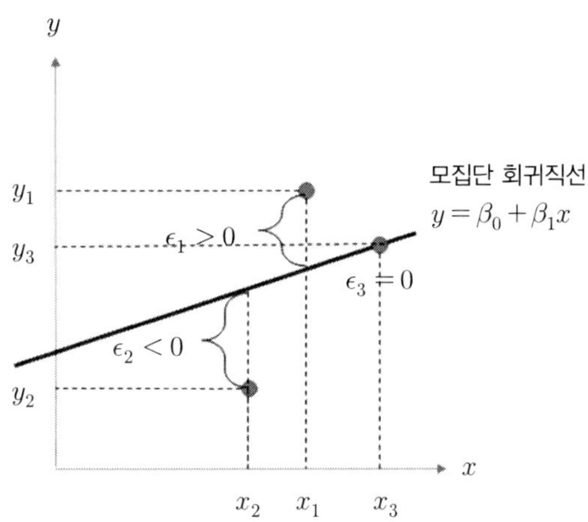


**그림 4.10** 관측값 위치에 따른 오차항의 크기

따라서 모집단에서 표본크기 $n$개의 두 변수 $x$와 $y$에 대한 오차항은 이런 세 가지 부류 중 하나가 되며, 이들에 대한 차이를 모두 고려하기 위해 제곱합으로 계산한다. 이것은 편차를 제곱하여 분산의 개념을 유도하는 과정과 같다. 이제 오차 제곱합을 최소화하는 모수 $\beta_0$와 $\beta_1$의 추정량인 $\hat{\beta}_0$과 $\hat{\beta}_1$값을 도출하기 위해 수학의 편미분(partial differentiation)을 적용하면 다음과 같은 식이 유도된다.

$$\widehat{\beta_1} = \frac{S_{xy}}{S_{xx}}, \quad \beta_0 = \overline{y} - \widehat{\beta_1}\,\overline{x}$$

여기서 $S_{xy} = \sum(x_i - \overline{x})(y_i - \overline{y}) = \sum x_i y_i - n\overline{x}\,\overline{y}$이고 $S_{xx} = \sum_{i=1}^{n}(x_i - \overline{x})^2 = \sum_{i=1}^{n} x_i^2 - n\overline{x}^2$이다.

$S_{xy}$는 두 변수 $x$,$y$의 공분산이고, $S_{xx}$는 독립변수 $x$의 편차의 제곱합이다. 따라서 추정된 $\widehat{\beta_1}$은 두 변수 $x$,$y$의 공분산과 독립변수 $x$의 편차 제곱합의 비다. 만약 $\widehat{\beta_1} \approx 1$이라면 두 변수 $x$,$y$의 공분산과 독립변수 $x$의 편차 제곱합과는 거의 같다는 것이고, 이는 $x_i \fallingdotseq y_i$ 경우에만 $\widehat{\beta_1} \approx 1$이 성립하므로 다음과 같이 수식으로 표현된다.

$$\frac{\sum_{i=1}^{n}(x_i - \overline{x})(y_i - \overline{y})}{\sum_{i=1}^{n}(x_i - \overline{x})^2} \xrightarrow{x_i \fallingdotseq y_i} \frac{\sum_{i=1}^{n}(x_i - \overline{x})(x_i - \overline{x})}{\sum_{i=1}^{n}(x_i - \overline{x})^2} \approx 1$$

결과적으로 최소제곱법으로 도출된 추정 표본회귀계수 $\hat{\beta}_0$과 $\hat{\beta}_1$은 모수 $\beta_0$와 $\beta_1$의 추정량이다. 따라서 모집단의 회귀직선모형은 $y_i = \beta_0 + \beta_1 x_i$이고, 표본 관측값으로 추정된 회귀직선 $\hat{y}_i = \hat{\beta}_0 + \hat{\beta}_1 x_i$을 추정회귀직선(estimated regression line) 또는 적합회귀직선(fitted regression line)이라고 한다.

이런 과정으로 도출된 적합회귀직선의 기울기와 절편의 해석방법은 중요하다. 추정된 회귀직선의 기울기 $\widehat{\beta_1}$은 변수 $x_i$가 한 단위 증가할 때, 그에 상응하는 변수 $y_i$가 평균적으로 얼마나 증가(감소)하는가를 보여주는 것이다. <그림 4.1>의 광고비와 매출액 회귀분석에서 추정된 회귀직선의 기울기는 0.96이다. 이는 광고비가 1억 원 늘어날 때, 평균적으로 매출액(단위: 십억 원)은 9억 6천(0.96×1)만 원이 증가함을 의미한다. 그리고 절편은 $x_i = 0$일 때, 즉 광고비를 전혀 지출하지 않을 때 매출액의 규모이다. 따라서 광고비가 0원일 때 기대되는 매출액은 0.21이므로 2억 천만 원이다.

다음으로 최소제곱법으로 도출된 회귀직선의 정확성(accuracy)을 살펴보자.

모집단의 회귀직선모형은 $y_i = \beta_0 + \beta_1 x_i$이다. 모집단의 자료들에 대한 표본 관측값(실측치) $y_i$와 모집단의 회귀직선의 값 $\beta_0 + \beta_1 x_i$과의 차이 $\epsilon_i$가 오차(error)인 반면, 모집단에서 모수 추정으로 추출한 표본자료에 대해 관측값 $y_i$와 추정회귀직선의 추정값 또는 적합값 $\hat{y_i}$의 차이를 잔차(residual, $y_i - \hat{y_i}$)라고 한다.

만약, 오차가 0이면 표본 관측값이 모집단 회귀직선 상에 놓여 있는 것이고, 잔차가 0이면 모집단에서 추출한 표본자료가 추정회귀직선 상에 놓여 있음을 의미한다. 이처럼 잔차는 표본자료를 최소제곱법에 대입하여 기울기와 절편을 추정한 추정회귀직선의 정확도를 의미하며, 잔차는 $e_i = y_i - \hat{y_i}$로 표기한다. $e_i$는 표본자료 실제값 $y_i$에서 적합값 $\hat{y_i}$을 뺀 값이다. 이 값들은 <그림 4.11>과 같다.

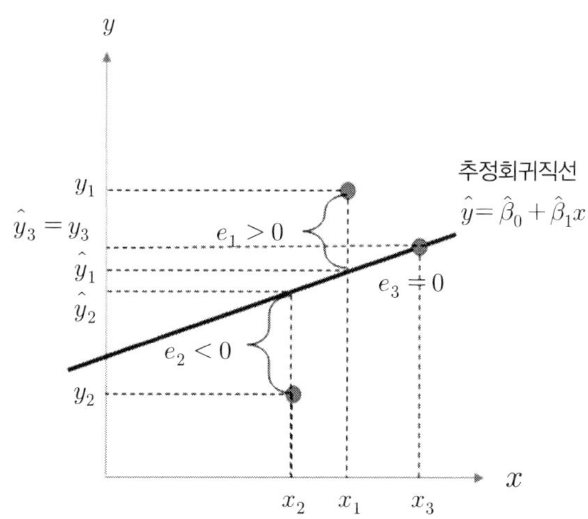


**그림 4.11** 잔차($e_i$) 제곱합

잔차는 양, 음, 0으로 나타나며, 표본 $n$개에 대해 잔차제곱합(residual sum of squares)을 조사하면 추정된 회귀직선의 정도를 측정할 수 있으며 다음과 같은 식으로 나타난다.

$$\sum_{i=1}^{n}(y_i - \hat{y_i})^2 = \sum_{i=1}^{n}(y_i - \hat{\beta_0} - \hat{\beta_1} x_i)^2 = S_{yy} - \frac{S_{xy}^2}{S_{xx}}, \quad S_{yy} = \sum_{i=1}^{n}(y_i - \overline{y})^2$$

잔차제곱합은 관측값과 추정값의 차이다. 따라서 잔차가 작을수록 잔차제곱합은 작아지고 클수록 잔차제곱합은 커진다. 잔차제곱합이 작으면 추정된 회귀직선식은 관측값을 얼마나 잘 적합했는지를 판단할 수 있는 기준이 된다. 즉, 잔차제곱합이 작으면 추정된 회귀직선은 정확도가 높다고 한다.

통계학 분야에서 잔차제곱합은 $SSE$(Error Sum of Squares)라고 소개한다. 이런 $SSE$가 어떤 의미를 가지고, 어떤 수식으로 표현되는지 살펴보자.

모집단 회귀모형의 오차항 분산은 $\sigma^2$이다. $\sigma^2$의 추정량 $\hat{\sigma}^2$은 표본회귀모형의 $SSE$의 평균제곱오차(Mean Square of Errors, $MSE$, $S^2$)를 사용한다. 평균제곱오차는 $SSE$를 자유도 $n-2$로 나눈 것과 같으며 다음과 같이 정의한다.

$$\hat{\sigma^2} = S^2 = MSE = \frac{SSE}{n-2} = \frac{1}{n-2}\sum_{i=1}^{n}(y_i - \hat{y_i})^2,$$

$$SSE = S_{yy} - \hat{\beta}_1^2 S_{xx} = S_{yy} - S_{xy}^2 / S_{xx}$$

여기서 자유도가 $n-2$가 되는 것은 단순선형회귀모형에서 추정 회귀 모수($\hat{\beta}_0$, $\hat{\beta}_1$)가 2개이기 때문이다.

오차항의 분산 $\sigma^2$의 추정량 $S^2$은 추정 회귀직선 $\hat{y_i}$와 실제 관측값 $y_i$ 간에 얼마나 차이가 나는지를 요약해주는 지표이고, $S^2$이 작을수록 추정 회귀직선이 잘 적합하여 자료를 설명한다고 할 수 있다. 그리고 오차항 표준편차인 $\sigma$의 추정량은 $\sqrt{S^2} = \sqrt{MSE}$이다.

따라서 주어진 표본에 대해 다양한 회귀모형을 가정하고 좋은 모형을 선택하는 문제는 $MSE$를 비교하여 가장 작은 $MSE$의 회귀모형을 도출하는 과정과 동일하다.

## 6. 회귀직선 설명력

앞 절에서 추정된 회귀직선 정확도를 살펴 최적 모형을 선정하였다. 이제 회귀분석을 활용하는 차원에서 예측이 어느 정도 믿을만한 정보인지와 방법을 소개한다.

광고비와 매출액의 단순선형 최적 회귀모형은 $\widehat{\text{매출금액}}_i = 0.21 + 0.96\text{광고비}_i$이다. 최적 회귀모형에 따른 적합값 $\hat{y_i}$과 잔차 $e_i$는 <표 4.2>와 같다.

**표 4.2** 최적 회귀모형의 적합값과 잔차

| 광고비($x_i$, 억 원) | 매출액($y_i$, 10억 원) | 적합값($\hat{y_i}$) | 잔차 ($e_i = y_i - \hat{y_i}$) |
|---|---|---|---|
| 1.8 | 1.8 | 1.941 | -0.141 |
| 2.8 | 3.0 | 2.906 | 0.094 |
| 4.5 | 5.6 | 4.545 | 1.055 |
| 5.0 | 3.8 | 5.027 | -1.227 |
| 6.3 | 6.5 | 6.281 | 0.219 |

<표 4.2>를 바탕으로 매출액 $y_i$, 매출액 적합값 $\hat{y_i}$, 잔차 $e_i$의 분산을 각각 구해보면 매출액의 분산=3.648, 매출액 예측값의 분산=2.974, 잔차의 분산=0.674이고, 이 값들 간의 관계는

매출액($y_i$)의 분산(3.648) = 매출액 적합값($\hat{y_i}$)의 분산(2.974) + 잔차($e_i$)의 분산(0.674)

이다. 따라서 이 관계식에서 알 수 있는 사실은 매출액($y_i$)의 분산은 잔차 분산이 차지하는 비율이 작아지면, 매출액 적합값($\hat{y_i}$)의 분산과 같아진다는 것이다. 이는 매출액 $y_i$의 변동과 매출액 예측값 $\hat{y_i}$의 변동이 같아짐을 의미한다.

그러므로 매출액($y_i$)의 분산 중 매출액 적합값($\hat{y_i}$)이 차지하는 분산의 비율은 아래와 같다.

$$\frac{\sum_{i=1}^{n}(\hat{y_i} - \overline{y})^2}{\sum_{i=1}^{n}(y_i - \overline{y})^2} = \frac{\text{매출액 예측값 } \hat{y_i}\text{의 분산}}{\text{매출액 } y_i\text{의 분산}}$$

$$= \frac{\text{매출액 예측값 } \hat{y_i}\text{의 분산}}{\text{매출액 예측값 } \hat{y_i}\text{의 분산} + \text{잔차의 분산}}$$

이 식에서 $\sum_{i=1}^{n}(\hat{y}_i - \overline{y})^2$이 값이 클수록 분산의 비율이 1에 근접하고, 회귀모형으로 관측값을 정확하게 적합하는 것을 의미한다. 정리하면 단순회귀분석에서 $\sum_{i=1}^{n}(\hat{y_i}-\overline{y})^2/\sum_{i=1}^{n}(y_i-\overline{y})^2$을 결정계수(coefficient of determination)라고 정의하며 $R^2$으로 나타낸다. $R^2$은 회귀분석의 정밀도를 나타내고 회귀모형으로 자료를 얼마나 설명하고 있는지를 나타내는 지표로 사용된다.

광고비와 매출액 적합모형의 결정계수, $R^2$는 0.82이다. 0.82의 의미는 매출액($y_i$)의 총변동량 $\sum_{i=1}^{n}(y_i-\overline{y})^2$은 광고비(매출액의 예측값; $\widehat{\text{매출액}}_i = 0.21 + 0.96\text{광고비}_i$)에 의하여 약 82%가 설명되며, 약 18%는 오차가 차지하는 부분이거나 광고비가 아닌 고려하지 못한 기타 독립변수들에 의해 설명되는 부분으로 볼 수 있다. 따라서 결정계수는 종속변수 변동량 가운데서 독립변수에 의하여 설명되는 양의 비율이다.

$$R^2 = \frac{\sum_{i=1}^{n}(\hat{y_i}-\overline{y})^2}{\sum_{i=1}^{n}(y_i-\overline{y})^2},\quad 0 \le R^2 \le 1$$

$R^2$은 0보다 크고, 1에 근접할수록 종속변수 변동량은 회귀직선의 변동량에 의하여 100% 설명된다고 볼 수 있으나, 0이면 종속변수 변동량은 회귀직선에 의하여 전혀 설명되지 못함을 의미한다.

이제 정확도와 설명력이 높은 적합 회귀직선으로 예측값을 도출해 보자.

첫째, '광고비와 매출액의 선형관계가 뚜렷할 때 광고비가 9억 원이면 매출액은 얼마인가?'는 추정회귀직선 '$\widehat{\text{매출액}}_i = 0.21 + 0.96\text{광고비}_i$'에 '광고비=9'를 대입하여 매출액을 계산한다. 광고비가 9억 원일 때 매출액은 '0.21+0.96×9=8.85'이다. 매출액의 단위는 10억 원이므로 광고비가 9억 원일 때 매출액은 88억 5천만 원으로 예측된다.

둘째, '표본으로 추출되지 않은 광고비 4억 원일 때 매출금액은 얼마인가?'는 광고비가 4억 원 경우에 매출금액을 추정하는 문제이므로 '0.21+0.96×4=4.05'가 된다. 따라서 광고비가 4억 원이므로 추정되는 매출액은 40억 5천만 원이다.

이처럼 추정된 회귀직선이 정확도와 설명력이 확보된다면 임의의 독립변수 $x_i$값에 대응하면 예측값 $\hat{y_i}$을 계산할 수 있다. 이제 결정계수 $R^2$과 표본상관계수 $r_{xy}$의 관련성을 알아보자.

모집단 모상관계수 $\rho$는 $-1 \le \rho \le 1$이고, $\rho = 1$, $\rho = 0$, $\rho = -1$인 경우를 모집단 회귀모형과 연관 지어 살펴보면 <그림 4.12>와 같다.

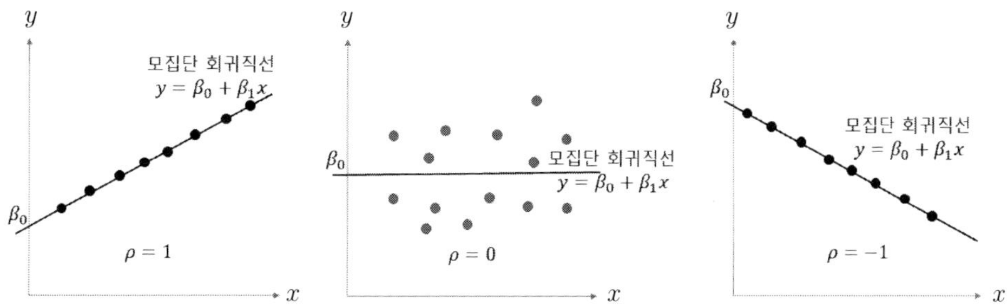


**그림 4.12** 상관관계와 회귀직선

<그림 4.12>처럼 모상관계수가 $\rho = 1$이면 모집단 회귀직선은 우상향을 나타내면서 $\beta_1$은 양이고, 모든 자료들은 회귀직선 위에 위치한다. 반면, 모상관계수가 $\rho = -1$이면 모집단 회귀직선은 우하향을 나타내면서 $\beta_1$은 음이고, 모든 자료들은 회귀직선 위에 존재한다. 만일 모상관계수가 $\rho = 0$이면 <그림 4.12>의 중앙처럼 두 변수 사이에 선형관계가 없고, 회귀직선 기울기($\beta_1$)가 0이고, $x$축과 평행한 직선이며, 모든 자료들은 그 주위에 무작위로 흩어진 모형을 보인다.

이와 같이 표본상관계수 $r_{xy}$는 선형관계를 나타내므로 추정된 회귀직선 기울기 $\hat{\beta}_1$과 관련이 높다. 이 관련성을 수식으로 살펴보면 $r_{xy}$은 회귀직선 기울기 $\hat{\beta}_1$과 다음의 관계가 성립한다.

$$r_{xy} = \frac{S_{xy}}{\sqrt{S_{xx}S_{yy}}} = \frac{\sqrt{S_{xx}}\,S_{xy}}{\sqrt{S_{yy}}\,S_{xx}} = \hat{\beta_1}\sqrt{\frac{S_{xx}}{S_{yy}}}$$

표본상관계수는 추정된 회귀직선 회귀계수 $\hat{\beta}_1$과 관련성이 높다. 광고비와 매출액의 회귀모형에서 적합 회귀직선의 추정된 기울기 $\hat{\beta}_1$은 0.96이다. 그리고 광고비와 매출액의 편차제곱합을 각각 계산하면 $S_{xx} = 12.788$, $S_{yy} = 14.592$이다. 따라서 위 식에 이들 값을 대입하면 $r_{xy} = 0.903$이 된다. 상관계수 0.903은 1에 가까운 값으로 광고비와 매출액이 양의 관련성을 나타내며, 선형적으로 매우 높은 관련성을 나타내고 있음을 알 수 있다. 이것은 광고비를 많이 투입하면 매출액은 증가함을 의미한다.

## 7. 회귀계수($\beta_0$과 $\beta_1$) 추정과 검정

모집단의 모수는 모평균 $\mu$, 모비율 $p$, 모분산 $\sigma^2$, 모상관계수 $\rho$, 모회귀계수 $\beta_0$와 $\beta_1$ 등이 있다. 모수를 추정하기 위해 표본통계량 표본평균 $\overline{X}$, 표본비율 $\hat{p}$, 표본분산 $S^2$, 표본상관계수 $r_{xy}$, 표본회귀계수 $\hat{\beta}_0$과 $\hat{\beta}_1$을 활용한다. 표본으로 모수를 추정하는 방법은 점추정과 구간추정이 있고, 모수의 위치 또는 값을 알아보는 가설검정이 있다.

이번 절에서는 모회귀계수 $\beta_0$와 $\beta_1$의 구산추정과 가설검정을 알아본다.

### (1) 회귀계수의 신뢰구간과 가설검정

광고비와 매출액의 관계처럼 두 변수 간의 선형관계가 성립한다면, $y_i = \beta_0 + \beta_1 x_i + \epsilon_i$에서 기울기 $\beta_1$이 0인 여부에 대한 가설검정을 통해 두 변수의 선형적 관계가 통계적으로 의미가 있는지를 검정한다. 즉, 귀무가설 $H_0 : \beta_1 = 0$에 대한 대립가설은 $H_0 : \beta_1 \neq 0$이다.

먼저, 모수 $\beta_1$에 대한 신뢰구간이나 가설검정은 $\hat{\beta}_1$의 평균과 분산을 알아야 한다. 수리적 증명으로 점추정량 $\hat{\beta}_1$은 정규분포를 따르는 관측값의 선형결합으로 표현되므로 정규분포를 따르게 되며, 평균이 $\beta_1$이고 분산은 $\sigma^2 / S_{xx}$로 알려져 있다(수리통계학 참고). 만일 $\sigma^2$이 알려지지 않을 때는 평균제곱오차 $MSE$을 대입하여 사용한다. 더불어 최소제곱추정량 $\hat{\beta}_1$을 표준화하면 $t-$분포를 따른다고 알려져 있다. 이들 증명은 수리통계학 이해 수준과 행렬연산이 요구되므로 생략한다.

$$t = \frac{\widehat{\beta_1} - \beta_1}{\sqrt{MSE/S_{xx}}} \sim t(n-2)$$

최소제곱추정량 $\hat{\beta}_1$의 분포는 $t-$분포를 따르므로, 이 추정량을 활용하여 모수 $\beta_1$의 신뢰수준 $100(1-\alpha)\%$에서 $\hat{\beta}_1 \pm t_{\alpha/2}(n-2)s.e(\widehat{\beta_1})$이다. 여기서 $s.e(\widehat{\beta_1})$은 $\sqrt{\frac{MSE}{S_{xx}}}$이다.

귀무가설 $H_0 : \beta_1 = 0$에 대한 대립가설은 두 변수 $x$와 $y$가 양의 관련성이 있을 때는 $H_1 : \beta_1 > 0$, 음의 관련성이 있을 때는 $H_1 : \beta_1 < 0$, 그리고 선형적 관련성이 없을 때는 $H_1 : \beta_1 \neq 0$로 가설 설정한다. 이들에 대한 가설에 따른 검정통계량과 기각역은 다음과 같다.

---

㉠ 오른쪽 검정(두 변수 $x$와 $y$가 양의 관련성이 있는지)

$H_0 : \beta_1 = 0$, $H_1 : \beta_1 > 0$

검정통계량: $t = \frac{\widehat{\beta_1} - \beta_1}{\sqrt{MSE/S_{xx}}} \sim t(n-2)$

기각역: $t > t_{\alpha}(n-2)$

㉡ 왼쪽 검정(두 변수 $x$와 $y$가 음의 관련성이 있는지)

$H_0 : \beta_1 = 0$, $H_1 : \beta_1 < 0$

검정통계량: $t = \frac{\widehat{\beta_1} - \beta_1}{\sqrt{MSE/S_{xx}}} \sim t(n-2)$

기각역: $t < -t_{\alpha}(n-2)$

㉢ 양측검정(두 변수 $x$와 $y$가 선형적 관련성이 있는지를 검정하고자 할 때)

$H_0 : \beta_1 = 0$, $H_1 : \beta_1 \neq 0$

검정통계량: $t = \frac{\widehat{\beta_1} - \beta_1}{\sqrt{MSE/S_{xx}}} \sim t(n-2)$

기각역: $|t| > t_{\alpha/2}(n-2)$

---

## (2) 평균반응 $\beta_0 + \beta_1 x$에 관한 추론

회귀분석에서 흔히 관심의 대상이 되는 새로운 설명변수의 값 $x_0$에 대응하는 반응변수의 $\beta_0 + \beta_1 x$에 대한 추론이다. 즉, 광고비와 매출액 관계에서 '$\beta_0 + \beta_1$광고비$_i$'인 평균반응을 추정하는 것이다. 광고비와 매출액 관계로 평균반응 문제를 살펴보면, 광고비 $x_i$가 특정한 값(예를 들어 $x_i = 4.0$)일 때 이 값을 대입한 '$\beta_0 + \beta_1$광고비$_i$ = $0.21 + 0.96 \times 4.0 = 4.05$'의 값이 관심 있는 평균 매출액보다 높은지($H_1 : \beta_0 + \beta_1 x > \mu_0$), 낮은지($H_1 : \beta_0 + \beta_1 x < \mu_0$), 같지 않은지($H_1 : \beta_0 + \beta_1 x \neq \mu_0$)에 대한 가설검정이다.

이를 수행하기 위해 최소제곱추정량인 $\hat{\beta}_0 + \hat{\beta}_1 x$에 대하여 평균과 분산은 도출하면,

$$E(\hat{\beta}_0 + \hat{\beta}_1 x) = \beta_0 + \beta_1 x, \quad Var(\hat{\beta}_0 + \hat{\beta}_1 x) = \left[\frac{1}{n} + \frac{(x - \overline{x})^2}{S_{xx}}\right]\sigma^2$$

이고, $\hat{\beta}_0 + \hat{\beta}_1 x$가 정규분포를 따름을 밝힐 수 있다. 또 $\hat{\beta}_0 + \hat{\beta}_1 x$을 표준화하고 분모의 $\sigma^2$을 추정량 $MSE = \hat{\sigma}^2$으로 치환하여 바꾸어 주면 자유도 $n-2$인 $t$-분포를 따르는 것으로 알려져 있다. 즉,

$$\frac{(\hat{\beta}_0 + \hat{\beta}_1 x) - (\beta_0 + \beta_1 x)}{\sqrt{\left[\frac{1}{n} + \frac{(x - \overline{x})^2}{S_{xx}}\right]\hat{\sigma}^2}} \sim t(n-2)$$

이다. 따라서 평균반응 $\beta_0 + \beta_1 x$에 관한 추론은 다음과 같이 정리된다.

---

**평균반응 $\beta_0 + \beta_1 x$에 관한 추론**

(1) 신뢰수준 $100(1-\alpha)\%$에서 평균반응 $\beta_0 + \beta_1 x$의 신뢰구간은

$$(\hat{\beta}_0 + \hat{\beta}_1 x) \pm t_{\alpha/2}(n-2)\hat{\sigma}\sqrt{\left[\frac{1}{n} + \frac{(x - \overline{x})^2}{S_{xx}}\right]}$$

(2) 귀무가설 $H_0 : \beta_0 + \beta_1 x = \mu_0$에 관한 검정통계량은

$$t = \frac{(\hat{\beta}_0 + \hat{\beta}_1 x) - (\beta_0 + \beta_1 x)}{\sqrt{\left[\frac{1}{n} + \frac{(x-\bar{x})^2}{S_{xx}}\right]\hat{\sigma}^2}} \sim t(n-2) \text{이고},$$

단측검정과 양측검정에 따라 다음이 성립된다.

① $H_0 : \beta_0 + \beta_1 x = \mu_0$, $H_1 : \beta_0 + \beta_1 x > \mu_0$
유의수준 $\alpha$의 기각역 $t \geq t_\alpha(n-2)$, 유의확률 $P(T \geq t)$

② $H_0 : \beta_0 + \beta_1 x = \mu_0$, $H_1 : \beta_0 + \beta_1 x < \mu_0$
유의수준 $\alpha$의 기각역 $t \leq -t_\alpha(n-2)$, 유의확률 $P(T \leq t)$

③ $H_0 : \beta_0 + \beta_1 x = \mu_0$, $H_1 : \beta_0 + \beta_1 x \neq \mu_0$
유의수준 $\alpha$의 기각역 $|t| \geq t_{\alpha/2}(n-2)$, 유의확률 $2P(T \geq t)$ 또는 $2P(T \leq t)$

## 8. 최적단순회귀모형 도출 절차

이번 절은 지금까지 소개한 단순선형회귀분석의 절차와 최적 회귀모형을 도출하는 방법을 단계적으로 설명한다. 이것은 데이터과학 분야에서 가장 기본적인 데이터모델링 절차이다.

① 하나의 설명변수와 종속변수의 대략적인 분포를 파악하기 위해 산점도를 그린다.

② 산점도 형태가 선형관계가 뚜렷하다면, 이들 변수 간의 관계식을 도출하기 위해 $y_i = \beta_0 + \beta_1 x_i + \epsilon_i$을 가정하고, 모수 $\beta_0$와 $\beta_1$을 최소제곱법으로 추정한다. 추정회귀식은 $\hat{y}_i = \hat{\beta}_0 + \hat{\beta}_1 x_i$이며, 기울기 $\hat{\beta}_1$과 절편 $\hat{\beta}_0$을 해석한다. $\hat{\beta}_1$은 설명변수 $X$가 한 단위 증가할 때 상응하는 종속변수 $Y$가 평균적으로 '기울기'만큼 증가(감소)한다. 기울기가 양이면 증가, 음이면 감소하는 관계이다. 그리고 절편은 $X=0$일 때 종속변수 $Y$의 값으로 의미가 있을 경우에만 해석한다.

③ $S_{xx}, S_{xy}, S_{yy}$를 계산하여 잔차제곱합 $SSE$, 평균제곱오차 $MSE$, 결정계수 $R^2$를 계산한다. 추정 회귀직선의 정확도는 $MSE$ 값으로, 종속변수의 변동량을 설명변수의 선형식으로 설명하고자 할 때의 설명력은 $R^2$ 지표를 살펴본다. $MSE$은 작을수록 회귀직선의 정확성은 높아지고, $R^2$은 1에 접근할수록 설명력이 높다.

④ 세 번째 과정이 충족되면, 모수 $\beta_0$와 $\beta_1$에 대한 추정과 가설검정을 실시한다. 먼저 기울기 $\beta_1$의 검정은 설명변수와 종속변수 간의 선형적 관계가 통계적으로 의미가 있는가를 살펴보는 것이다. 특히, 이 검정의 귀무가설은 $H_0 : \beta_1 = 0$이고, 대립가설은 $H_1 : \beta_1 > 0,\ \beta_1 < 0,\ \beta_1 \neq 0$이다. 보통 선형적 관계 검정은 $H_0 : \beta_1 = 0$, $H_1 : \beta_1 \neq 0$의 가설검정을 사용하는데, 이것은 기울기가 0이면 두 변수의 선형관계가 없다는 것을 검정하는 것이다. 다음으로 $\beta_1$의 $100(1-\alpha)\%$ 수준의 구간추정은 $\widehat{\beta_1} \pm t_{\alpha/2}(n-2)s.e(\hat{\beta}_1)$이고 $\beta_0$의 $100(1-\alpha)\%$ 수준의 구간추정은 $\widehat{\beta_0} \pm t_{\alpha/2}(n-2)s.e(\hat{\beta}_0)$이다. 끝으로 관심값 또는 임의의 $x$값 $x_0$에 대한 평균반응 예측값을 살펴본다. 이 값은 추정 회귀식에 $x$에 관심값 $x_0$을 대입하여 $\hat{\beta}_0 + \hat{\beta}_1 x_0$을 도출한다.

⑤ 평균반응값 $\beta_0 + \beta_1 x$에 대한 가설검정과 구간추정을 실시한다. 가설검정은 $H_0 : \beta_0 + \beta_1 x = \mu_0$, $H_1 : \beta_0 + \beta_1 x > \mu_0$, $\beta_0 + \beta_1 x < \mu_0$, $\beta_0 + \beta_1 x \neq \mu_0$이다. 그리고 평균반응 $\beta_0 + \beta_1 x$의 신뢰수준 $100(1-\alpha)\%$에서 신뢰구간은 다음과 같다.

$$(\hat{\beta}_0 + \hat{\beta}_1 x) \pm t_{\alpha/2}(n-2)\hat{\sigma}\sqrt{\left[\frac{1}{n} + \frac{(x-\overline{x})^2}{S_{xx}}\right]}$$

위의 5가지는 단순회귀분석의 가장 일반적인 절차이며, 이 과정으로 도출된 적합 회귀직선은 설명력, 정확성, 모수의 가설검정, 구간추정, 평균반응값의 가설검정, 구간추정을 모두 살펴본 것이다.

그런데 이런 5가지 과정을 컴퓨터 도움 없이 하나씩 풀어가기는 쉽지 않다. 심지어 자료의 양이 많을 때는 더욱 어렵다. 따라서 통계 프로그램 도움이 필요한데, 다음 절에서는 엑셀의 데이터분석 기능을 활용한 회귀분석과 KESS(Korean Educational Statistics Software)를 사용하는 방법을 소개한다. 이 두 개를 활용하면 위의 5단계를 쉽게 구현하고 결론을 얻을 수 있다.

## 9. 엑셀의 '데이터분석' 기능을 활용한 회귀분석

이번 절은 엑셀(EXCEL)의 데이터분석 기능에서 제공하는 '회귀분석'을 사용하여 단순선형회귀분석 방법을 알아본다. 엑셀의 [파일]-[Excel 옵션]-[추가 기능]-[이동]-[분석 도구]에서 '분석 도구'를 클릭하면 [데이터] 메뉴의 끝부분에 '데이터 분석 도구'가 나타난다. <그림 4.13>은 이들 과정을 <그림 4.14>는 '통계 데이터 분석'을 보여준다.

<그림 4.14>와 같이 통계 데이터분석에는 통계 분석의 여러 기능을 포함하고 있다. 이번 절에서는 이를 활용하여 회귀분석 방법을 소개하고자 한다.

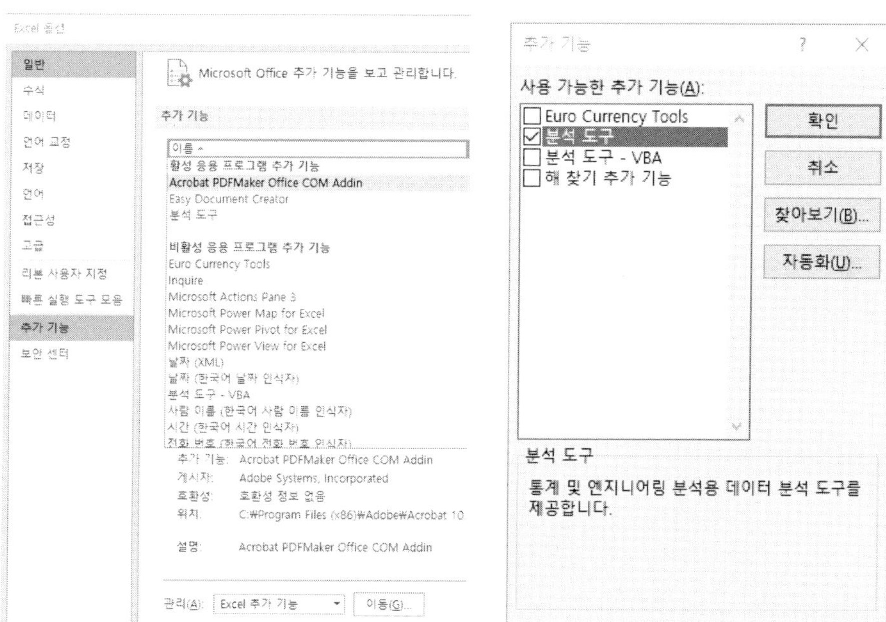


**그림 4.13** [파일]-[옵션]-[추가 기능]-[이동] 선택 후, [추가 기능]-[분석 도구]

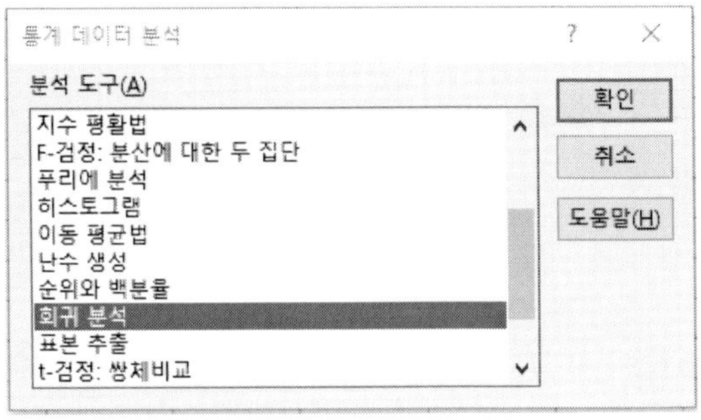


**그림 4.14** 통계 데이터 분석

먼저 A기업의 광고비와 매출액의 자료와 이들 자료의 산점도를 살펴보자. 광고비(단위: 백만 원)가 증가할수록 매출액(단위: 억 원)은 증가하는지 감소하는지를 산점도를 통해 확인한다. <그림 4.15>처럼 양의 상관관계를 보인다.

다음으로 이들 자료에 대해 엑셀-데이터-데이터분석에서 회귀분석을 클릭하면 <그림 4.15>의 우측처럼 입력부분, 출력옵션부분, 잔차가 나타난다.

끝으로 입력부분에서는 Y축 입력범위에 매출액 변수명과 12개 자료를, X축 입력범위에 광고비 변수명과 12개 자료를 마우스로 드래그(drag)하면 그림처럼 절대주소가 입력된다. 추가로, 변수명까지 입력범위에 지정하였으므로 이름표를 클릭하고, 회귀계수 $\beta_0$, $\beta_1$의 95% 신뢰구간을 살펴보기 위해 신뢰수준을 클릭하여 숫자 95를 대입한다. 출

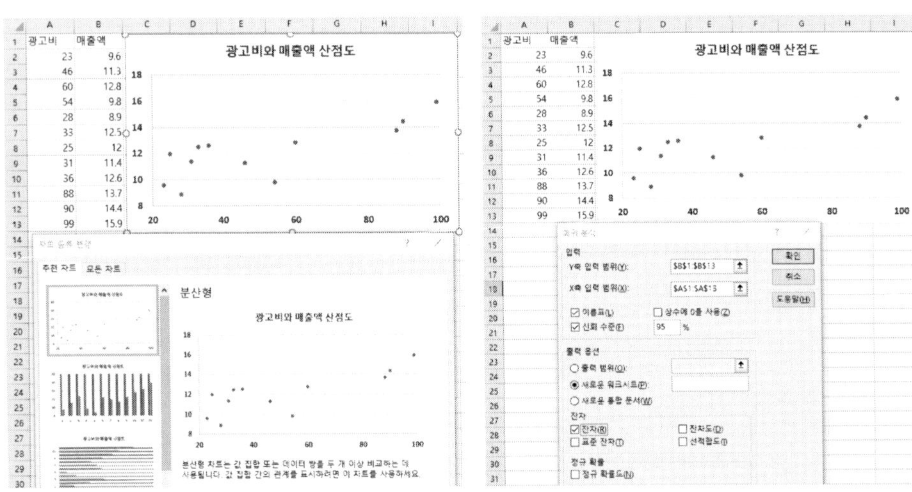


**그림 4.15** 광고비와 매출액의 자료와 산점도(좌), 데이터분석의 입력, 출력, 잔차 부분

력옵션부분은 사용자가 출력범위를 지정하고 싶은 경우 임의의 위치를 지정하는 것과 새로운 통합문서 옵션과 default로 제공하는 새로운 워크시트가 있다. 그리고 잔차 $(e_i = y_i - \hat{y_i})$ 부분은 회귀분석의 잔차를 도출한다.

<그림 4.16>은 회귀분석 결과와 잔차 출력을 보여준다. 회귀분석 통계량에서는 결정계수 $R^2$(0.606)과 관측수(12)가 제시되어 있으며, 분산분석 부분에서는 $SSR$(27.9639), $SSE$(18.1386), $SST$(46.1025), $MSE = SSE/n-2 = 18.1386/10 ≒ 1.8139$가 출력된다. 즉, 매출액의 총변동량은 광고비에 의하여 약 61%가 설명된다. 그러나 나머지 39%는 광고비가 아닌 다른 독립변수들에 의해 설명되거나 오차가 차지하는 부분이다. $MSE$ 값이 크지 않아 적합회귀모형의 정확성이 보장된다.

따라서 설명력과 정확성을 보장하는 적합된 회귀모형은 $\widehat{매출액}_i = 9.100 + 0.058광고비_i$이다. 기울기는 0.058이므로, 광고비가 1백만 원 증가할 때마다 평균적으로 매출액은 (0.058×1)억 원이 증가함을 알 수 있다. 즉, 5백80만 원 증가함을 알 수 있다.

회귀계수 $\beta_0,\ \beta_1$에 대한 추론을 살펴보면, 먼저 회귀계수 $\beta_0,\ \beta_1$의 95% 신뢰구간을 살펴보자. $\beta_1$의 95% 신뢰구간은 (0.025, 0.091)이고, $\beta_0$의 95% 신뢰구간은 (7.230, 10.998)이다. 이때 $s.e(\beta_1)$, $s.e(\beta_0)$와 $t_{0.025}(10)$는 각각 0.015, 0.852, 2.228이다. 이와 관련된 공식은 <그림 4.16>에 표시되어 있다. 다음으로 광고비와 매출액 사이에 선형적 관련성이 있는지에 대한 가설검정은 $H_0: \beta_1 = 0\ vs.\ H_1: \beta_1 \neq 0$이므로 이에 대한 $t$통계량과 $p-value$는 3.926, $2 \times p-value ≒ 0.005$이다. 따라서 유의수준 5%에서

| 회귀분석 통계량 | |
|---|---|
| 다중 상관계수 | 0.778819 |
| 결정계수 | 0.60656 ← $R^2$ |
| 조정된 결정계수 | 0.567216 |
| 표준 오차 | 1.346796 |
| 관측수 | 12 |

분산 분석

| | 자유도 | 제곱합 | 제곱 평균 | F 비 | 유의한 F |
|---|---|---|---|---|---|
| 회귀 | 1 | 27.9639 | 27.9639 | 15.417 | 0.0028 |
| 잔차 | 10 | 18.1386 | 1.8139 ←MSE(오차의 추정값) | | |
| 계 | 11 | 46.1025 | | | |

| | | | 가설검정 | | 구간추정 | | | |
|---|---|---|---|---|---|---|---|---|
| | 계수 | 표준 오차 | t 통계량 | P-값 | 하위 95% | 상위 95% | 하위 95.0% | 상위 95.0% |
| Y 절편 | 9.100374 | 0.851528022 | 10.68711 | 8.61679E-07 | 7.203051207 | 10.9976965 | 7.20305121 | 10.9976965 |
| X 1 | 0.058231 | 0.014830505 | 3.926424 | 0.002836634 | 0.02518643 | 0.09127528 | 0.02518643 | 0.09127528 |
| | | | | 0.05보다 P-값이 작으면<br>$H_0{:}\beta_0 = 0$ 기각<br>$H_0{:}\beta_1 = 0$ 기각 | $\hat{\beta}_0 \pm t_{\frac{\alpha}{2}}(n-2) \times s.e(\widehat{\beta_0})$<br>$\hat{\beta}_1 \pm t_{\frac{\alpha}{2}}(n-2) \times s.e(\widehat{\beta_1})$ | | | |

잔차 출력

| 관측수 | Y 예측치 | 잔차 (예측치-매출액) |
|---|---|---|
| 1 | 10.440 | -0.840 |
| 2 | 11.779 | -0.479 |
| 3 | 12.594 | 0.206 |
| 4 | 12.245 | -2.445 |
| 5 | 10.731 | -1.831 |
| 6 | 11.022 | 1.478 |
| 7 | 10.556 | 1.444 |
| 8 | 10.906 | 0.494 |
| 9 | 11.197 | 1.403 |
| 10 | 14.225 | -0.525 |
| 11 | 14.341 | 0.059 |
| 12 | 14.865 | 1.035 |
| | | 0 |

**그림 4.16** 광고비와 매출액의 회귀분석 결과와 잔차 출력

$H_0 : \beta_1 = 0$은 기각되고 광고비와 매출액 사이에는 유의한 선형적 관련성이 있다고 결론을 내릴 수 있다.

잔차 출력은 12개 매출액($y_i$)과 적합 회귀직선에 12개 매출액($x_i$)을 대입하여 도출한 $\hat{y_i}$ 값과의 차이를 보여준다. 관측수 1(23, 9.6)의 잔차 −0.840은 $y_1 = 9.6$과 $\widehat{매출액}_1 = 9.1 + 0.058 \times 23 \doteqdot 10.44$의 차이이다. 동일하게 관측수 12(99, 15.9)의 잔차 1.035는 $y_{12} = 15.9$과 $\widehat{매출액}_{12} = 9.1 + 0.058 \times 99 \doteqdot 14.865$의 차이이다. <그림 4.16>의 우측 잔차 12개는 이런 과정에서 도출된 값이며, 이들 값을 모두 합하면 $\sum_{i=1}^{12} e_i = 0$이 된다. 이처럼 엑셀의 '통계 데이터 분석' 기능을 활용하여 회귀분석을 실시하면 결정계수, MSE, 적합 회귀모형, 신뢰수준, 잔차 등 다양한 결과값을 확인할 수 있다.

## 10. KESS를 활용한 회귀분석

엑셀의 '통계 데이터 분석'에서 회귀분석을 수행하면 다양한 출력값을 확인할 수 있다. 하지만 평균값의 구간추정($(\hat{\beta}_0 + \hat{\beta}_1 x) \pm t_{\alpha/2}(n-2)\hat{\sigma}\sqrt{\left[\frac{1}{n} + \frac{(x-\bar{x})^2}{S_{xx}}\right]}$)이 출력되지 않아, 추가적인 계산과정을 통해 도출해야 하는 어려움이 있다. 이때 도움을 줄 수 있는 통계 패키지가 있는데, 바로 KESS이다.

KESS는 Korean Educational Statistics Software의 약자로 서울대 통계학과에서 개발한 통계분석용 소프트웨어 패키지이다. 네이버 검색창에서 '엑셀 KESS'를 검색하거나 통계청 MDIS(MicroData Integrated Service)[1]에서 교육 자료 공유 KESS를 다운로드하면 된다. PC마다 사양이 다르므로 범용적인 KESS 2013 버전을 선택하는 것을 추천한다.

KESS 파일을 압축 해제하면 <그림 4.17>과 같이 KESS 설치파일이 생성되고, 이들 파일 중 KESS.exe 실행파일을 클릭하면 KESS가 구동된다. 그러면 엑셀의 [추가 기능]에 '통계분석' 항목이 추가되는 것을 알 수 있다. '통계분석'에는 기술통계, 그래프, 통계학습부터 다변량분석, 설문분석까지 모든 통계분석 분야를 총망라하고 있다.

1 https://mdis.kostat.go.kr/analysis/dataAnalysisToolDetail.do?toolMstrID=2

**그림 4.17** KESS 파일과 KESS 설치 후, [추가 기능]-[통계분석] 항목

특히, 그래프에서는 엑셀 차트에서 지원하지 않는 줄기-잎-그림, 품질관리, 실험계획, 비모수분석, 설문분석 등이 추가되어 있다. 그리고 엑셀의 '통계 데이터 분석'에서 제공하지 않는 회귀분석의 평균반응 구간추정의 결과와 신뢰대(신뢰띠, confidence band)도 KESS에서 제공한다.

<그림 4.18>의 좌측그림은 KESS 통계분석에서 자료 입력부분과 회귀분석 창을 보여준다. 광고비, 매출액 12자료와 회귀분석 창에는 선택변수 '광고비', '매출액'이 있으며, 평균반응 구간추정의 신뢰구간과 그 결과 값을 도출하는 옵션이 있다. 또한 우측 그림처럼 독립변수와 종속변수를 지정하면, 단순 선형 회귀가 활성화되어 산점도, 신뢰대 그래프를 선택할 수 있게 된다.

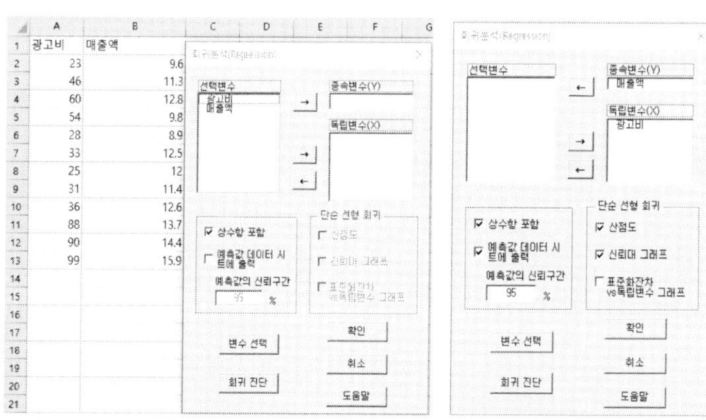

**그림 4.18** KESS 활용 회귀분석

<그림 4.19>는 KESS 회귀분석 결과를 보여준다. 상단은 결정계수, MSE, 적합 회귀모형, 회귀계수 $\beta_0$, $\beta_1$에 대한 추론(가설검정)을 제공한다. 또한, 평균반응 구간추정의 예측값과 예측값의 95% 신뢰구간을 보여준다. 하단은 임의의 $x_0 = 50$의 관측값에 대한 평균반응값 95% 신뢰구간을 제시한다.

회귀분석결과

분산분석표

| 요인 | 제곱합 | 자유도 | 평균제곱 | F 값 | 유의확률 |
|---|---|---|---|---|---|
| 회귀 | 27,9639 | 1 | 27,9639 | 15,417 | 0,0028 |
| 잔차 | 18,1386 | 10 | 1,8139 | | |
| 계 | 46,1025 | 11 | | | |

Root MSE 1,3468
결정계수 0,6066
수정결정계수 0.5672

모수 추정

| 변수명 | 추정값 | 표준오차 | t-통계량 | 유의확률 |
|---|---|---|---|---|
| 절편 | 9,10037 | 0,85153 | 10,687 | < 0,0001 |
| 광고비 | 0,05823 | 0,01483 | 3,926 | 0,0028 |

회귀진단결과

단순 선형 회귀

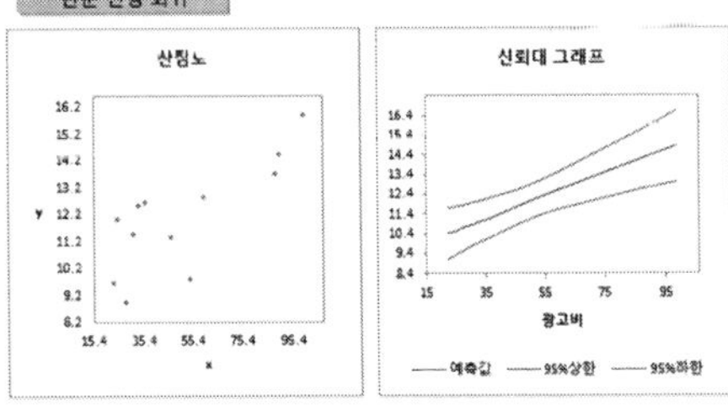


| A | B | C | D | E |
|---|---|---|---|---|
| 광고비 | 매출액 | 예측값 | 95% 하한 | 95% 상한 |
| 23 | 9.6 | 10.43968 | 9.170194 | 11.70917 |
| 46 | 11.3 | 11.77899 | 10.89659 | 12.6614 |
| 60 | 12.8 | 12.59423 | 11.67922 | 13.50923 |
| 54 | 9.8 | 12.24484 | 11.37322 | 13.11646 |
| 28 | 8.9 | 10.73084 | 9.576606 | 11.88507 |
| 33 | 12.5 | 11.02199 | 9.969617 | 12.07437 |
| 25 | 12 | 10.55615 | 9.334134 | 11.77816 |
| 31 | 11.4 | 10.90553 | 9.814272 | 11.99679 |
| 36 | 12.6 | 11.19668 | 10.19726 | 12.19611 |
| 88 | 13.7 | 14.22469 | 12.72851 | 15.72087 |
| 90 | 14.4 | 14.34115 | 12.79061 | 15.89169 |
| 99 | 15.9 | 14.86523 | 13.06037 | 16.67009 |

**개별 광고비에 대한 평균 매출액의 신뢰구간은 어떻게 구하는가?**

$$\hat{\beta}_0 + \hat{\beta}_1 x \pm t_{\frac{\alpha}{2}}(n-2)MSE\sqrt{\frac{1}{n} + \frac{(x-\bar{x})^2}{S_{xx}}}$$

$$9.100374 + 0.058231 \times 23 \pm t_{\frac{0.05}{2}}(10)1.814\sqrt{\frac{1}{12} + \frac{(23-51.083)^2}{39820.67}}$$

**만약 임의의 광고비($x_0 = 50$)에 대한 매출액과 그 값의 신뢰구간은 어떻게 구하는가?**

$$\hat{\beta}_0 + \hat{\beta}_1 x_0 \pm t_{\frac{\alpha}{2}}(n-2)MSE\sqrt{\frac{1}{n} + \frac{(x-\bar{x})^2}{S_{xx}}}$$

$$9.100374 + 0.058231 \times 50 \pm 2.228 \times 1.814\sqrt{\frac{1}{12} + \frac{(50-51.083)^2}{39820.67}}$$

**그림 4.19** KESS 회귀분석 결과

정리하면 회귀분석에 대한 결정계수, $MSE$, 적합 회귀모형, 회귀계수 가설검정은 엑셀 통계데이터 분석, KESS 회귀분석에서 공통으로 출력되는 부분이고 회귀계수 $\beta_0$, $\beta_1$의 구간추정은 엑셀 통계 데이터 분석에서, 평균반응 구간추정과 신뢰대는 KESS에서만 출력되는 것을 알 수 있다.

# 2 텍스트마이닝

데이터 마이닝(data mining)은 대량의 정형 데이터에서, 텍스트마이닝(text mining)은 빅데이터의 비정형 데이터에서 유용한 정보를 도출하는 것이다. 데이터마이닝 기법에서 유용한 정보를 추출하기 위해 다양한 통계적 방법이 활용된다. 그런데 비정형 데이터에 대해 텍스트마이닝은 데이터마이닝과 다른 2가지 가설과 4가지 처리 과정을 거쳐야만 분석이 가능하다.

## 1. 두 가지 가설

대표적인 비정형 데이터인 텍스트 데이터(text data)는 같은 의미라도 작성자에 따라 다양한 단어와 문장 구조를 사용하여 표현한다. 이런 점에서 수치형 데이터로 정형화하는 과정은 쉽지 않다.

그런데 작성자가 문장을 통해 표현하고자 하는 바가 같은 경우, 사용하는 단어들에 유사성이 존재한다는 통계적 의미론 가설(가설1)과 사용된 단어들의 빈도(frequency)가 텍스트 데이터의 의미를 결정하는 중요한 단서가 된다는 단어주머니 가설(가설2)이 있다.

이 둘의 가설은 합리적이며, 특히 단어주머니 표현방식은 텍스트 데이터를 단어 단위로 분해한다는 점에서 텍스트 데이터의 수치화 기법에 자주 활용되고 있다.

예를 들어보자. 가설1은 통계적 의미론 가설이다. 다음 예시에서 ( )에 들어갈 적합한 단어를 생각해 보자.

---

**가설1** (통계적 의미론 가설) 유사한 단어는 문장에서 가까이에 위치한다.
(예시) 나는 아침에 ( )를 먹었다.

---

위 문장에서 ( )안에 들어갈 적합한 단어는 유사성 거리로 판단할 때 밥, 시리얼, 식빵, 사과, 과일 등과 같은 음식은 책상, 컴퓨터, 전선 등의 단어가 위 문장에 가까이 위치하고 있다. 이를 워드 벡터(Wordvec)라고도 한다. 즉, 유사성 거리를 벡터의 개념으로 보자는 것이다. 이런 유사성 원리가 고객서비스 인공지능 챗봇(chatbot)과 콜봇(callbot)에도 적용(흔히 인공지능 Contact Center, AICc)된다. 고객은 주제에서 벗어난 응답(문장의 유사성에서 벗어난 단어로 응답하는 경우)을 하는 챗봇, 콜봇은 더 이상 사용하지 않을 것이다. 이러한 서비스는 고객이 묻는 질문이나 건의사항에 적절한 응답이 있어야 지속적인 서비스로 거듭날 것이다.

다음으로, 가설2는 단어주머니 가설이다. 누구나 글을 작성할 때 강조하고 싶은 부분은 반복하기 마련이다. 이런 반복되는 단어들은 문장 속의 다른 단어보다 중요한 의미를 가진다. 글을 쓸 때 사용되는 단어를 단어주머니라는 공간 속에 집어넣는다고 한다면, 반복되는 단어는 '단어주머니' 속으로 여러 번 들어갈 것이다. 글 작성을 마무리하고 단어주머니를 조사하면 자주 반복되는 단어는 다른 단어들보다는 많이 있을 것이다. 만약 단어 반복에 가중치를 고려한다면, 자주 반복된 단어는 가중치가 높고, 단 한 번만 사용된 단어는 가중치가 1이 된다.

---

**가설2** (단어주머니 가설) 문장에서 강조하고 싶다면 동일 단어를 반복하고, 유사 단어를 사용한다.
문장을 끝내고 단어주머니를 조사하면, 반복되는 단어는 다른 단어들보다 많이 노출된다.

---

만약, 이런 가중치에 비례해서 크기로 표현할 때 자주 반복되는 단어는 크게, 한 번만 사용된 단어는 상대적으로 작게 표현될 것이다. 이를 하늘의 구름처럼 표현한다고 생각해 보자. 하늘의 구름은 크고, 작은 형태로 분포되며, 이런 분포 양상을 단어 크기로 묘사한다면 앞장에서 학습한 워드클라우드(word cloud)가 된다.

## 2. 토큰화와 축약

텍스트 데이터에서 고유한 의미가 있어 더는 분해할 수 없는 하나의 독립 단위를 토큰(token)이라고 한다.[2] 토큰의 기본 구분 방식은 문장의 공백이다. 하지만 이 토큰화(tokenization) 과정에서 발생하는 문제점이 두 가지가 있는데, 축약(contraction)된 표현과 n-그램(n-gram)이 있다. 최근 토큰화는 단어 단위, 문자 단위, 이 둘의 중간 개념인 서브워드 단위 토큰화가 있다.

예를 들어, 영어에서 'I am', 'He is', 'they are'가 'I'm', 'He's', 'they're'로 변형되면 축약에 해당하고, 'give'와 'give up'이 n-그램에 해당한다. 즉, 아포스트로피(')가 들어간 축약은 둘로 분리하여 'I'와 'am', 'He'와 'is', 'they'와 'are' 단위로 보는 것이 타당하고, '주다'라는 뜻의 give와 '포기하다'의 숙어 표현인 give up은 전혀 다른 의미이므로 각각을 하나의 의미 단위로 간주하는 것이 바람직하다.

한글 텍스트 데이터인 경우는 영어와 달리 공백을 기준으로 토큰화가 어려운 경우가 종종 발생한다. 한글은 '우리는'처럼 '어미(우리)+조사(는)', '책상이'처럼 '명사(책상)+어간(이)' 등과 같이 공백 없이 결합한 경우가 많다. 하지만 "장영재 외 2인(2020)[3]"에 따르면 우리말에서는 명사와 어간과는 달리 조사와 어미는 문법적인 기능을 담당하고 있어 문장의 전반적인 의미를 파악하는 데는 크게 어렵지 않다고 한다.

---

2 Webster and Kit(1992), Tokenization as the initial phase in NLP, in COLING 1992, vol. 4: The 15th International Conference on Computational Linguistics, USA.

3 장영재, 손원, 황희진(2020), 비정형 데이터 분석, KNOU Press.

## 3. 대소문자 변환과 정규표현식

영어의 제목과 문장의 첫 글자로 쓰는 대문자는 소문자로 변환해야 한다. 문법적 의미 이외는 별다른 의미가 없는 문장부호(마침표(.) 쉼표(,), 쌍점(:), 쌍반점(;) 등)는 문장에 따라 전혀 다른 의미를 나타낼 때도 있다.

특히, 영어에는 약어 표현이 많은데, 예를 들어 워싱턴(Washington)의 약어는 'Wash.'로 표현한다. 이때 '.' 문장부호를 삭제하면 Wash가 되어 전혀 다른 의미의 단어가 된다. 이런 문제를 해결할 수 있는 것이 정규표현식(regular expression)이다. 영어인 경우 알파벳, 대소문자, 공백, 탭, 숫자, 문장부호, 줄 바꾸기 등과 같은 문자열이 어떻게 구성되어 있는지 나타내기 위해 사용되며, 이를 사용하면 텍스트 데이터에 포함된 이들을 간편하게 나타낼 수 있다.

## 4. 어간 추출과 원형 복원

영어 단어 'do', 'doing', 'done' 등은 모두 동일한 'do-'인 어간을 가지고, '하다'라는 의미를 내포하고 있다. 이들 단어에서 공통된 형태인 어간 'do'를 추출하는 작업을 어간 추출이라 한다. 이와 달리 'do', 'did', 'done'처럼 동사의 현재, 과거, 과거분사인 경우 공통 형태 어간을 추출하는 게 쉽지 않다. 따라서 이 경우를 대비해 미리 정해 둔 사전을 이용하고 부분적으로 규칙성을 이용하는 어간 추출 알고리즘 방식[4]을 적용한다.

또한, 'get, got, gotten', 'run, ran, run'처럼 'g-, r-'을 어간 추출하는 문제, 'good, better, best'처럼 유사 의미지만 어간 추출이 어렵다는 문제도 있다. 이처럼 불완전한 측면이 있는 어간 추출과는 달리 변형되기 전 단어의 원해 형태인 원형(lemma)으로 단어를 복원하는 것을 원형 복원이라 했다. 원형 복원을 통해 얻어지는 토큰은 사전에서 확인 가능한 형태의 단어가 된다. "아이젠스테인Eisenstein(2019)[5]"은 어간 추출과는 달리 원형 복원

4 Weiss, S.M. Indurkhya, N., Zhang, T., & Damerau, F. (2010), Text mining: predictive method for analyzing unstructured information, Springer Science&Business Media.

은 단어별로 특성에 맞는 방법으로 원형을 찾는 방식이어서 어간 추출과 비교하여 상대적으로 오류가 적다고 했다.

## 5. 내용어 강조와 불용어 삭제

영어문장은 상대적으로 정관사, 부정관사, 전치사, 접속사가 명사, 형용사 등에 비해 출현이 많다. 그런데 이들은 문장에서 의미를 결정(내용어, content word)한다기보다는 문법적인 기능을 담당한다. 이런 의미에서 기능어(function word)라고 한다.

영어문장에 대해 기능어와 내용어의 빈도(frequency) 차이를 살펴보면 절대적으로 기능어가 높다. 하지만 출현 빈도는 높지만, 의미론적 기능을 하지 못한다. 따라서 텍스트 데이터 분석에 도움이 되지 않는 기능어를 불용어(stopwords)라고 하며, 텍스트마이닝 처리 과정에서 기능어를 불용어로 분류하여 삭제한다.

지금까지 살펴본 텍스트마이닝 전처리 과정인 2가지 가설과 4개의 처리 과정을 정리하면 <표 4.3>과 같다.

**표 4.3** 텍스트마이닝 전처리 과정

| 2가지 가설 | | 통계적 의미론 가설, 단어주머니 가설 |
|---|---|---|
| 4가지 처리 과정 | 토큰화 | 공백에 따른 단어 분해, 하나의 의미 단위, 축약과 n-gram |
| | 대소문자 변화, 문장부호 삭제 | 정규표현식 활용 |
| | 어간 추출, 원형 복원 | 어간 추출 알고리즘, 단어별 특성 추출 |
| | 불용어 삭제 | 기능어 삭제, 내용어 빈도 향상 |

5 Eisenstein, J. (2019). Introduction to Natural Language Processing, MIT Press.

## 6. R 프로그램을 활용한 텍스트마이닝과 워드클라우드

앞 절에서 텍스트 데이터의 처리 과정을 설명하였다. 간단히 요약하면 2개의 가설, 4개의 처리 과정이다. 즉, 가설, 토큰화, 대소문자 변환과 문장부호 삭제, 어간 추출과 원형 복원, 불용어 삭제 과정을 거쳐 텍스트 데이터를 분석한다.

이번 절에서는 R 프로그램으로 4가지 처리 과정을 다뤄본다. 그 외의 상세한 내용은 참고문헌[6]으로 소개한다.

영문 텍스트마이닝은 R의 dplyr, tidytext 패키지를 설치한 후, 영문 비정형 데이터를 분석한다. 위의 4개 과정을 거쳐 최종적으로 단어 사용 빈도 막대그래프와 워드클라우드를 나타낼 수 있다. 반면, 한글 텍스트마이닝은 영문보다 많은 사전 설치 패키지가 필요하다. PC 사양마다 다르지만, R을 활용한 텍스터마이닝 사전작업은 rJava, Multilinguer, devtools, hash, remotes, KoNLP 등과 같은 사전 패키지 설치 작업이 필요하다.

<그림 4.20>은 한글 텍스트마이닝 작업 전 설치 패키지와 remotes 설치 후 KoNLP를 설치하는 과정을 보여준다.

```
#텍스트 마이닝 작업 전 설치: rJava, multilinguer
#JAVA, rjava
install.packages("rJava")
install.packages("multilinguer")
library(rJava)
library(multilinguer)

# Need to install packages
install.packages(c("hash","tau","Sejong","RSQLite","devtools","bit",
                   "rex","lazyeval","htmlwidgets",
                   "crosstalk","promises","later","sessioninfo",
                   "xopen","bit64","blob","DBI","memoise","plogr","covr",
                   "DT","rcmdcheck","rversions"),type="binary")

#Github 버전 설치
install.packages("remotes")

# KoNLP 설치
remotes::install_github('haven-jeon/KoNLP',upgrade="never",
                        INSTALL_opts=c("--no-multiarch"),force = TRUE)
```

**그림 4.20** 한글 텍스트마이닝 사전 패키지 설치 작업

패키지 설치 후, 한글 텍스트마이닝 토큰화 등의 과정이 잘 작동하는지를 확인하기 위

6 Julia Silge and David Robinson, 2017, Text Mining with R., 박진수, 2019. R로 배우는 텍스트 마이닝/ 장영재, 손원, 황희진, 2020, 비정형 데이터 분석.

해 <그림 4.21>과 같이 "한밭대학교 노마드칼리지 기초과학부 데이터모델링은 2024년 1학기 강좌입니다."라는 문장을 토큰화 후 결과를 출력해 보았다. 결과에서 알 수 있듯이 텍스트마이닝이 잘 분석되는 것을 확인할 수 있다.

또 다른 예제로 애국가를 워드클라우드해 보자. 워드클라우드 출력 조건은 2개 이상 글자와 색상은 10개 이내, 글자체는 궁서체로 지정이다. <그림 4.22>는 이런 조건을 만족하는 R 프로그램과 워드클라우드 결과를 보여준다.

```
Console  Terminal ×  Background Jobs ×
R 4.3.2 · ~/
> # test
> library(KoNLP)
> text<-"한발대학교 노마드칼리지 기초과학부 데이터모델링은 2024년도 1학기 강좌입니다."
> extractNoun(text)
 [1] "한발대학교"    "노마드칼리지" "기초과학"
 [4] "부"            "데이터"       "모델링"
 [7] "2024"          "년"           "1학기"
[10] "강좌"
> nouns<-extractNoun(text)
> nouns<-nouns[nchar(nouns)>=2]
> nouns
[1] "한발대학교"   "노마드칼리지" "기초과학"    "데이터"    "모델링"    "2024"
[7] "1학기"        "강좌"
>
```

그림 4.21 한글 텍스트마이닝 토큰화와 결과

```
 #애국가(national anthem)
 na.anthem<-"동해물과 백두산이 마르고 닳도록
하느님이 보우하사 우리나라 만세
무궁화 삼천리 화려 강산
대한 사람 대한으로 길이 보전하세
남산 위에 저 소나무 철갑을 두른 듯
바람 서리 불변함은 우리 기상일세
무궁화 삼천리 화려 강산
대한 사람 대한으로 길이 보전하세
가을 하늘 공활한데 높고 구름 없이
밝은 달은 우리 가슴 일편단심일세
무궁화 삼천리 화려 강산
대한 사람 대한으로 길이 보전하세
이 기상과 이 맘으로 충성을 다하여
괴로우나 즐거우나 나라 사랑하세
무궁화 삼천리 화려 강산
대한 사람 대한으로 길이 보전하세"

 library(wordcloud)

 useSejongDic()
 nouns<-extractNoun(na.anthem) # 명사를 추출 한글 토큰화
 nouns<-nouns[nchar(nouns)>=2] # 2개 글자 이상만 검색

 wordFreq<-table(nouns)  #빈도계산
 pal<-brewer.pal(6,"Dark2")  # 컬러 팔레트의 이름(Darks2)과 색상수(10)

 windowsFonts(gunseo=windowsFont("궁서체"))  # 글자폰트 등록 함수

 x11()
 set.seed(555)
 wordcloud(words=names(wordFreq),freq=wordFreq,colors=pal,min.freq=1,
           random.order=F,family="gunseo")
```

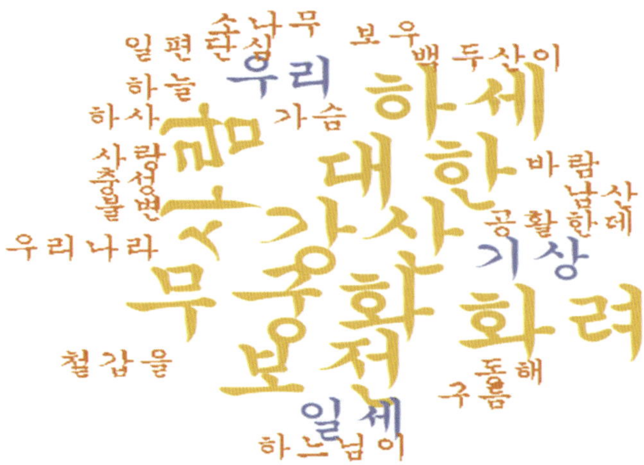


**그림 4.22** 애국가 텍스트마이닝 프로그램과 워드클라우드 결과

이제 영문 텍스트를 R 프로그램으로 텍스트마이닝해 보자. 영문은 링컨의 유명한 연설로 알려진 게티즈버그 연설문[7]을 선정하여 R 프로그램을 활용하여 텍스트마이닝한다.

R의 tidytext 패키지는 텍스드 단위에 입삭하여 토큰화 후, 1행당 1용어(one term per row) 형식으로 변환한다. 텍스트마이닝 과정은 먼저 tidytest로 1행당 1용어 형식으로 분리한 후, dplyr 패키지를 활용하여 선별, 처리한 후 자주 문서에 노출되는 단어에 가중치를 부여하고 ggplot 함수와 word cloud 패키지를 활용하여 이 결과를 시각화한다.

<그림 4.23>은 2가지 가설과 4가지 처리 과정을 거쳐 최종적으로 가장 많이 노출되는 단어를 막대그래프와 워드클라우드로 시각화하는 프로그램을 보여주며, 그 결과도 함께 제시되어 있다.

게티즈버그 연설문(Gettysburg Address)이 데이터프레임으로 생성되고, 토큰화 과정을 거쳐 정돈된 데이터 구조화와 2회 이상 노출된 단어를 티블(tibble) 형태로 출력하여 이를 막대그래프로 보여준다. 그리고 최종적으로 워드클라우드 시각화로 주요 단어를 나타낸다. 워드클라우드 결과는 앞 장에서 소개한 결과와 유사함을 알 수 있다.

7 1863년 11월 19일, 게티즈버그 전투의 격전지였던 펜실베이니아주 게티즈버그에서 열린 국립묘지 봉헌식에서 에이브러햄 링컨 미국 대통령이 한 연설. 272단어에 3분여의 짧은 연설이지만, 미국 역사상 가장 위대한 연설이자 가장 많이 인용된 연설문이 되었다.

```
# 영문: Gettysburg Address
text<-c("Four score and seven years ago our fathers brought forth on this continent a new nation, conceived in Liberty, and dedicated to the proposition that all men are created equal.", "Now we are engaged in a great civil war, testing whether that nation, or any nation, so conceived and so dedicated, can long endure.", "We are met on a great battle-field of that war. We have come to dedicate a portion of that field, as a final resting place for those who here gave their lives that nation might live. It is altogether fitting and proper that we should do this.", "But, in a larger sense, we can not dedicate - we can not consecrate - we can not hallow - this ground. The brave men, living and dead, who struggled here, have consecrated it, far above our poor power to add or detract.", "The world will little note, nor long remember what we say here, but it can never forget what they did here.", "It is for us the living, rather, to be dedicated here to the unfinished work which they who fought here have thus far so nobly advanced.",
        "It is rather for us to be here dedicated to the great task remaining before us - that from these honored dead we take increased devotion to that cause for which they gave the last full measure of devotion - that we here highly resolve that these dead shall not have died in vain - that this nation, under God, shall have a new birth of freedom - and that government of the people, by the people, for the people, shall not perish from the earth.")
text                          # 문자 벡터
install.packages("dplyr")
library(dplyr)
text_df<-data_frame(line=1:7,text=text)
text_df                       # text_df를 1행당 1문서, 1문서당 1토큰 형식으로 전환
install.packages("tidytext")
library(tidytext)
new.text_df<-text_df %>%
  unnest_tokens(word,text)    # 새로운 데이터 프레임에는 각 행마다 토큰 한 개만 각행 분할
```

```
# stopwords 제거
data(stop_words)                          # 기능어 data 호출
new.text_df<-new.text_df %>%
  anti_join(stop_words)
new.text_df %>%
  count(word,sort=TRUE)
library(ggplot2)
x11()
new.text_df %>%
  count(word,sort=TRUE) %>%
  filter(n>1) %>%                         # 2번 이상 언급된 단어만 막대그래프로 표시
```

```
  mutate(word=reorder(word,n)) %>%
  ggplot(aes(word,n)) +
  geom_col() +
  xlab(NULL) +
  coord_flip()
install.packages("wordcloud")
library(wordcloud)                              # 워드클라우드 라이브러리 호출
x11()
new.text_df %>%
  anti_join(stop_words) %>%
  count(word) %>%
  with(wordcloud(word,n,min.freq=1))           # 1회 이상 노출된 단어에 대해 워드클라우드
```

```
> text_df
# A tibble: 7 x 2
   line text
  <int> <chr>
1     1 Four score and seven years ago our fathers brought forth on this conti~
2     2 Now we are engaged in a great civil war, testing whether that nation, ~
3     3 We are met on a great battle-field of that war. We have come to dedica~
4     4 But, in a larger sense, we can not dedicate - we can not consecrate - ~
5     5 The world will little note, nor long remember what we say here, but it~
6     6 It is for us the living, rather, to be dedicated here to the unfinishe~
7     7 It is rather for us to be here dedicated to the great task remaining b~

> new.text_df %>%
+   count(word,sort=TRUE)
# A tibble: 68 x 2
    word          n
    <chr>     <int>
 1  nation        5
 2  dedicated     4
 3  dead          3
 4  people        3
 5  conceived     2
 6  dedicate      2
 7  devotion      2
 8  field         2
 9  living        2
10  war           2
```

게티즈버그 연설문의 텍스트마이닝 결과, nation(5회), dedicated(4회), dead(3회), people(3회), conceived, dedicate, devotion, filed, living, war(2회) 순으로 노출 빈도를 보여주었다. 이 결과는 워드클라우드로 크기가 크게 나타난 단어(nation, dedicated, people, dead 등)에서 확인할 수 있다.

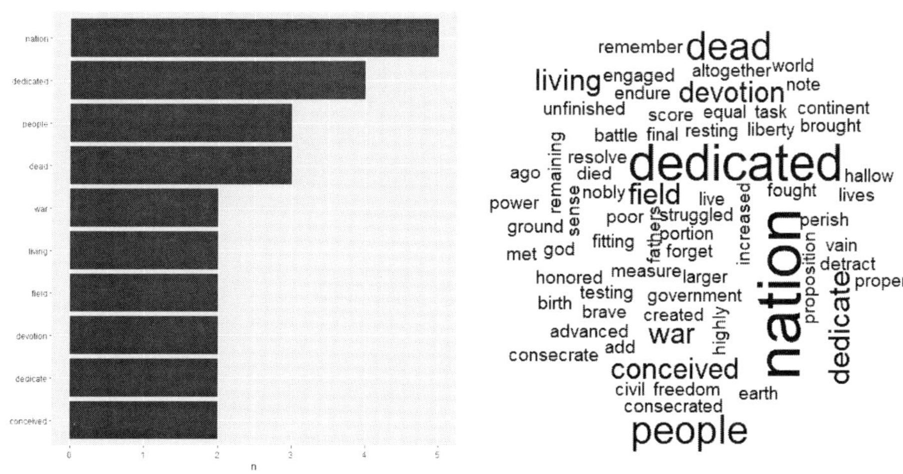


**그림 4.23** 게티즈버그 연설문 텍스트마이닝 프로그램과 결과

5장

# 감성분석과 소셜 네트워크 분석

**5.1** 감성분석
**5.2** 소셜 네트워크 분석

# 1 감성분석

## 1. 감성점수

감성분석(Sentiment analysis)은 텍스트를 작성한 사람의 감정을 추출해 내는 기술로, 작성한 사람이 관심 주제에 대하여 어떠한 감정을 지니고 있는가를 분석하는 기술이다. 이런 의미에서 감성분석을 오피니언(의견) 마이닝(opinion mining)이라고도 한다.

텍스트마이닝은 비정형 데이터에서 주요 정보를 도출하는 데 초점이 맞춰져 있으나, 감성분석은 텍스트를 작성한 사람들의 의견, 성향과 같은 감정을 추출하는 것에 주안점을 둔다. 즉, 비정형 데이터인 텍스트를 작성한 사람이 관심 주제에 대해 어떤 감정을 가지고 있는가를 판단하는 분석이다. 이를 한 문장으로 요약하면 감성분석은 문서를 작성한 사람의 감정을 추출해 내는 기술이다.

최근 감성분석은 온라인상에서 영화, 도서, 상품에 대한 평가와 소셜 네트워크 이후 선거 예측, 주식시장 예측 등으로 확대되고 있다.

기본적으로 감성분석은 분석하고자 하는 텍스트상의 긍정적 단어와 부정적 단어의 차이를 통해 감성점수(Sentiment Score)를 계산한다. 즉, 감성점수는 '긍정적 단어 수-부정적 단어 수'이다. 이런 긍정적, 부정적 단어는 감성어휘사전(Opinion Lexicon)을 참고한다.

감성점수는 감성어휘사전과 문장에서 긍정적, 부정적 단어의 일치 여부에 따른 빈도로 계산한다. 따라서 감성어휘사전은 감성분석에서 중요한 부분이고 신조어 등 업데이트가 중요하다. 대표적인 영문 감성어휘사전 두 개를 소개한다.

먼저, Hu와 Liu(2004)[1]의 Opinion Lexicon이다. <그림 5.1>은 Hu와 Liu(2004) 감성어휘사전 사이트를 보여준다.

---

1 positive-words.txt, negative-words.txt을 다운로드한다. 대표적인 positive-words는 love, best, cool, great, good, amazing, beautiful, enjoy, nice, perfect, top 등이고, negative-words는 hate, worst, abolish, awful, nightmare, wrong, kill, death, poor, terrible 등이다.

**그림 5.1** 감성어휘사전

자료: https://www.cs.uic.edu/~liub/FBS/sentiment-analysis.html#lexicon

이 사이트는 감성분석의 감성어휘사전, 참고문헌 등 다양한 연구 결과를 소개한다. 영문 감성어휘사전의 다운로드 방법은 <그림 5.2>와 같이 Opinion Lexicon(A list of English positive and negative opinion words or sentiment words(around 6800 words)를 클릭하면 opinion-lexicon-English.rar가 다운된다. 압축파일을 해제하면 'positive-words.txt'와 'negative-words.txt' 파일이 생성된다.

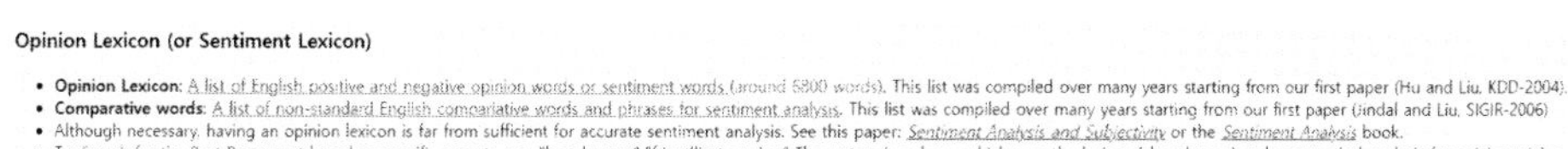


**그림 5.2** Opinion Lexicon

다음으로, 대표적인 영어 감성사전인 SentiWordNet[2]은 프린스턴 대학에서 영어 의미 어휘 목록 구축 프로젝트인 WordNet을 기반으로 만든 것이다. 이 감성사전은 synset이라는 유의어 집단에 포함된 단어들을 유의어, 반의어 관계를 통해 확장하고 이를 분류기로

2 https://github.com/aesuli/SentiWordNet

학습하여 긍정, 부정, 객관성에 대한 값을 부여한 대표적인 감성사전이다.[3]

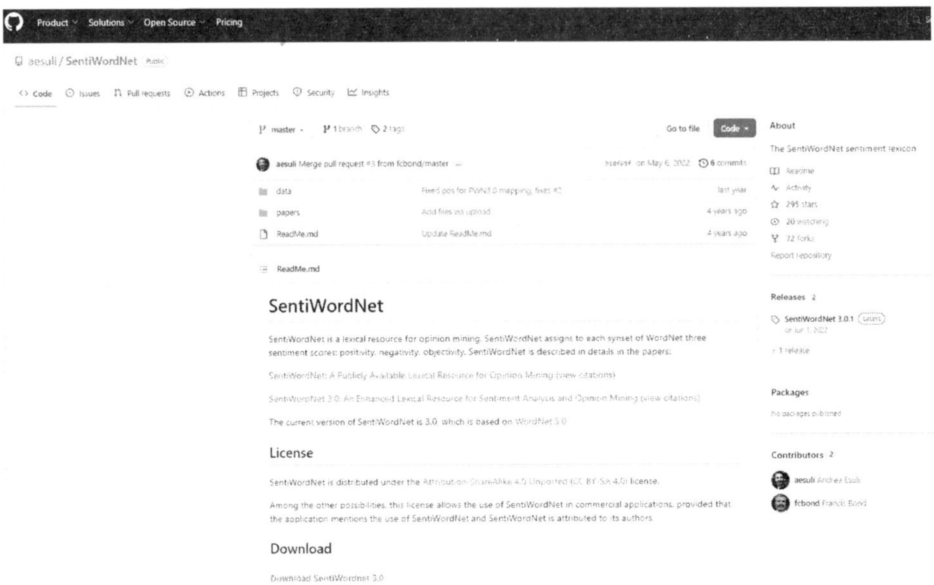


**그림 5.3** SentiWordNet

자료: https://github.com/aesuli/SentiWordNet

한글 감성어휘사전은 "장연지 외 5인(2012)"에 따르면 SentiWordNet을 한국어로 번역하여 사용할 때, 다양한 표현으로 나타나는 어휘들이 영어의 같은 어휘로 대역되는 문제가 있다. SentiWordNet을 이용하여 구축된 DecoSelex는 한국어 Deco 사전을 이용해 확장하는 방식으로 오피니언 마이닝을 위해 구축한 감정어휘사전이지만 공개되어 있지 않다.

오픈 서비스로 제공되었던 감성어휘사전인 '오픈 한글'은 집단지성을 이용한 사전으로, 다수의 참여자가 특정 단어에 대해 긍정, 부정, 중립으로 투표한 결과를 기반으로 구축되었는데, 현재 잠정적으로 서비스가 중단된 상태이다. 이외에도 서울대에서 구축한 KOSAC 말뭉치를 기반으로 한 한국어 감성 어휘 목록(감성사전),[4] 한국외국어대학교에

**3** 장연지 외 5인(2021), 감정 어휘 사전을 활용한 영화 리뷰 말뭉치 감정 분석, 33회 한글 및 한국어 정보처리 학술대회. http://www.koreascience.or.kr/article/CFKO202130060726836.pdf.

**4** http://word.snu.ac.kr/kosac/index.php

서 오피니언 마이닝을 위해 구축한 MUSE(Multilingual Sentiment Lex ica & SentimentAnnotated Corpora) 감성어휘사전 SELEX[5]과 군산대학교(KNU) 한국어 감성 어휘사전[6] 등이 있다.

결과적으로 감성분석은 각 문장에서 토큰화 과정을 거친 후, 단어를 추출한 다음 감성 어휘사전과 비교하여 긍정적, 부정적 단어수를 계산하고 감성점수를 도출한다. 감성점수 결과에 따라 그래프나 얼굴표정 아이콘(그림 5.4)을 활용하여 문장의 감성을 나타내기도 한다.

**그림 5.4** 표정 아이콘을 활용한 감성분석

## 2. R 프로그램을 활용한 감성분석

2023년, 영화 오펜하이머(Oppenheimer)의 개봉 당일 평가가 긍정적인지 부정적인지를 알아보고자 한다. 이를 위한 R 프로그램의 감성분석 툴을 활용하는 방법 절차와 결과를 살펴보면 다음과 같다. 자료는 영화 오펜하이머의 개봉 당일(2023.8.15.) 네이버(NAVER), 다음(Daum) 평점과 감상평[7]이다.

R 프로그램을 활용하여 감성분석하는 6단계 방법을 소개한다.

---

5 http://dicora.hufs.ac.kr

6 온병원, 박상민, 나철원. 군산대학교 소프트웨어융합공학과 Data Intelligence Lab. http://dilab.kunsan.ac.kr/

7 http://search.naver.com/search.naver?where=nexearch&sm=tab_etc&mra=bkEw&pkid=68&os=28565042&qv t=0&query=%EC%98%A4%ED%8E%9C%ED%95%98%EC%9D%B4%EB%A8%B8%20%ED%8F%89%EC%A0%90. 총 368문장

[단계 1] plyr, stringr 등과 같은 패키지를 설치하고 library를 활용하여 함수를 호출한다.

[단계 2] 감성점수 계산을 위한 score.sentiment 함수를 정의한다.

[단계 3] 긍정적, 부정적 단어가 포함된 감성 어휘 사전은 불러온다.

[단계 4] 감상평 텍스트를 불러온다.

[단계 5] [단계 2]에서 정의한 함수를 [단계 4]에서 불러온 텍스트에 적용하고 감성점수를 계산한다.

[단계 6] 감성점수를 시각화(막대그래프, 원그래프 등)한다.

이상 6단계를 R 프로그램으로 구현하면 <표 5.1>과 같다.

<표 5.1>은 영화 오펜하이머의 영화평을 감성분석하기 위한 R 프로그램이다. 여기서 중요함수는 sentimental, laply( ), unlist( ), match( ), score( ) 등이다.

**표 5.1** 오펜하이머 평가 감성분석 R 프로그램

```
install.packages("plyr"); install.packages("stringr"); install.packages("rvest")
                                                        # Install package for O.M
library(plyr) ; library(stringr) ; library(rvest)
setwd("C:₩₩Users₩₩User₩₩Desktop₩₩senti_analysis") # 파일 불러오는 디렉터리 설정하기
sentimental = function(sentences, positive, negative)
{
  scores = laply(sentences, function(sentence, positive, negative)
                                                 # 벡터, 리스트 원소, 결과를 배열 조합
    {
    sentence = gsub('[[:punct:]]', '', sentence)    # 문장부호 삭제 (POSIX 정규식 활용)
    sentence = gsub('[[:cntrl:]]', '', sentence)    # 특수문자 제거
    sentence = gsub('₩₩d+', '', sentence)           # 숫자 제거
    word.list = str_split(sentence, '₩₩s+')         # 공백 기준으로 단어 생성 ->
                                                      ₩₩s+(공백 정규식) +(1개 이상)
    words = unlist(word.list)                       # unlist( ): list를 vector 객체로 구조변경
    # unlist( )는 텍스트 분석에서 가장 중요한 함수이기도 합니다.
    # list로 연결된 텍스트를 객체로 변환하여 개수를 셀 수 있게 해주기 때문입니다.
    pos.matches = match(words, positive)            # 긍정어: pos.matches 저장
    neg.matches = match(words, negative)            # 부정어: neg.matches 저장
    pos.matches = !is.na(pos.matches)               # NA 제거, 위치(숫자)만 추출
```

```
    neg.matches = !is.na(neg.matches)
    score = sum(pos.matches) - sum(neg.matches) # (긍정 - 부정)하여 숫자를 계산합니다.
    return(score)
    }, positive, negative)
  scores.df = data.frame(score=scores, text=sentences)
  return(scores.df)
}
# 긍정, 부정사전 불러오기
positive <- readLines("pos_pol_word.txt", encoding = "UTF-8")  # 긍정사전
positive=positive[-1]
negative <- readLines("neg_pol_word.txt", encoding = "UTF-8") # 부정사전
negative=negative[-1]
oppenheimer<-readLines("Oppenheimer.txt")                        # Oppenheimer.txt
oppenheimer.result=sentimental(oppenheimer, positive, negative) # 긍정, 부정단어 사전함수:
                                                                  Score 점수화
oppenheimer.result$score
table(oppenheimer.result$score)                                  # 긍정, 부정 점수표 정리
library(ggplot2)
x11()
qplot(oppenheimer.result$score)                        # oppenheimer 개봉 당일 감성분석
```

먼저, 'sentimental 함수'는 영화평, 도서평 등과 같은 비정형 데이터를 감성분석용으로 변환하는 역할을 담당한다. 다음으로 'laply( ) 함수'는 벡터, 리스트 각각의 원소에 대해 함수를 적용하여 그 결과를 배열로 조합하는 함수이다. 1차원 배열은 벡터, 2차원 배열은 행렬에 해당된다. 따라서 laply( ) 함수의 첫 글자 l은 list의 l을, 두 번째 a는 array의 a를 나타낸다. 그리고 unlist( )는 리스트 형태를 벡터 형태로 만들기 위한 함수이며, match( )는 어휘사전과 분석 데이터의 매칭 여부를 알기 위한 함수이다.

끝으로 score는 긍정적 단어 수와 부정적 단어 수의 차이와 합산을 담당한다. score를 표와 시각화를 위해 table과 qplot 함수(quick plot을 그리는 함수)를 사용한다.

<그림 5.5>는 오펜하이머 영화 개봉 당일(2023.8.15.) 368개의 감상평에 대한 감성분석 결과이다. 결과는 감성점수 0(긍정단어－부정단어=0)을 중심으로 오른쪽인 긍정적인 평가 쪽에 상대적으로 높은 점수를 보이고 있다. 세부적으로 감성점수가 -3인 문장이 2개, －2인 문장이 5개, －1인 문장이 39개이다. 총 46개 문장이 부정적인 평가를 했으며,

감성점수가 3인 문장이 2개, 2인 문장이 10개, 1인 문장이 63개이다. 368개 문장 가운데 75개 문장이 긍정적인 평가를 했다. 따라서 상대적으로 개봉 당일 영화 오펜하이머의 감상평은 긍정적이었음을 알 수 있다.

```
> oppenheimer.result$score
  [1]  0  0  0  0  0  1  0  0 -1 -1  0 -1  0  0  0  0  1  0 -1  0  0  0  0
 [24]  0  0  1  1  1  1  1 -1  1  0  0  0 -1  1  0  0  0  1  0  0  1  0  1
 [47]  0  0  0  0  0  0  0  0  1  0  1  0  0  1  0  0  0  0  0  0  0 -1  0
 [70]  1  1  1  0  1  0  0  0  0  0  0 -1  0  0  0  0 -1  1  0  0  0  0 -2
 [93]  0  0  0  0  0  0  0  1  0 -1 -1 -1  0  0  0  0  0  1  1  0  1  0 -1
[116]  0  0  0 -1  0  1  0  0  0  0  0  0  0  0  0 -1  0  0  0  0  0 -1  0
[139]  0  0  0  1  0  0  0  0  0  1  0  1  0  0  0  1  0  1  1  1  0  0  0
[162]  0  0  0 -2  0  0  1  0  0  0  0 -1  0  0  0  1  0  1  0 -1  0  0  0
[185]  0  0  0  0  0  1  0  1  0  1  0  0  0  0  0  0  1  0  0  0  0  0  0
[208]  1  0  1  0  0 -1  0  0  0  0  0  0  0  0  1  0  2  0  1  0 -1 -1  0
[231]  0  2  0  0  0  1 -1  0  0  1  0  0  0  0  0  0  0  0  0  0  0  0  0
[254]  0  1  1  0  1  1  0  0 -1  0  2  0  0  3  1  1  0  2 -1 -3  0  0  0
[277]  0  1  0  0  0  0  3  1  0  1  1  0  0  0  0 -1  0 -1  0  0  0 -1  0
[300] -1  0  2  0  2  0  2  0  0  0  0 -1  1  0  0  0  0  0 -1  0  0  0 -2
[323]  0  1  0  0 -1 -1  1  0  0  2  0 -1 -1  1 -1  0  0 -3  0  0  0  0 -1
[346]  1 -1  0 -2  0  2 -1 -1  0 -2  0  1  0  0  1  0  2  0  0  0  0  0  1
> table(oppenheimer.result$score)

 -3  -2  -1   0   1   2   3 
  2   5  39 247  63  10   2 
```

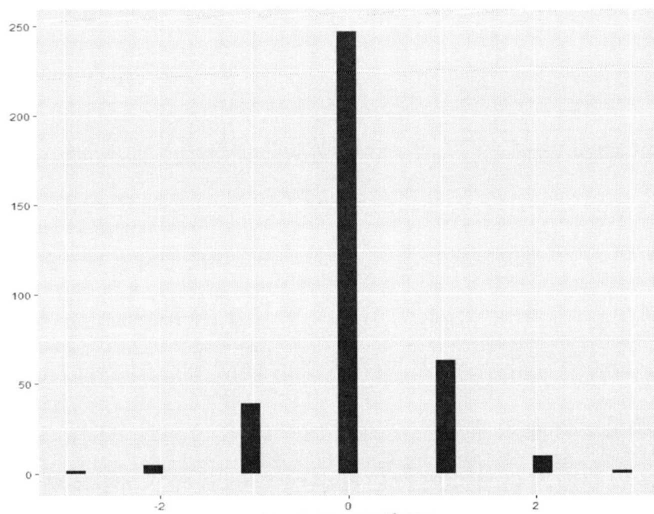


**그림 5.5** 영화 오펜하이머 개봉 당일 감상평에 대한 감성분석 결과

## 3. Excel을 활용한 감성분석[8]

R, Python 등과 같은 프로그램에 친숙하지 않은 경우, Microsoft Excel을 활용하여 감성분석하는 방법을 소개하고자 한다. 먼저, Microsoft Excel에서 감성분석을 하기 위해 Azure Machine Learning 추가 기능이 필요하다. 현재(2023.8.15. 기준)는 한글 지원이 되지 않아 영문 비정형 데이터만 분석할 수 있다.

먼저, Excel에서 Azure Machine Learning의 추가 설치를 위해, <그림 5.6>과 같이 엑셀에서 삽입-추가 기능 가져오기-Azure Machine Learning을 클릭한 후, 'Text Sentiment Analysis (Excel Add-in Sample) [Score]'를 클릭한다.

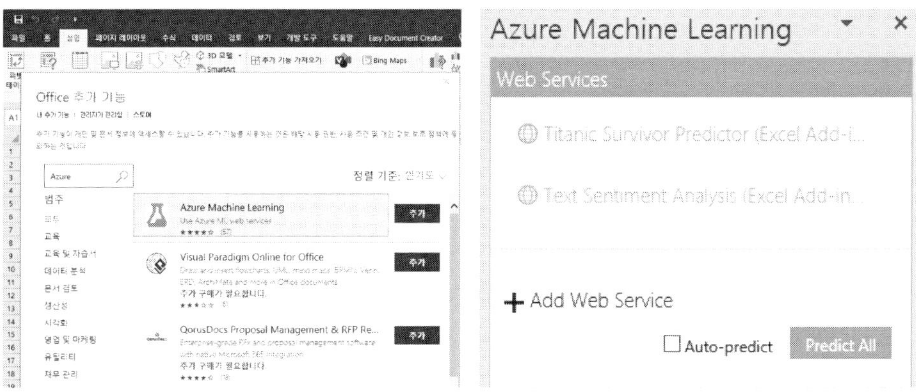


**그림 5.6** Excel에서 Azure Machine Learning 설치

[단계 1] Microsoft Excel 시트에서 분석하려는 데이터를 구성한다.

[단계 2] 공백과 불필요한 문자를 제거하여 데이터를 정리한다.

[단계 3] 데이터 셋의 첫 번째 셀을 tweet_text(소문자 유지)로 입력한다.

(※ Azure Machine Learning의 Text Sentiment Analysis에서「1. VIEW SCHEMA」의 Input은 'tweet_text'로 명시(그림 5.7)되어 있다.

[단계 4] 삽입-추가 기능-(검색) Azure Machine Learning 이동-Text Sentiment Analysis (Excel Add-in Sample) [Score]를 클릭한다.

---

8 https://www.makeuseof.com/use-microsoft-excel-for-sentiment-analysis/ 을 참고

[단계 5] 2, Predict의 Input, Output에 적절한 셀을 클릭한다.

(※ (Input) 내 데이터에 헤더가 선택된 상태(My data has headers)를 클릭한다. (output) Include headers를 클릭한다.)

[단계 6] predict를 클릭한다.

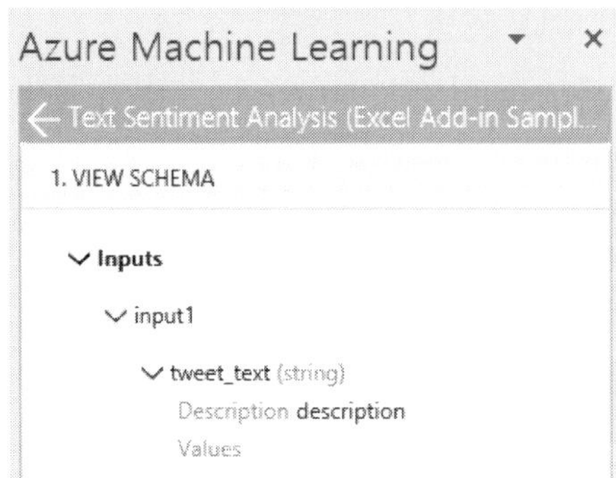


**그림 5.7** VIEW SCHEMA

예를 들어, 영화 오펜하이머의 개봉 당일 네이버 평점에 대해 6단계를 실행한 Azure Machine Learning 화면과 감성분석 결과는 <그림 5.8>과 같다.

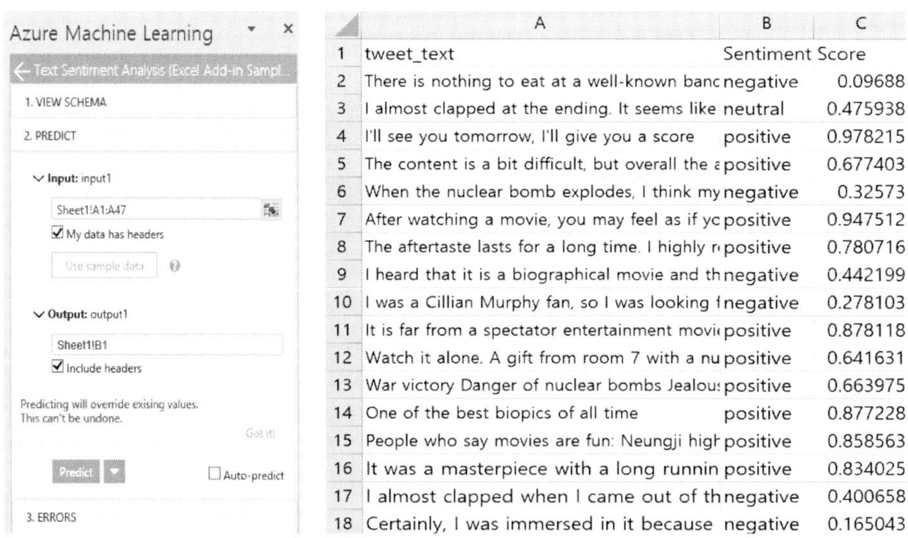


|  | A | B | C |
|---|---|---|---|
| 1 | tweet_text | Sentiment | Score |
| 2 | There is nothing to eat at a well-known banc | negative | 0.09688 |
| 3 | I almost clapped at the ending. It seems like | neutral | 0.475938 |
| 4 | I'll see you tomorrow, I'll give you a score | positive | 0.978215 |
| 5 | The content is a bit difficult, but overall the a | positive | 0.677403 |
| 6 | When the nuclear bomb explodes, I think my | negative | 0.32573 |
| 7 | After watching a movie, you may feel as if yc | positive | 0.947512 |
| 8 | The aftertaste lasts for a long time. I highly r | positive | 0.780716 |
| 9 | I heard that it is a biographical movie and th | negative | 0.442199 |
| 10 | I was a Cillian Murphy fan, so I was looking f | negative | 0.278103 |
| 11 | It is far from a spectator entertainment movi | positive | 0.878118 |
| 12 | Watch it alone. A gift from room 7 with a nu | positive | 0.641631 |
| 13 | War victory Danger of nuclear bombs Jealou: | positive | 0.663975 |
| 14 | One of the best biopics of all time | positive | 0.877228 |
| 15 | People who say movies are fun: Neungji high | positive | 0.858563 |
| 16 | It was a masterpiece with a long runnin | positive | 0.834025 |
| 17 | I almost clapped when I came out of th | negative | 0.400658 |
| 18 | Certainly, I was immersed in it because | negative | 0.165043 |

**그림 5.8** 영화 오펜하이머 개봉 당일 네이버 평점 감성분석 결과

이 결과는 한글 네이버 평점을 구글 번역기, 네이버 파파고를 실행하여 영문으로 전환한 후에 이를 분석한 결과이다. 번역 과정에서 오류나 한글의 비유, 풍자, 역설적인 표현을 영문으로 번역한 것으로 한글의 의미가 100% 반영되었다고는 볼 수 없으므로 해석상의 주의가 필요하다.

영화 분야 선호에 대한 호불호가 있겠지만 '영화 오펜하이머의 네이버 평점' 감성분석 결과는 부정적 면보다 긍정적인 평가가 높게 나타나는 것을 확인할 수 있다.

최근 인공지능의 발달과 더불어 영상 이미지와 함께 감성분석하는 사례도 있다. <그림 5.9>는 'Facial Recognition in action'으로 소개된 유튜브(youtube) 영상의 일부로 영상 이미지와 감성분석의 하이브리드 기술을 보여주고 있다.

**그림 5.9** Facial Recognition in Action

자료: www.facebook.com/EngineeringML/videos/2353902668195026/

<그림 5.9>는 미국 전 대통령인 트럼프의 UN 연설에서의 한 장면을 보여주고 있다. 연설에서 사용하는 단어와 얼굴 모양을 동시에 살펴 감정 상태와 감성분석 결과를 실시간으로 제공하고 있다. 연설에서 사용하는 단어와 안면 근육 변화가 어떤 감정으로 단어를 사용하는지를 판단할 수 있는데, 안면 근육은 'Disgusted(혐오감을 느끼는)'로 사용하

는 단어에 대해서는 Disgusted(77.59%), Afraid(27%), Angry(15.67%) 순으로 부정적이고 경멸적인 연설 장면임을 알 수 있다.

# 2 소셜 네트워크 분석

## 1. 네트워크 지표

소셜 네트워크(Social Network)는 네트워크상의 주체인 액터(Actor, node) 간에 사회적으로 연결된 망(network)을 의미한다. 즉, 액터 간의 상호의존적인 관계에 의해 만들어지는 사회적 관계 구조이다. 네트워크(Network)는 다수의 점과 점들을 다수의 선으로 구성된 망이며, 점(node, vertex), 선(link, edge)의 그래프(graph) 형태로 표현한다.

그래프의 특징을 나타내는 지표는 차수(degree), 밀도(density)와 중심성(Centrality)이 있다.

차수는 해당 노드에 연결된 링크의 수이다. 밀도는 최대로 가능한 선들의 개수에 대한 실제 선들의 개수 비이다. 선 1개에는 2개의 노드가 필요하여, ${}_nC_{2,}$ $n =$ 선$(edge)$이 된다. 따라서 네트워크에 $K$개의 연결이 존재한다면, 밀도는 $K/{}_nC_2 = 2K/n(n-1)$이 된다. 네트워크상에서 밀도는 네트워크 내 구성원이 서로 간 얼마나 많은 관계를 맺고 있는가를 표현하는 지표이다.

반면, 중심성은 액터가 전체 네트워크에서 얼마만큼 중심에 가까이 자리 잡고 있는지를 나타내는 지표이다. 중심성은 속성에 따라 <표 5.2>와 같이 연결정도 중심성(degree Centrality), 매개 중심성(between Centrality), 근접 중심성(closeness Centrality)이 있다.

**표 5.2** 중심성 지표 종류와 공식

| | 공식 | 특성 |
|---|---|---|
| 연결정도 중심성 (Degree Centrality) | $D_c(i) = \dfrac{i\text{와 직접 연결된 노드의 수}}{i\text{와 직·간접 연결된 노드의 수}}$ | • 한 노드가 다른 노드들과 직접적으로 연결되어 있는지를 측정하여, 1촌만 고려<br>• 연결된 노드의 수가 많을수록 연결정도 중심성은 높아짐 |
| 근접 중심성 (Closeness Centrality) | $C_c = (\text{노드의 수} - 1) / \sum_{j=1}^{n} d_{(i,j)}$<br>$d_{(i,j)}$ : 노드 $i$, $j$의 거리<br>(단, 동일 거리는 하나만 인정) | • 직접적으로 연결된 노드뿐만 아니라 간접적으로 연결된 노드까지 고려한 최단거리<br>• 최단거리가 짧을수록 근접 중심성은 커짐 |
| 매개 중심성 (Between Centrality) | $B_c = \sum_{j<k} s.p_{jk}(n_i)$<br>$s.p$ : 최단경로(shortest path)<br>$s.p_{jk}(n_i)$ : 두 노드$(j, k)$의 최단경로 중에서 노드 $i$를 포함하는 경우의 수 | • 중계자 혹은 매개자로서의 역할 정도<br>• 해당 노드를 통과하는 최단경로들의 개수 |

중심성 지표를 이해하기 위해, 예를 들어 노드가 6개(A, B, C, D, E, F)인 <그림 5.10>과 같은 소셜 네트워크를 고려해 보자.

<그림 5.10>에서는 D노드가 중추적인 역할을 하고 있다. 즉, 중심과 매개 역할 모두에 관여하고 있음을 알 수 있다. 밀도는 6개 링크에 6개 노드이므로 $6/{}_6C_2 = 12/(6\times5) = 0.4$이다.

다음으로 3개 중심성 지표의 값을 계산하면 D노드는 다른 노드에 비해 상대적으로 높은 값을 보일 것이다. 각 노드의 중심성 지표를 계산하면, 연결정도 중심성은 A노드(1/5), B노드(2/5), C노드(1/5), D노드(4/5), E노드(2/5), F노드(2/5)이다. 근접 중심성은 A노드(5/12), B노드(5/8), C노드(5/10), D노드(5/6), E노드(5/9), F노드(5/9)이다. 매개 중심성은 A노드(0), B노드(4), C노드(0), D노드(8), E노드(0), F노드(0)이다. 이들에 대한 상세한 계산 결과는 <그림 5.11>을 참고하면 된다.

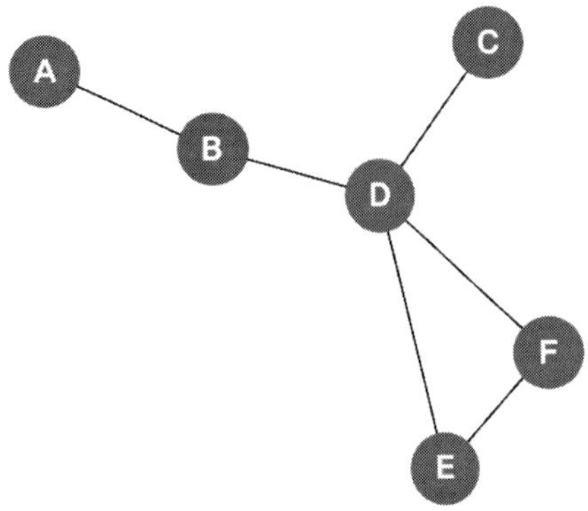


• 연결정도 중심성

| A | B | C | D | E | F |
|---|---|---|---|---|---|
| 1/5 | 2/5 | 1/5 | 4/5 | 2/5 | 2/5 |

• 근접 중심성

| A | B | C | D | E | F |
|---|---|---|---|---|---|
| 5/12 | 5/8 | 5/10 | 5/6 | 5/9 | 5/9 |

• 매개 중심성

| A | B | C | D | E | F |
|---|---|---|---|---|---|
| 0 | 4 | 0 | 8 | 0 | 0 |

**그림 5.10** 6개 노드의 소셜 네트워크 그래프와 노드별 중심성 지표 값

**• 연결정도 중심성**

- A: 직접(A–B) 1개; 직·간접(A–B, A–B–D, A–B–D–C, A–B–D–E, A–B–D–F) 5개 → 1/5
- B: 직접(B–A, B–D) 2개; 직·간접(B–A, B–D, B–D–C, B–D–E, B–D–F) 5개 → 2/5
- C: 직접(C–D) 1개; 직·간접(C–D, C–D–B, C–D–B–A, C–D–E, C–D–F) 5개 → 1/5
- D: 직접(D–B, D–C, D–E, D–F) 4개; 직·간접(D–B, D–C, D–E, D–F, D–B–A) 5개 → 4/5
- E: 직접(E–D, E–F) 2개; 직·간접(F–D, E–F, E–D–C, E–D–B, E–D–B–A) 5개 → 2/5
- F: 직접(F–D, F–E) 2개; 직·간접(F–D, F–E, F–D–C, F–D–B, F–D–B–A) 5개 → 2/5

**• 근접 중심성**

- A: (6–1)/12; 12 → A–B(1), A–B–D(2), A–B–D–C(3), A–B–D–E(3), A–B–D–F(3), 여기서 A–B–D–C–F는 최단거리 아님
- B: (6–1)/8; 8 → B–A(1), B–D(1), B–D–C(2), B–DE(2), B–D–F(2), 여기서 그 외 거리는 최단거리 아님
- C: (6–1)/10; 10 → C–D(1), C–D–B(2), C–D–E(2), C–D–F(2), C–D–B–A(3), 여기서 그 외 거리는 최단거리 아님
- D: (6–1)/6; 6 → D–B(1), D–C(1), D–E(1), D–F(1), D–B–A(2), 여기서 그 외 거리는 최단거리 아님
- E: (6–1)/9; 9 → E–F(1), E–D(1), E–D–C(2), E–D–B(2), E–D–B–A(3), 여기서 그 외 거리는 최단거리 아님
- F: (6–1)/9; 9 → F–E(1), F–D(1), F–D–C(2), F–D–B(2), F–D–B–A(3), 여기서 그 외 거리는 최단거리 아님

**• 매개 중심성**

- 맨 끝 노드 매개 중심성은 0: A, C, E, F노드는 0
- B를 거쳐가는 최단경로 4가지: (A–B–D), (A–B–D–C), (A–B–D–E), (A–B–D–F), 단, A–B–D–E–F는 최단경로 아님
- D를 거쳐가는 최단경로 8가지: (B–D–C), (B–D–E), (B–D–F), (C–D–E), (C–D–F), (A–B–D–C), (A–B–D–E), (A–B–D–F)

**그림 5.11** 연결정도, 근접, 매개 중심성 지표의 계산과정

## 2. 소셜 네트워크 분석

앞 절에서 소개한 6개 노드의 소셜 네트워크(Social Network)는 간단한 네트워크이다. 이번 절은 이보다 더 복잡한 경우에 R 프로그램으로 손쉽게 소셜 네트워크를 시각화하면서 중심성 지표를 계산하고 출력하는 과정을 소개한다.

8개 노드로 구성된 친구 관계를 소개한다. <표 5.3>은 친구 관계[9]를 보여준다.

**표 5.3** 8개 노드 친구관계

| |
|---|
| 철수와 갑돌은 친구이다. 갑돌은 희영과 친구고 현수와도 친구이다.<br>희영은 나래와 친구이고, 시원과도 친구이다.<br>나래는 갑돌과 친구이고, 시원, 지원과도 친구이다.<br>시원과 영숙은 친구이다. |

<그림 5.12>는 <표 5.3>의 친구 관계를 노드와 링크로 표현한 것이다. 이 그래프로 친구 관계 소셜 네트워크를 한눈에 살펴볼 수 있다. 각 노드의 중요성과 역할을 살펴보기 위해 앞에서 제시한 여러 중심성 지표를 6개 노드처럼 계산하는 과정이 만만치 않다. 노드의 수가 점진적으로 늘어나면 계산과정이 복잡하고 최단거리 경우의 수가 많아진다. 따라서 노드가 많아지면 R, Python 등과 같은 통계패키지가 필요하다. <그림 5.12>는 R 프로그램에서 출력한 시각화 결과이다.

9 임동훈(2015), R을 이용한 빅데이터 분석

```
library(igraph)
  friend.matrix<-matrix(
  c(0,1,0,0,0,0,0,0,
    1,0,1,1,0,0,1,0,
    0,1,0,1,1,0,0,0,
    0,1,1,0,1,1,0,0,
    0,0,1,1,0,0,0,1,
    0,0,0,1,0,0,0,0,
    0,1,0,0,0,0,0,0,
    0,0,0,0,1,0,0,0),byrow=T,nrow=8)
  g<-graph.adjacency(friend.matrix,
  mode="undirected")
  V(g)$name<-c("철수","갑돌","희영","나래","시원",
  "지윤","현수","영숙")
  V(g)$label.cex=2
  V(g)$size=30
  V(g)$color="green"
  set.seed(1234)
  plot(g)
```

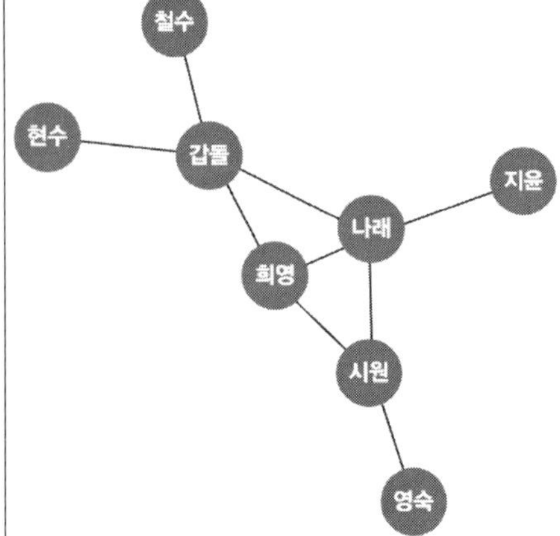


**그림 5.12** 친구 관계 소셜 네트워크 R 프로그램과 시각화

<그림 5.12>에 나타난 각 노드들에 대해 차수, 밀도 그리고 <표 5.2>의 중심성 지표 공식에 따라 계산하면 <표 5.4>와 같이 정리된다.

각 노드의 연결정도 중심성, 근접 중심성, 매개 중심성 지표값을 살펴본 결과 갑돌, 나래가 연결정도 중심섬과 매개 중심성의 역할이 상대적으로 다른 노드보다는 높아서 친구 관계 소셜 네트워크에서 중요한 역할을 하고 있다.

**표 5.4** 8개 노드 차수, 밀도, 중심성 지표값

| | | 철수 | 갑돌 | 희영 | 나래 | 시원 | 지윤 | 현수 | 영숙 |
|---|---|---|---|---|---|---|---|---|---|
| 차수 | | 1 | 4 | 3 | 4 | 3 | 1 | 1 | 1 |
| 밀도 | | 9개 링크에 8개 노드이므로 $9/{}_8C_2 = 18/(8\times7) = 0.3214$ | | | | | | | |
| 연결정도 중심성 | | 1/7 | 4/7 | 3/7 | 4/7 | 3/7 | 1/7 | 1/7 | 1/7 |
| 근접 중심성 | 최단거리 | 17 | 11 | 11 | 10 | 13 | 16 | 17 | 19 |
| | 값 | $\frac{(8-1)}{17}$ | $\frac{(8-1)}{11}$ | $\frac{(8-1)}{11}$ | $\frac{(8-1)}{10}$ | $\frac{(8-1)}{13}$ | $\frac{(8-1)}{16}$ | $\frac{(8-1)}{17}$ | $\frac{(8-1)}{19}$ |
| 매개 중심성 | | 0 | 11 | 3 | 9 | 6 | 0 | 0 | 0 |

참고로 현수와 영숙의 근접 중심성은 다음과 같다.

---

**• 현수**

(현-갑) 1, (현-갑-철) 2, (현-갑-나) 2, (현-갑-희) 2, (현-갑-나-지) 3, (현-갑-나-시) 3, (현-갑-희-시)도 있지만, (현-갑-나-시)와 동일 거리이다. (현-갑-희-시-영) 4, (현-갑-나-시-영)도 있지만, (현-갑-희-시-영)과 동일 거리이다. 따라서 1+2+2+2+3+3+4=17가지의 최단거리가 계산되고, 근접 중심성 공식에 따라 7/17이 된다.

**• 영숙**

(영-시) 1, (영-시-나) 2, (영-시-희) 2, (영-시-나-지) 3, (영-시-나-갑) 3, (영-시-희-갑)도 있지만, (영-시-나-갑)과 동일 거리이다. (영-시-희-갑-철) 4, (영-시-나-갑-철)도 있지만, (영-시-희-갑-철)과 동일 거리이다. (영-시-희-갑-현) 4, 그 외 동일 거리이다. 따라서 1+2+2+3+3+4+4=19가지의 최단거리가 계산되고, 근접 중심성 공식에 따라 7/19이 된다.

• 그 외 노드들의 계산 방법은 현수, 영숙 노드 계산 방법을 따른다.

---

복잡한 친구 관계 소셜 네트워크의 밀도와 중심성 지표는 R 프로그램을 활용하면 수월하게 나타낼 수 있다.

먼저, 소셜 네트워크 분석을 위한 R 프로그램의 라이브러리는 igraph이다. R/igraph는 igraph 네트워크 분석 라이브러리의 R 패키지이다. 소셜 네트워크 시각화와 지표 계산을 위해 차수는 degree, 연결정도 중심성은 degree.centrality, 근접 중심성은 closeness, 매개 중심성은 betweenness 함수가 igraph 라이브러리에 포함되어 있어서 이를 호출하여 사용하면 된다. 주의할 점은 R 프로그램의 근접 중심성은 분자값 (8－1)이 모든 노드가 동일하므로 1로 간주하여 계산한다. 예를 들어, 영숙의 경우 (8－1)/19은 1/19=0.0526으로 계산된다. <표 5.4>와 차이가 있음에 주의하자.

그리고 각 노드별 근접 중심성과 매개 중심성 지표값을 그래프로 시각화하여 비교하기 위해 라이브러리 'qgraph'를 호출한 후 centralityPlot 함수를 사용한다. 이들의 사용 과정과 결과는 <그림 5.13>을 참고하면 된다. 물론 qgraph 패키지 설치가 우선으로 이루어져야 한다. 다음 절은 노드가 더욱 많고 복잡한 소셜 네트워크 자료, 분석 방법과 결과를 소개한다.

```
degree(g)                                   # 차수
graph.density(g); degree.distribution(g)    # 밀도
plot(degree.distribtion(g),xlab="node degree");
lines(degree.distribution(g))
n<-vcount(g);
degree.centrality<-degree(g)/(n-1)
degree.centrality      # 연결정도 중심성
closeness(g)           # 근접 중심성
betweenness(g)         # 매개 중심성
library(qgraph)
centralityPlot(g, include = c("Strength", "Betweenness", "Closeness"))
```

```
> degree(g)
철수  갑돌  희영  나래  시원  지윤  현수  영숙
1     4     3     4     3     1     1     1
> degree.centrality  # 연결정도 중심성
철수       갑돌       희영       나래       시원       지윤       현수       영숙
0.1428571  0.5714286  0.4285714  0.5714286  0.4285714  0.1428571  0.1428571  0.1428571
> closeness(g)    # 근접성
철수        갑돌        희영        나래        시원        지윤        현수        영숙
0.05882353  0.09090909  0.09090909  0.10000000  0.07692308  0.06250000  0.05882353  0.05263158
> betweenness(g)  # 매개성
철수  갑돌  희영  나래  시원  지윤  현수  영숙
0     11    3     9     6     0     0     0
```

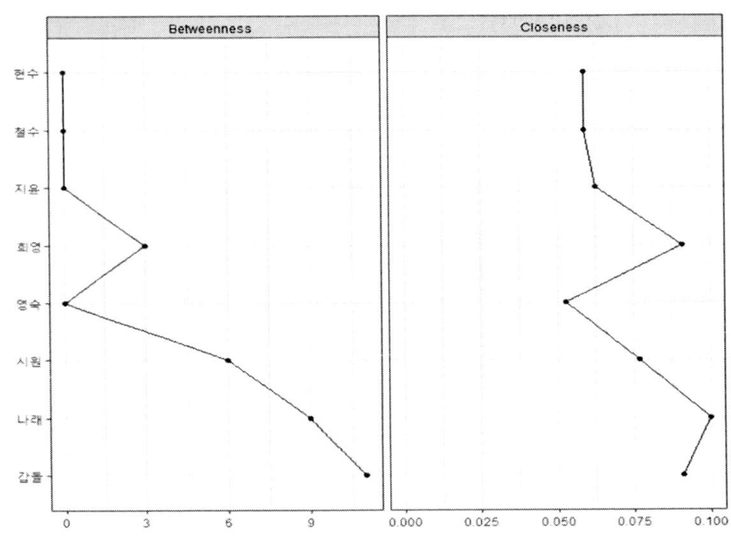


**그림 5.13** 친구 관계 소셜 네트워크의 밀도와 중심성 지표 R 프로그램과 결과

## 3. 소셜 네트워크 시각화

구글(google)에서 'social network analysis in r example'을 검색하면, R-blogger.com[10]에서 소셜 네트워크에 관련된 자료[11]와 분석 방법을 소개하고 있다. 본서는 이에 대해 자세히 소개하고자 한다.

이 자료는 네덜란드 레이덴 대학교(Leiden University) 정치과학과 행정학에서 석사학위 논문을 지도하는 교수 간의 연계 네트워크이다. 교수(professor)는 입학 시 정해지는 지도교수(Supervisor)와 지도교수가 추천한 논문만 심사하는 교수(Examiner)로 구분된다. 이 교수들은 익명으로 나타내기 위해 AA, BA 등으로 표기하였다. 따라서 노드 간의 각 링크는 학생의 공동 감독을 기반으로 한다. 총 노드 수는 264개이고, grade는 등급이며, spec는 논문의 특성(Specialization)이다. 이 자료는 논문 지도학생에 대한 교수 2명의 지도(Supervisor) 데이터로 교수 간의 연계 네트워크를 살펴보는 것이다. <그림 5.14>는

|  | A | B | C | D |
|---|---|---|---|---|
| 1 | first | second | grade | spec |
| 2 | AA | DD | 6 | Y |
| 3 | AB | DD | 6 | R |
| 4 | AF | BA | 6 | Q |
| 5 | DD | DA | 6 | Q |
| 6 | CD | EC | 6 | X |
| 7 | DD | CE | 6 | Y |
| 8 | CD | FA | 6 | X |
| 9 | CD | CC | 6 | W |
| 10 | BA | AF | 6 | R |
| 11 | CB | CA | 6 | T |
| 12 | CC | CA | 6 | U |
| 13 | CD | CA | 6 | Q |
| 14 | BC | CA | 6 | U |
| 15 | DD | DA | 6 | Y |
| 16 | ED | AD | 6 | R |
| 17 | AE | AC | 6 | Z |
| 18 | AB | BA | 6 | Y |
| 19 | CD | EC | 6 | X |
| 20 | CA | CC | 6 | U |
| 21 | EB | CC | 6 | U |
| 22 | BF | CE | 6 | R |
| 23 | BB | CD | 6 | X |
| 24 | AC | AE | 6 | Z |
| 25 | CC | FB | 6 | U |

**그림 5.14** 교수 간의 연계 네트워크 자료

10 https://www.r-bloggers.com/2021/04/social-network-analysis-in-r/
11 https://github.com/finnstats/finnstats, https://www.dimiter.eu/Visualizations.html 또는 http://www.dimiter.eu/Data_files/edgesdata3.txt

이들 자료의 일부를 보여준다. first는 Supervisor, second는 Examiner이고 grade, spec는 등급과 논문 속성이다.

교수 간의 연계 네트워크 자료를 분석하기 위해 다음의 4가지 주요한 문제를 살펴보고자 한다.

첫째, 외부자료 로드(load)와 데이터프레임을 만들고, 생성된 데이터프레임으로부터 그래프를 시각화한다.

둘째, 노드별 밀도와 중심성 지표를 계산한다. 즉, 밀도와 근접 중심성, 매개 중심성을 지표값으로 계산하여 시각화한다.

셋째, 264개 노드가 많은 관계로 중심 역할을 하는 노드를 선별(밀도가 낮고 중심성이 지표가 낮은 경우를 제외)한다. 즉, 어느 교수가 가장 넓은 네트워크를 형성하는지와 소수의 교수지만 밀도 짙은 네트워크를 형성해 논문을 지도하는지를 선별한다.

넷째, 셋째에서 도출된 두 가지 형태의 공동체(Community)를 시각화한다.

먼저, 외부자료의 로드와 네이터프레임을 생성, 그리고 생성 데이터로부터 그래프를 시각화하는 과정의 R 프로그램과 그 결과의 일부는 <그림 5.15>와 같다.

```
# Social Network
rm(list=ls(all=TRUE))
library(igraph)
SNdata <- read.table("C:/Users/user/Desktop/socialnetwork.txt", header=T)
network<- graph.data.frame(SNdata, directed=T)
summary(network)
degree(network)              # 노드별 차수
graph.density(network)       # 밀도
set.seed(111)
x11()                        # 그래프 시각화
plot(network,
    vertex.color = 'green',
    vertext.size = 2,        # 노드 크기
    edge.arrow.size = 0.1,   # 링크 선 크기
    vertex.label.cex = 0.8)  # 링크 안 노드 라벨 글씨 크기
V(network)
x11()
library(qgraph)              # 근접성과 매개 중심성 시각화
centralityPlot(network,include = c("Strength", "Betweenness", "Closeness"))
```

```
> degree(network)
AA AB AF DD CD BA CB CC BC ED AE CA EB BF BB AC DC BD DB
18  9 23 36 40 26 24 50 21 27 15 62  7 12 23 27  2  4  8
CF DF BE EA CE EE EF FF FD GB GC GD AD KA KF LC DA EC FA
12 23 20  8 10  6  8  1  8  1  1  1  9  3  3  1  7  3  1
FB DE FC FE GA GE KB KC KD KE LB LA LD LE
 1  2  1  2  5  1  1  1  1  1  1  1  1  1
> graph.density(network)
[1] 0.1093514
```

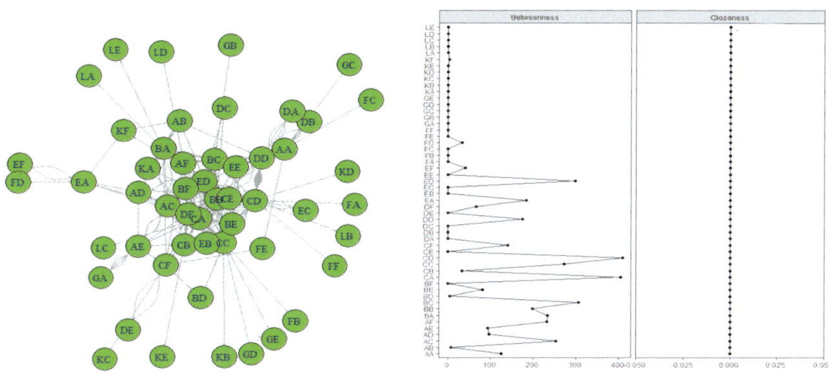


**그림 5.15** 교수 간 연계 네트워크 자료의(첫 번째 과정) R 프로그램과 결과

degree(network)에 따르면 각 엣지들의 차수는 1에서 62까지이다. 이는 교수당 1편 논문을 지도하는 경우와 62편을 지도하는 교수도 있음을 알 수 있다. <그림 5.15>는 52 정점과 290 엣지(edge)를 보여준다. <그림 5.16>은 52 정점의 밀도를 보여준다. 52개 정점들 가운데 10개 정점이 대부분인 것을 알 수 있다.

```
V(network)$label <- V(network)$name
V(network)$degree <- degree(network)
# Histogram of node degree
x11()
hist(V(network)$degree,
    col = 'blue',
    main = 'Histogram of Node Degree',
    ylab = 'Frequency',
    xlab = 'Degree of Vertices')
```

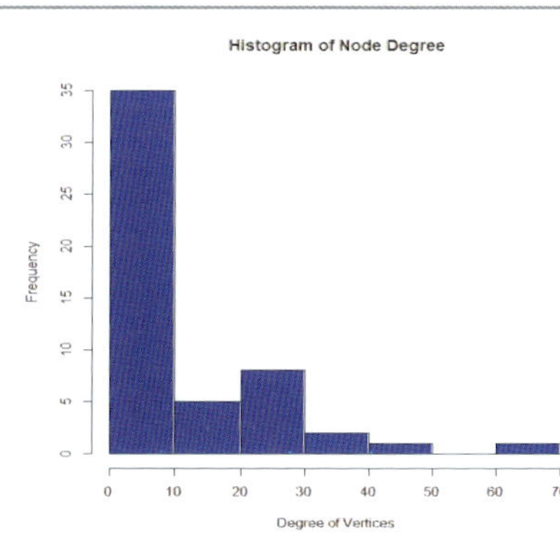


**그림 5.16** R 프로그램과 52 정점의 밀도

다음으로, 소셜 네트워크에서 점정의 크기를 다르게(V(network)$degree*0.4)하고 4 미만의 논문지도 교수들은 네트워크에서 표시하지 않고자 한다. 즉, 교수당 3편 이하의 논문을 지도하는 교수들은 네트워크에서 정점이 표시되지 않는다. R 프로그램과 결과는 <그림 5.17>과 같다.

```
# Highlighting degrees & layouts
x11()
plot(network,
    vertex.color = rainbow(52),
    vertex.size = V(network)$degree*0.4,
    edge.arrow.size = 0.1,
    layout=layout.fruchterman.reingold)
```

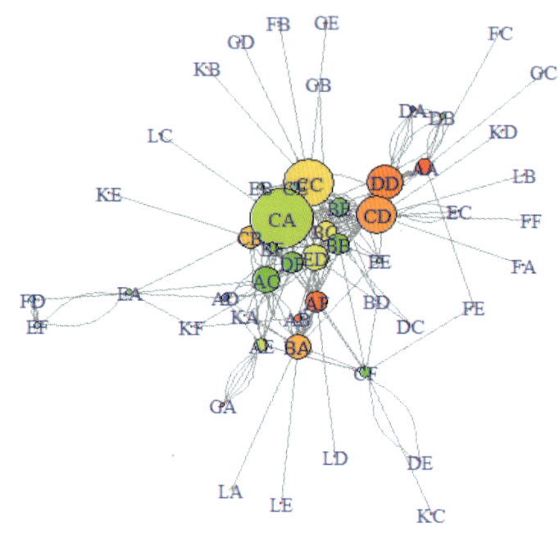


**그림 5.17** 교수 간의 연계 네트워크(3편 이하 교수 표기 안 함)

<그림 5.17>은 정점의 크기가 다름을 보여주고 있다. 차수가 높은 정점은 CA, CC, CD, DD, BA, AC, BB, BA 등으로, 논문지도가 많은 지도교수를 나타낸다. 그리고 근접 중심성과 매개 중심성의 결과에 따라 여러 교수들과 폭넓은 대인관계를 형성하여 논문 지도하는 교수는 CA, ED, BB 등이고, 소수의 교수지만 밀도 짙은 대인관계에 의해 논문 지도하는 교수는 CC, DD, AC 등이다.

끝으로, 커뮤니티(Community) 감지를 위해 조밀하게 연결된 노드를 감지하고 이들을 그룹화[(cluster_edge_betweenness(net)]하여 색상으로 구분하고자 한다. 이제 정점 내에는 조밀한 연결이 있고 정점 간에는 희박한 연결을 나타내는 것을<그림 5.18>에서 볼 수 있다.

```
# Community Detection, To detect densely
# connected nodes
y <- data.frame(SNdata$first, SNdata$second)
net <- graph.data.frame(y, directed = F)
cnet <- cluster_edge_betweenness(net)
x11()
plot(cnet, net, vertex.size = 10, vertex.label.cex = 0.8)
```

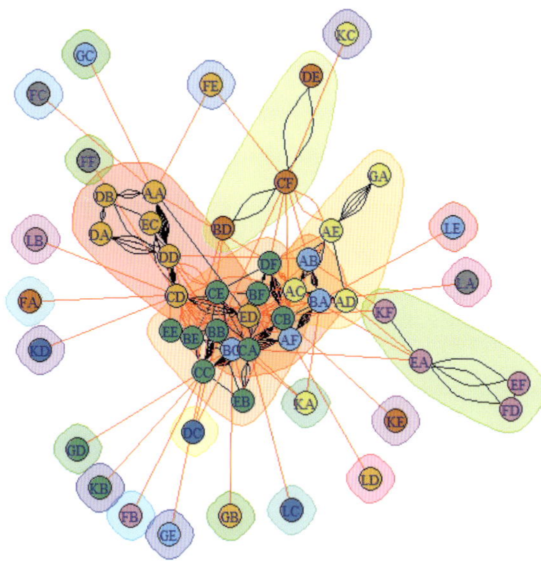

**그림 5.18** 커뮤니티(Community) 감지 네트워크

분석 결과 KC, FE, FC, LB, FA 등과 같은 정점들은 논문지도 편수가 적고 네트워크 없이 지도하는 교수들임을 알 수 있다.

그리고 ED, CE, BF, CB, CA, AF, BC, BB, BE 등이 첫 번째 그룹, DA, DB, AA, EC, DD, CD 등이 두 번째 그룹, DE, CF, BD가 세 번째 그룹, FD, EF, EA, KF는 네 번째 그룹으로 분류된다. 특히 ED, BB, CD, CC, CD 등을 매개성, 근접성이 높아 여러 그룹에 걸쳐 나타나고 있다.

6장

# 정형 데이터 최적 모델링

**6.1** 다중선형회귀모형
**6.2** 변수선택과 최적 모델링
**6.3** Body fat 자료의 분석

# 1 다중선형회귀모형

우리 주변에는 다양한 모델링들이 존재한다. 4장에서 하나의 반응변수에 상응하는 한 개의 설명변수 간의 관계를 모델링하는 방법을 알아보았다. 이번 장에서는 하나의 반응변수에 2개 이상의 설명변수 간의 관계를 모델링하는 방법과 주의할 점에 대해 알아보자.

## 1. 독립변수가 2개 이상

예를 들어, 여름 성수기에 '온도'와 '비가 오는 날의 수'에 따른 '호텔 객실 예약률' 간의 관계를 모델링해 보자. 성수기 때는 호텔 객실 예약률은 이 둘의 변수가 상내적으로 높은 영향을 미친다. 즉, 온도, 비가 오는 날의 수는 객실 예약률에 결정적인 영향을 미친다는 것이다. 따라서 $y_i = \beta_0 + \beta_1 x_{1i} + \beta_2 x_{2i} + \epsilon_i,\ i = 1, 2, \cdots, n$와 같이 다중선형회귀가 가능하다.

이처럼 독립변수가 1개가 아니라 2개 이상인 경우에는 단순선형회귀분석에서 자연스럽게 다중선형회귀(multiple linear regression, 다중회귀, 중회귀라고도 함)으로 확장이 가능하다. 만약 독립변수가 $k$개이면 다중선형회귀모형은 다음과 같다.

$$y_i = \beta_0 + \beta_1 x_{1i} + \beta_2 x_{2i} + \cdots + \beta_k x_{ki} + \epsilon_i,\ i = 1, 2, \cdots, n$$

$k$개의 독립변수와 종속변수 $Y$가 주어질 때, 자료는 독립변수와 종속변수의 쌍으로 주어진다. <표 6.1>은 $k$개의 독립변수와 종속변수의 다중회귀 문제에서 고려하는 자료 구조이다.

**표 6.1** 다중회귀모형 자료 구조

| No | $Y$ | $X_1$ | $X_2$ | $\cdots$ | $X_k$ | $\epsilon$ |
|---|---|---|---|---|---|---|
| 1 | $y_1$ | $x_{11}$ | $x_{21}$ | $\cdots$ | $x_{k1}$ | $\epsilon_1$ |
| 2 | $y_2$ | $x_{12}$ | $x_{22}$ | $\cdots$ | $x_{k2}$ | $\epsilon_2$ |
| 3 | $y_3$ | $x_{13}$ | $x_{23}$ | $\cdots$ | $x_{k3}$ | $\epsilon_3$ |
| $\vdots$ | $\vdots$ | $\vdots$ | $\vdots$ | $\vdots$ | $\vdots$ | $\vdots$ |
| $n$ | $y_n$ | $x_{1n}$ | $x_{2n}$ | $\cdots$ | $x_{kn}$ | $\epsilon_n$ |

일반적으로 자연적, 사회적인 현상을 설명하는 데 있어서 종속변수의 변화는 두 개 이상의 설명변수에 의해 좌우되는 경우가 많고, 설명력 있는 적절한 설명변수를 잘 선택하여 이들의 함수 관계식으로써 종속변수를 나타낼 경우에 좀 더 정확성이 높은 예측을 할 수 있다.

다중선형회귀도 표본으로부터 다중선형회귀모형을 추정하는 데 단순회귀에서 사용하는 최소제곱법(LSE method)을 사용한다. 이 방법을 사용하여 도출된 적합다중회귀모형은 다음과 같다.

$$\widehat{y_i} = \hat{\beta}_0 + \hat{\beta}_1 x_{1i} + \hat{\beta}_2 x_{2i} + \cdots + \widehat{\beta_k} x_{ki},\ i = 1, 2,\ \cdots\ , n$$

4장에서 소개한 단순회귀모형에서 최적모형을 도출하기 위한 절차 5단계와 유사하게 다중회귀에서도 절차 5단계는 적용이 가능하다. 단, 독립변수가 $k$이므로 단순선형회귀분석에서 고려하지 않은 설명변수 간의 선형관계, 종속변수에 대한 설명변수의 상대적 영향력 순위, 최적다중회귀모형의 기울기 해석 등은 주의해야 한다.

## 2. 독립변수 확장 경우에 고려할 문제

다중회귀에서는 기울기 해석, 평균반응 예측, 선형적 관련성 등 단순회귀보다 다뤄야 할 문제가 많다. 또한 여러 개의 설명변수가 하나의 반응변수에 동일한 영향력을 나타내지 않으며, 반응변수와 여러 개의 설명변수 간의 관계를 모델링할 때 어떤 설명변수는

$t$ 검정통계량 값이 작아 유의(significance)하지 않는 경우도 종종 발생한다.

그리고 다중회귀모형식을 도출할 때 하나의 설명변수가 다른 변수들에 선형조합으로 표현할 수 있다면, 최종 다중회귀모형식에는 포함되지 않는 것이 합리적이다. 이런 문제를 다중회귀의 변수선택문제(the problem of variable selection), 최적회귀모형(beat fitted regression model) 또는 최적회귀방정식(best regression equation) 도출 문제라고 한다.

다중회귀에서 최종 적합모형에 포함될 설명변수의 선택은 무엇보다 중요하다. 변수선택에서 중요한 문제와 원리는 '반응변수에 대한 뛰어난 설명력를 지닌 설명변수 선정과 모형의 간소화'이다. 일반적으로 종속변수에 영향을 미칠 수 있는 모든 설명변수를 동원하여 종속변수 값을 예측하는 데 참여시켜야 하지만, 너무 많은 설명변수가 포함되면 데이터를 수집, 분석하고 변수들의 변화를 탐지 관리하는 데 많은 시간이 요구된다. 따라서 가능한 범위 내에서 많지 않은 설명변수를 포함시켜야 한다. 이 원리는 이율배반적(trade-off) 관계 형성으로 한쪽으로 치우치지 않는 균형이 중요하다.

따라서 변수선택은 다중회귀에서 가장 중요한 연구주제이다. 변수선택의 최종목직은 최적다중회귀모형 도출이다. 이 도출과정에서 가장 방해요인이 다중공선성(multicollinearity)이다. 이는 설명변수 간에 상관성이 높은 현상을 말하며, $k$개의 설명변수가 다른 설명변수들과 선형성, 상관성을 보이는 것이다. 다중공선성 문제가 있다면, 선형관계를 해결하고 모형을 간소화하는 과정을 거쳐야 한다.

이런 다중공선성은 몇 가지 발생 원인이 있다. 첫째, 설명변수의 수가 자료의 수보다 많은 경우이다. 둘째, 자료 수집과정에서 설명변수의 범위가 매우 좁은 경우이다. 셋째, 이상치가 포함되는 설명변수가 있는 경우이다. 넷째, 불필요한 교호작용(interaction)을 가정한 경우이다.

첫째는 설명변수는 $k$개인데 자료의 수가 $k$보다 작은 현상을 말한다. 예를 들어, 설명변수는 5개($X_1, X_2, X_3, X_4, X_5$)인데, 자료의 수가 4개 이하인 경우를 말한다. <표 6.2>와 같이 표현되는 경우이다.

**표 6.2** 설명변수보다 적은 자료

| No | $X_1$ | $X_2$ | $X_3$ | $X_4$ | $X_5$ |
|---|---|---|---|---|---|
| 1 | $x_{11}$ | $x_{21}$ | $x_{31}$ | $x_{41}$ | $x_{51}$ |
| 2 | $x_{12}$ | $x_{22}$ | $x_{32}$ | $x_{42}$ | $x_{52}$ |
| 3 | $x_{13}$ | $x_{23}$ | $x_{33}$ | $x_{43}$ | $x_{53}$ |
| 4 | $x_{14}$ | $x_{24}$ | $x_{34}$ | $x_{44}$ | $x_{54}$ |

두 번째는 설명변수의 관측, 수집 범위를 의미한다. 예를 들어, 설명변수가 소득이라고 할 때 이 변수의 관측이나 수집 범위를 300~310만 원이나 300~350만 원은 150~450만 원보다는 범위가 좁다. 넓은 범위의 설명변수를 고려한 경우가 좁은 범위를 고려한 것보다 설명력이 높은 경우가 많다.

세 번째는 아주 작은 값이나 큰 값이 설명변수에 포함되는 경우이다. 설명변수가 소득, 이율, 가입보험 개수라고 하자. 소득 단위는 백만 원, 이율은 %, 가입보험은 몇 개이다. 이처럼 큰 수와 작은 수가 설명변수로 구성되고, 특히 소득 자료는 양극단의 값이 포함될 가능성이 크다. 이런 경우는 단위가 큰 소득 변수가 설명력이 크게 도출되는 경향이 있다.

네 번째는 다중회귀모형에서 불필요한 교호작용($X_1X_2$)항이 포함되는 경우이다. 설명변수 두 개의 다중회귀모형은 $y_i = \beta_0 + \beta_1 x_{1i} + \beta_2 x_{2i} + \epsilon_i, i = 1, 2, \cdots, n$이다. 여기서 설명변수 $X_1$, $X_2$의 교호작용 $X_1X_2$을 포함하면 $y_i = \beta_0 + \beta_1 x_{1i} + \beta_2 x_{2i} + \beta_{12} x_{1i} x_{2i} + \epsilon_i$, $i = 1, 2, \cdots, n$가 된다.

만일 교호작용이 존재하면 교호작용 항이 포함되지만, 해석상의 어려움이 있을 수 있다. 예를 들어, 고혈압 환자가 혈압을 낮추기 위해 제약사가 서로 다른 약 A, B를 복용한다고 하자. 약 A의 효과는 $X_1$, B의 효과는 $X_2$로 설명할 때 고려하지 않은 $X_1X_2$ 효과가 발생하는 경우가 종종 있다. 두 약을 동시에 복용함으로써 우리 몸에서 제3의 효과($X_1X_2$)가 발생할 가능성이 있다는 것이다. 이럴 경우에는 $y_i = \beta_0 + \beta_1 x_{1i} + \beta_2 x_{2i} + \beta_{12} x_{1i} x_{2i} + \epsilon_i$, $i = 1, 2, \cdots, n$이 회귀모형이지만, 희귀하고 고려하지 않은 효과이므로 처음에는 이런 모형을 고려하지 않거나 발견되어도 교호작용 항에 대한 통계적 해석이 쉽지 않다.

반대로 교호작용이 없는데도 모형의 간소화에 벗어나게 교호작용 항을 추가하여 다중회귀모형 $y_i = \beta_0 + \beta_1 x_{1i} + \beta_2 x_{2i} + \beta_{12} x_{1i} x_{2i} + \epsilon_i,\ i = 1, 2,\ \cdots\ , n$을 가정하는 경우도 있다. 이런 경우에는 불필요한 교호작용이 된다.

그리고 다중회귀모형에서 주의해야 할 적합다중회귀모형의 기울기 해석을 소개한다. 앞에서 다룬 '온도($X_1$)', '비가 오는 날의 수($X_2$)'에 따른 '호텔 객실 예약률($Y$)'의 적합다중회귀모형은 '$\hat{y}_i = 58.986 + 1.314$온도 $- 1.044$비가오는날의수'이다. 여기서 1.314, $-1.044$는 '온도'와 '비가 오는 날의 수'의 기울기이다. 1.314는 '비가 오는 날'의 수가 일정 수준으로 고정되어 있을 때, 온도가 1℃ 증가할 때 평균적으로 객실 예약률은 1.314%(약 2%) 올라간다. $-1.044$는 '온도'가 일정온도로 유지할 때 '비가 오는 날의 수'가 1일 증가할 때마다 평균적으로 객실 예약률은 1.044% 감소한다. 이처럼 다중회귀분석의 기울기 해석은 단순회귀분석과는 다르다.

## 3. 선형관계

선형관계는 어떤 하나의 설명변수가 다른 두, 세 개의 변수 선형조합으로 설명되는 것을 말한다. 예를 들어, $X_1$이 $X_2$와 $X_4$의 선형결합 '$X_1 = X_2 + X_4,\ \ X_1 = X_2 \times X_4$' 등으로 표현할 수 있고, $X_5$가 $X_2$와 $X_3$의 선형결합 $X_5 = X_2 / X_3,\ \ X_5 = \log(X_2) - X_3$ 등으로 표현할 수 있을 때, $X_1$과 $X_5$는 다른 변수들과 선형관계가 있다고 한다. 즉, $X_1$과 $X_5$는 다른 설명변수로 표현할 수 있으므로 다중회귀모형에서 설명변수로 포함될 필요는 없다. 이런 선형관계는 다중회귀모형에서 자주 발생하는 문제이므로 설명변수 간의 선형관계를 잘 파악하여 다중회귀모형을 간소화한다. 이런 모형 간소화는 변수선택 과정과 동일하다.

이런 선형관계가 존재할 때, 여러 가지 해결 방안이 있다.

첫째, 변수선택 방법으로 상관성이 높은 변수를 제거해가면서 모형의 설명력과 정확성을 검토한다. 둘째, 능형(Ridge)회귀, 라소(lasso)회귀, 주성분회귀(PCR) 또는 부분최소제곱회귀(PLSR)를 적용한다. 셋째, 데이터과학 방법으로 회귀나무(RT), 베깅회귀(begging Regression), 랜덤포레스트(random forest), 신경망 등을 작용하여 설명변수의 차수를 줄인다. 여기에 소개한 해결 방안은 장단점이 뚜렷하므로 사용에 주의가 필요하다.

## 2 변수선택과 최적 모델링

### 1. 변수선택

다중회귀의 변수선택문제(the problem of variable selection)는 최적회귀방정식 도출문제와 동일하다. 변수선택의 원리는 '반응변수에 대한 설명력이 뛰어나고 동시에 모형의 간소화'이다. 다중회귀모형에서 설명변수 간의 선형관계를 해결하고, 최적의 변수선택으로 모형의 간소화를 충족시키는 것이 최적회귀모형으로 가는 길(그림 6.1)이다.

흔히 변수선택은 모형 선택이라고 한다. 모형 선택은 다중회귀모형의 설명변수 가운데 종속변수에 영향력이 있는 설명변수를 선출하고 이를 모형에 포함시키는 것이다.

$k$개의 설명변수를 포함하는 다중회귀모형에서 변수선택은 여러 방법이 있다. 가장 간단한 방법은 모든 가능한 $k$개 이하의 부분 조합(총 $2^k$개) 에 대해 모형을 적합한 뒤에 적절한 판정 기준을 통해 최적다중회귀모형을 선택하는 것이다. $k$가 커지면 기하급수적으로 조합 수가 많아져 장시간의 계산과정이 필요하다. 이들 방법에 대해서는 다음 절에 상세히 소개한다.

종속변수 $y$, 이 변수에 영향을 미칠 수 있는 가능한 모든 설명변수 $x_1, x_2, \cdots, x_k$

- $y$에 영향을 미칠 수 있는 모든 설명변수 $x$를 동원하여 $y$의 값을 예측한다. (설명력)
- 너무 많은 설명변수가 관련되어 있으면, 데이터 획득, 분석, 변화 탐지 등 많은 노력이 요구되므로, 가능한 적은 수의 설명변수를 포함한다. (모수 절약성)

⇩

설명력 향상과 모수 절약성, 이 두 가지 원칙은 서로 이율배반적으로 타협이 필요

- 적절한 판정 기준을 선택하여 설명변수를 선택함으로써 최적회귀방정식을 도출한다.

**그림 6.1** 변수선택문제

## 2. 변수선택 방법

이번 절에서는 $k$개의 설명변수 중에서 일부를 선택하여 회귀방정식을 만드는 방법 4가지를 소개한다.

### (1) 모든 가능한 회귀(All possible regression)

모든 가능한 회귀는 모든 가능한 변수들의 조합을 회귀분석 해보는 것이다. 그리고 이들 결과에 대해 적절한 판정 기준에 따라 최적모형을 선택한다.

하지만 설명변수 $k$가 많아질수록 계산량이 많아져($2^k$개 회귀모형) 시간 측면에서 효율적인 방법이라고 보기 어렵다. 다만 최적다중회귀모형을 도출하기 위한 참고 방법으로 활용하는 것을 추천한다. <그림 6.2>는 모든 가능한 회귀를 보여주고 있다.

$x_1, x_2, \cdots, x_k$

모든 가능한 회귀 (All possible regression) ⇨

- $k$개 변수 중에서 하나만 선택: $\binom{k}{1}$
- $k$개 변수 중에서 두 개를 선택: $\binom{k}{2}$
- $k$개 변수 중에서 모든 가능: $\sum_{i=0}^{k}\binom{k}{i} = 2^k$

**그림 6.2** 모든 가능한 회귀

## (2) 뒤로부터 제거하는 방법(Backward elimination method)

뒤로부터 제거하는 방법은 모든 설명변수를 포함하는 가장 큰 모형에서 종속변수에 상대적 영향력이 낮은 변수를 차례로 제거해나가는 것이다. 즉, 모든 설명변수가 포함된 모형에서 시작해 영향력이 가장 적고 유의하지 않은 설명변수를 하나씩 제거해나가는 방법이다. 뒤로부터 제거하는 방법은 변수제거법, 후진제거법이라고도 불린다.

후진제거법은 설명변수가 $k$개 있을 경우, 조합해야 할 다중회귀방정식의 수가 $k$개이므로 모든 가능한 회귀의 $2^k$ 조합수보다 훨씬 작다. 이 방법은 계산량이 작은 장점은 있으나 최적(best)모형이 선정될 가능성은 크지 않으며, 좋은(good) 모형을 선택하는 것으로 사용하는 것을 추천한다.

일반적으로 사회과학 연구자는 여러 변수로 사회현상과 문제를 설명하고자 한다. 만약, 어떤 사회문제를 $k$개 설명변수의 다중회귀모형으로 설명할 때, 되도록 많은 설명변수로 설명되기를 바라고 영향요인을 찾고자 한다. 뒤로부터 제거 방법은 계산량이 많지 않고 좋은 회귀모형을 제안하는 방법으로 사회과학 분야에서 자주 사용된다.

$k$**개의 설명변수 중에서** $x_1, x_2, \cdots, x_k$

Step 1. $k$개 변수 중에서 가장 유의하지 않은 변수

$$x_3 \rightarrow y_i = \beta_0 + \beta_1 x_{1i} + \beta_2 x_{2i} + \beta_4 x_{4i} + \cdots + \beta_k x_{ki} + \epsilon_i$$

Step 2. $k$개 변수 중에서 두 번째로 유의하지 않은 변수

$$x_2 \rightarrow y_i = \beta_0 + \beta_1 x_{1i} + \beta_4 x_{4i} + \cdots + \beta_k x_{ki} + \epsilon_i$$

Step 3. $k$개 변수 중에서 세 번째로 유의하지 않은 변수

$$x_4 \rightarrow y_i = \beta_0 + \beta_1 x_{1i} + \beta_5 x_{5i} + \cdots + \beta_k x_{ki} + \epsilon_i$$

**그림 6.3** 후진제거법

## (3) 앞으로부터 선택하는 방법

앞으로부터 선택하는 방법은 뒤로부터 제거하는 방법의 반대로, <그림 6.4>와 같이 가장 상대적 영향력이 높은 중요한 변수를 하나씩 고르면서 더 이상 중요한 변수가 없다고 판정될 때 중단한다.

이 방법의 조합해야 할 다중회귀방정식의 수는 최대 $k+(k-1)+\cdots+2+1=k(k+1)/2$개이다. 이 조합수는 모든 가능한 회귀의 $2^k$ 조합수보다는 작고 변수제거법보다는 큰 조합수이다. 앞으로부터 선택하는 방법은 전진선택법, 변수증감법이라고 불린다.

그러나 이 방법을 통해 얻은 회귀방정식은 뒤로부터 제거하는 방법 결과와 마찬가지로 최적이라는 보장은 없다. 박성현(2007)에 따르면, 세 개의 독립변수($k=3$)을 뽑는 모든 회귀를 검토해 보면 총 6개의 회귀방정식이 존재한다. 만약, 분석자가 $\hat{y}=f(x_a, x_b, x_c)$이 선택되었다고 할 때, 이것 외에 5개의 회귀방정식 중에서 $\hat{y}=f(x_a, x_b, x_c)$의 $R^2$이 높은 회귀방정식이 있을 수 있다. 이는 처음에 선택된 변수 $x_a$는 다음에 어떤 변수가 선택되든지 간에 다시 나오는 경우가 없기 때문이다.

$k$**개의 설명변수 중에서** $x_1, x_2, \cdots, x_k$

Step 1. $k$개 변수 중에서 가장 유의한 변수 $x_5$

Step 2. $k$개 변수 중에서 두 번째로 유의한 변수 $x_2 \rightarrow y_i = \beta_0 + \beta_1 x_{5i} + \beta_2 x_{2i} + \epsilon_i$

Step 3. $k$개 변수 중에서 세 번째로 유의한 변수 $x_1 \rightarrow y_i = \beta_0 + \beta_1 x_{5i} + \beta_2 x_{2i} + \beta_3 x_{1i} + \epsilon_i$

$$\vdots$$

Step $n$. $k$개 변수 중에서 $n$ 번째로 유의한 변수

$$x_n \rightarrow y_i = \beta_0 + \beta_1 x_{5i} + \beta_2 x_{2i} + \beta_3 x_{1i} + \cdots + \beta_n x_{ni} + \epsilon_i$$

**그림 6.4** 전진선택법

## (4) 단계별 선택법

단계별 선택법은 전진선택법을 개선한 것으로, 중요한 변수를 하나씩 추가 선택하여 나가면서 미리 선택된 변수와 새로운 선택변수와 상관관계를 살펴 선형 여부를 체크하여 다음 변수선택 단계에서 제거될 수 있도록 변수선택의 단계마다 검토하는 방법이다.

이 방법은 새롭게 선택된 변수가 유의하지 않을 때까지 선택 절차가 계속 진행되며, 새롭게 선택된 변수가 유의한 경우, 먼저 들어온 변수들이 계속 유의하게 남아 있는가를 검토해 주는 것이 단계별 선택법의 특징이다. 단계별 선택법은 변수추가법이라고도 불

린다.

단계별 선택법은 전진선택법, 모든 가능한 회귀의 회귀모형의 조합수보다 적어 바람직한 변수선택 절차라고 할 수 있다.

## 3. 변수선택 기준

앞 절에서 변수선택 방법 4가지를 소개했다. 이번 절은 변수선택의 판정 기준으로 결정계수($R^2$), 수정결정계수($adj-R^2$), 총제곱오차($C_p$), $AIC$를 소개한다.

### (1) 결정계수와 수정결정계수

결정계수는 종속변수 총변동량을 설명변수의 적합회귀모형으로 설명할 때, 설명력을 의미한다. 당연히 $R^2$값을 크게 제공하는 설명변수 선정은 최적회귀방정식으로 이어질 가능성이 크다. 그런데 $R^2$값은 설명변수가 증가할수록 커지는 증가함수이다. 이런 관점에서는 모든 설명변수 $k$를 대입할 경우 $R^2$은 1에 근접할 가능성이 크다. 이는 모형 간소화 측면에서도 합리적이지 않다.

이런 $R^2$이 갖는 단점을 보완하기 위해 수정결정계수(adjusted $R^2$, $adj-R^2$)가 사용되며, $p$개의 설명변수를 선정한 경우, 수정결정계수는 다음과 같다.

$$adj-R^2 = 1 - \frac{(n-1)(1-R^2)}{n-p-1}$$

### (2) 총제곱오차, $C_p$

$C_p$는 $k$개 설명변수 중에서 $p$개를 선택하고 $q$개를 버릴 때, $p$개로 예측하는 $\hat{y_p}$가 평균반응값을 얼마나 잘 추정하고 있는가를 살펴보는 지표이다. 일반적으로 $H_0 : \beta_q = 0$의 가설검정이 기각되지 못할 때(즉, $q$개의 변수는 선형적 관련성을 보이지 않는다), $C_p$의 값이 거의 $p+1$에 가까운 값을 갖게 된다. 흔히 $C_p$를 Mallows(1973)'s $C_p$라고도 불리며

식은 다음과 같다.

$$C_p = \frac{SSE}{\hat{\sigma}^2} + 2(p+1) - n$$

$R^2$, $adj-R^2$과 다르게 $C_p$값을 최소화시키는 $p$를 찾는 것이며, 변수선택 4가지 방법에 모두 적용된다.

### (3) $AIC$

$AIC$(Akaike Information Criterion)는 다중회귀모형 간의 적합성을 비교하는 지표이다. Information Criterion은 최대 가능도(우도, likelihood)에 독립변수 개수에 대한 손실(penalty)분을 반영하는 방법이다. 예를 들어, 모집단의 확률밀도함수 $f(x:\theta)$가 있고, 여기서 확률표본 $X_{1,}X_{2,}\cdots,X_n$을 추출하였을 때 이들의 결합확률밀도함수는

$$L(\theta) = g(x_{1,}x_{2,}\cdots,x_n) = \Pi_{i=1}^{n} f(x_i:\theta)$$

이다. 이 함수는 모수 $\theta$의 함수로 보고 $x_i$는 주어진 관측값으로 보기로 하면 이와 같은 함수를 모수 $\theta$의 우도함수(likelihood function)라고 하며, 이 우도함수를 최대로 하여 주는 $\theta$의 값을 $\theta$의 추정값이라 한다. 이 추정량을 최대우도추정량이라고 부른다.

즉, 확률표본으로 추출된 여러 개의 설명변수의 결합확률밀도함수 형태와 하나의 반응변수의 관계식인 다중회귀모형은 반응변수를 가장 잘 설명하는 최적회귀방정식을 찾는 문제이므로 최대우도추정량 도출과 동일하다.

AIC는 모형이 복잡해질수록 페널티(penalty)를 부여하며, 공식은 다음과 같다.

$$AIC = n\ln(SSE/n) + 2p,\ n\text{: 자료 수}$$

$AIC$를 최소화한다는 것은 우도(likelihood)를 가장 크게 하는 동시에 변수 개수는 가장 적은 최적의 모델을 선택하는 것이다. $AIC$는 데이터 개수에 상관없이 손실 페널티가 일정하며, 실제 데이터 분포와 모델이 예측하는 분포의 차이로 $AIC$가 작으면 모델이 주어진 데이터의 진짜 분포와 유사하다. 변수선택에서는 $AIC$값이 가장 작은 값을 갖는

모형을 선택하면 된다.

### 4. 최적 모델링

지금까지 변수선택 4가지 방법과 3가지 선택기준을 소개했다. 모든 가능한 회귀, 전진선택법, 후진제거법, 변수선택법 중에서 변수선택법이 제안하는 결과가 최적회귀방정식이 될 가능성이 컸으며, 이 과정에서 변수선택 지표는 $AIC$, $C_p$, $adj-R^2$을 사용한다. $adj-R^2$은 높은 값이거나 1에 근접하고 $AIC$, $C_p$가 가장 작은 값을 보이는 모형이 최적회귀방정식이 될 가능성이 크다.

## 3 Body fat 자료의 분석

이번 절에서 소개할 자료는 252명의 남성을 대상으로 나이, 키, 몸무게, 배 둘레 등과 같은 다양한 신체 둘레와 체지방지수를 측정한 것[1]이다. 체지방지수는 Siri(1956) 방정식의 체지방률을 뜻하며, 13개의 설명변수는 나이(세), 체중(파운드), 키(인치), 목둘레(cm), 가슴둘레(cm), 복부둘레(cm), 엉덩이둘레(cm), 허벅지둘레(cm), 무릎둘레(cm), 발목둘레(cm), 이두박근둘레(cm), 팔뚝둘레(cm), 손목둘레(cm)이다.

<그림 6.5>는 $k=13$개의 설명변수, 체지방지수(Pct.BF)의 자료를 보여준다. 분석 목적은 다중선형회귀모형으로 접근하여 변수선택을 통해 체지방지수에 영향을 미치는 설명변수를 도출하여 최적회귀방정식을 구하는 것이다.

---

1 http://lib.stat.cmu.edu/datasets/bodyfat

| 변수구분 | 변수명 | 설명 | 단위 |
|---|---|---|---|
| 종속변수 | Pct.BF | 체지방 | % |
| 독립변수1 | Age | 나이 | 세(년) |
| 독립변수2 | Weight | 몸무게 | lb (0.454kg) |
| 독립변수3 | Height | 키 | Inch (2.54cm) |
| 독립변수4 | Neck | 목둘레 | cm |
| 독립변수5 | Chest | 가슴둘레 | cm |
| 독립변수6 | Abdomen | 복부(배)둘레 | cm |
| 독립변수7 | Hip | 엉덩이둘레 | cm |
| 독립변수8 | Thigh | 넓적다리둘레 | cm |
| 독립변수9 | Knee | 무릎둘레 | cm |
| 독립변수10 | Ankle | 발목둘레 | cm |
| 독립변수11 | Bicep | 이두박근둘레 | cm |
| 독립변수12 | Forearm | 팔뚝둘레 | cm |
| 독립변수13 | Wrist | 손목둘레 | cm |

$x_{1i}$ = Age　　$x_{8i}$ = Thigh

$x_{2i}$ = Weight　　$x_{9i}$ = Knee

$x_{3i}$ = Height　　$x_{10i}$ = Ankle

$x_{4i}$ = Neck　　$x_{11i}$ = Bicep

$x_{5i}$ = Chest　　$x_{12i}$ = Forearm

$x_{6i}$ = Abdomen　　$x_{13i}$ = Wrist

$x_{7i}$ = Hip

$y_i$=Pct.BF

| Pct.BF (체지방지수) | Age | Weight | Height | Neck | Chest | Abdomen | Hip | Thigh | Knee | Ankle | Bicep | Forearm | Wrist |
|---|---|---|---|---|---|---|---|---|---|---|---|---|---|
| 12.3 | 23 | 154.25 | 67.75 | 36.2 | 93.1 | 85.2 | 94.5 | 59 | 37.3 | 21.9 | 32 | 27.4 | 17.1 |
| 6.1 | 22 | 173.25 | 72.25 | 38.5 | 93.6 | 83 | 98.7 | 58.7 | 37.3 | 23.4 | 30.5 | 28.9 | 18.2 |
| 25.3 | 22 | 154 | 66.25 | 34 | 95.8 | 87.9 | 99.2 | 59.6 | 38.9 | 24 | 28.8 | 25.2 | 16.6 |
| 10.4 | 26 | 184.75 | 72.25 | 37.4 | 101.8 | 86.4 | 101.2 | 60.1 | 37.3 | 22.8 | 32.4 | 29.4 | 18.2 |
| 28.7 | 24 | 184.25 | 71.25 | 34.4 | 97.3 | 100 | 101.9 | 63.2 | 42.2 | 24 | 32.2 | 27.7 | 17.7 |
| 20.9 | 24 | 210.25 | 74.75 | 39 | 104.5 | 94.4 | 107.8 | 66 | 42 | 25.6 | 35.7 | 30.6 | 18.8 |
| 19.2 | 26 | 181 | 69.75 | 36.4 | 105.1 | 90.7 | 100.3 | 58.4 | 38.3 | 22.9 | 31.9 | 27.8 | 17.7 |
| 12.4 | 25 | 176 | 72.5 | 37.8 | 99.6 | 88.5 | 97.1 | 60 | 39.4 | 23.2 | 30.5 | 29 | 18.8 |
| 4.1 | 25 | 191 | 74 | 38.1 | 100.9 | 82.5 | 99.9 | 62.9 | 38.3 | 23.8 | 35.9 | 31.1 | 18.2 |
| 11.7 | 23 | 198.25 | 73.5 | 42.1 | 99.6 | 88.6 | 104.1 | 63.1 | 41.7 | 25 | 35.6 | 30 | 19.2 |
| 7.1 | 26 | 186.25 | 74.5 | 38.5 | 101.5 | 83.6 | 98.2 | 59.7 | 39.7 | 25.2 | 32.8 | 29.4 | 18.5 |
| 7.8 | 27 | 216 | 76 | 39.4 | 103.6 | 90.9 | 107.7 | 66.2 | 39.2 | 25.9 | 37.2 | 30.2 | 19 |
| 20.8 | 32 | 180.5 | 69.5 | 38.4 | 102 | 91.6 | 103.9 | 63.4 | 38.3 | 21.5 | 32.5 | 28.6 | 17.7 |
| 21.2 | 30 | 205.25 | 71.25 | 39.4 | 104.1 | 101.8 | 108.6 | 66 | 41.5 | 23.7 | 36.9 | 31.6 | 18.8 |
| 22.1 | 35 | 187.75 | 69.5 | 40.5 | 101.3 | 96.4 | 100.1 | 69 | 39 | 23.1 | 36.1 | 30.5 | 18.2 |
| 20.9 | 35 | 162.75 | 66 | 36.4 | 99.1 | 92.8 | 99.2 | 63.1 | 38.7 | 21.7 | 31.1 | 26.4 | 16.9 |
| 29 | 34 | 195.75 | 71 | 38.9 | 101.9 | 96.4 | 105.2 | 64.8 | 40.8 | 23.1 | 36.2 | 30.8 | 17.3 |
| 22.9 | 32 | 209.25 | 71 | 42.1 | 107.6 | 97.5 | 107 | 66.9 | 40 | 24.4 | 38.2 | 31.6 | 19.3 |
| 16 | 28 | 183.75 | 67.75 | 38 | 106.8 | 89.6 | 102.4 | 64.2 | 38.7 | 22.9 | 37.2 | 30.5 | 18.5 |
| 16.5 | 33 | 211.75 | 73.5 | 40 | 106.2 | 100.5 | 109 | 65.8 | 40.6 | 24 | 37.1 | 30.1 | 18.2 |
| 19.1 | 28 | 179 | 68 | 39.1 | 103.3 | 95.9 | 104.9 | 63.5 | 38 | 22.1 | 32.5 | 30.3 | 18.4 |
| 15.2 | 28 | 200.5 | 69.75 | 41.3 | 111.4 | 98.8 | 104.8 | 63.4 | 40.6 | 24.6 | 33 | 32.8 | 19.9 |
| 15.6 | 31 | 140.25 | 68.25 | 33.9 | 86 | 76.4 | 94.6 | 57.4 | 35.3 | 22.2 | 27.9 | 25.9 | 16.7 |
| 17.7 | 32 | 148.75 | 70 | 35.5 | 86.7 | 80 | 93.4 | 54.9 | 36.2 | 22.1 | 29.8 | 26.7 | 17.1 |
| 14 | 28 | 151.25 | 67.75 | 34.5 | 90.2 | 76.3 | 95.8 | 58.4 | 35.5 | 22.9 | 31.1 | 28 | 17.6 |
| 3.7 | 27 | 159.25 | 71.5 | 35.7 | 89.6 | 79.7 | 96.5 | 55 | 36.7 | 22.5 | 29.9 | 28.2 | 17.7 |
| 7.9 | 34 | 131.5 | 67.5 | 36.2 | 88.6 | 74.6 | 85.3 | 51.7 | 34.7 | 21.4 | 28.7 | 27 | 16.5 |
| 22.9 | 31 | 148 | 67.5 | 38.8 | 97.4 | 88.7 | 94.7 | 57.5 | 36 | 21 | 29.2 | 26.6 | 17 |
| 3.7 | 27 | 133.25 | 64.75 | 36.4 | 93.5 | 73.9 | 88.5 | 50.1 | 34.5 | 21.3 | 30.5 | 27.9 | 17.2 |
| 8.8 | 29 | 160.75 | 69 | 36.7 | 97.4 | 83.5 | 98.7 | 58.9 | 35.3 | 22.6 | 30.1 | 26.7 | 17.6 |
| 11.9 | 32 | 182 | 73.75 | 38.7 | 100.5 | 88.7 | 99.8 | 57.5 | 38.7 | 33.9 | 32.5 | 27.7 | 18.4 |

**그림 6.5** 체지방지수와 여러 설명변수

KESS를 활용하여 최적회귀방정식을 도출하기로 한다. <그림 6.6>은 KESS에서 설명변수와 종속변수의 선정과정과 '모든 가능한 회귀'를 보여주고 있다.

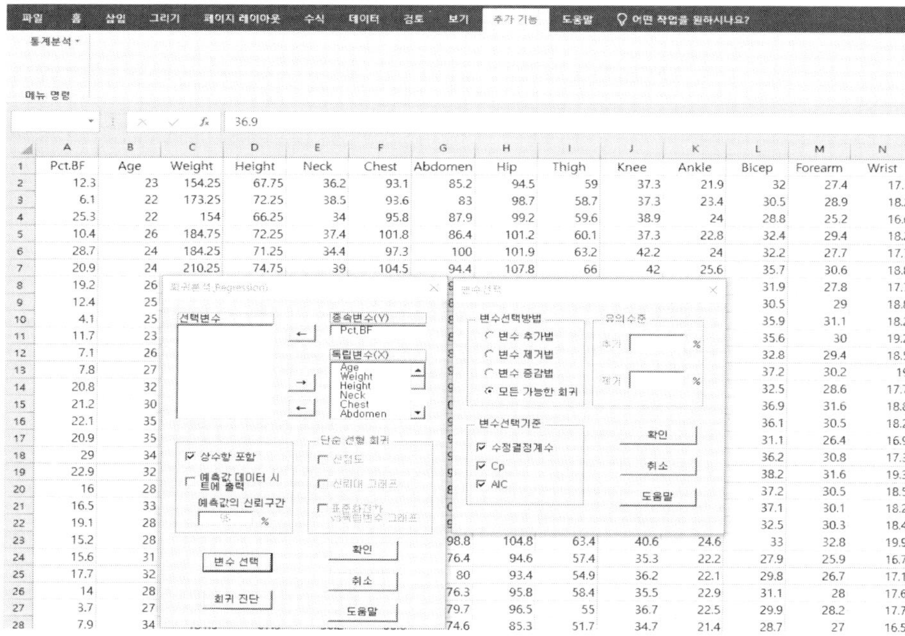


**그림 6.6** KESS 변수선택(모든 가능한 회귀)

# 1. 모든 가능한 회귀

모든 가능한 회귀는 모든 가능한 변수들의 조합을 회귀분석 해보는 것으로 Body fat의 13개 설명변수에 대해 $2^{13}=8,192$개의 조합을 고려한다.

<그림 6.7>은 '모든 가능한 회귀' 결과를 보여주고 있다. 변수 개수 1부터 13까지 모든 조합의 결과와 변수선택 지표($R^2$, $adj-R^2$, $C_p$, $AIC$)값을 제시한다.

최적회귀방정식 후보를 선정하기 위해 엑셀 '정렬-필터' 기능을 이용하여 $C_p$, $AIC$는 오름차순으로, 수정결정계수는 내림차순으로 정렬해 보면, 7~9개의 변수선택 결과를 제시해 준다. <그림 6.8>은 이들 결과를 보여주고 있다.

$C_p$ 기준으로는 13개의 설명변수 가운데 체지방지수에 영향을 미치는 변수로 8개(ⓐ 나이, 체중, 목둘레, 복부둘레, 엉덩이둘레, 넓적다리둘레, 팔뚝둘레, 손목둘레)가 선정되었다. $AIC$ 기준으로는 13개의 설명변수 가운데 체지방지수에 영향을 미치는 변수로 7개(ⓑ 나이, 체중, 목둘레, 복부둘레, 넓적다리둘레, 팔뚝둘레, 손목둘레)가 선정되었

다. $adj-R^2$ 기준으로는 13개의 설명변수 가운데 체지방지수에 영향을 미치는 변수로 9개(ⓒ 나이, 체중, 목둘레, 복부둘레, 엉덩이둘레, 넓적다리둘레, 이두박근둘레, 팔뚝둘레, 손목둘레)가 선정되었다. 각각의 다중회귀모형은 ⓐ, ⓑ, ⓒ로 구분하여 제시하면 다음과 같다.

ⓐ $\hat{y}_i = \hat{\beta_0} + \hat{\beta}_1 x_{1i} + \hat{\beta}_2 x_{2i} + \hat{\beta}_4 x_{4i} + \hat{\beta}_6 x_{6i} + \hat{\beta}_7 x_{7i} + \hat{\beta}_8 x_{8i} + \hat{\beta}_{12} x_{12i} + \hat{\beta}_{13} x_{13i}$

ⓑ $\hat{y}_i = \hat{\beta_0} + \hat{\beta}_1 x_{1i} + \hat{\beta}_2 x_{2i} + \hat{\beta}_4 x_{4i} + \hat{\beta}_6 x_{6i} + \hat{\beta}_8 x_{8i} + \hat{\beta}_{12} x_{12i} + \hat{\beta}_{13} x_{13i}$

ⓒ $\hat{y}_i = \hat{\beta_0} + \hat{\beta}_1 x_{1i} + \hat{\beta}_2 x_{2i} + \hat{\beta}_4 x_{4i} + \hat{\beta}_6 x_{6i} + \hat{\beta}_7 x_{7i} + \hat{\beta}_8 x_{8i} + \hat{\beta}_{11} x_{11i} + \hat{\beta}_{12} x_{12i} + \hat{\beta}_{13} x_{13i}$

세 가지 변수선택 지표에 따른 최적회귀방정식은 약간의 차이를 보인다. 모든 가능한 회귀 결과는 정확히 일치하지 않으므로 최적회귀방정식의 후보 모형을 선별하는 참고용으로 사용하는 것을 추천한다.

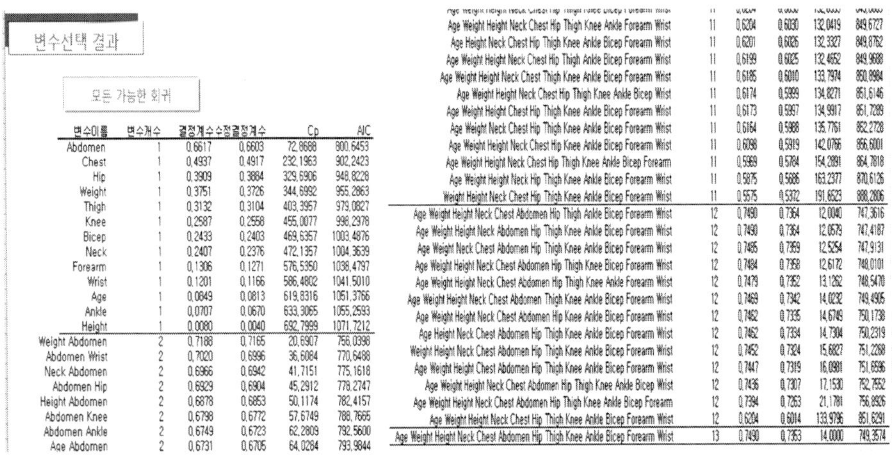

변수선택 결과

모든 가능한 회귀

| 변수이름 | 변수개수 | 결정계수 | 수정결정계수 | Cp | AIC |
|---|---|---|---|---|---|
| Abdomen | 1 | 0,6617 | 0,6603 | 72,8688 | 800,6453 |
| Chest | 1 | 0,4937 | 0,4917 | 232,1963 | 902,2423 |
| Hip | 1 | 0,3909 | 0,3884 | 329,6906 | 948,8228 |
| Weight | 1 | 0,3751 | 0,3726 | 344,6992 | 955,2863 |
| Thigh | 1 | 0,3132 | 0,3104 | 403,3957 | 979,0827 |
| Knee | 1 | 0,2587 | 0,2558 | 455,0077 | 998,2978 |
| Bicep | 1 | 0,2433 | 0,2403 | 469,6357 | 1003,4876 |
| Neck | 1 | 0,2407 | 0,2376 | 472,1357 | 1004,3639 |
| Forearm | 1 | 0,1306 | 0,1271 | 576,5350 | 1038,4797 |
| Wrist | 1 | 0,1201 | 0,1166 | 586,4802 | 1041,5010 |
| Age | 1 | 0,0849 | 0,0813 | 619,8316 | 1051,3766 |
| Ankle | 1 | 0,0707 | 0,0670 | 633,3065 | 1055,2593 |
| Height | 1 | 0,0080 | 0,0040 | 692,7999 | 1071,7212 |
| Weight Abdomen | 2 | 0,7188 | 0,7165 | 20,6907 | 756,0398 |
| Abdomen Wrist | 2 | 0,7020 | 0,6996 | 36,6084 | 770,6488 |
| Neck Abdomen | 2 | 0,6966 | 0,6942 | 41,7151 | 775,1618 |
| Abdomen Hip | 2 | 0,6929 | 0,6904 | 45,2912 | 778,2747 |
| Height Abdomen | 2 | 0,6878 | 0,6853 | 50,1174 | 782,4157 |
| Abdomen Knee | 2 | 0,6798 | 0,6772 | 57,6749 | 788,7665 |
| Abdomen Ankle | 2 | 0,6749 | 0,6723 | 62,2809 | 792,5600 |
| Age Abdomen | 2 | 0,6731 | 0,6705 | 64,0284 | 793,9844 |

| 변수이름 | 변수개수 | 결정계수 | 수정결정계수 | Cp | AIC |
|---|---|---|---|---|---|
| [illegible] | 11 | [illegible] | [illegible] | [illegible] | [illegible] |
| Age Weight Height Neck Chest Hip Thigh Knee Ankle Forearm Wrist | 11 | 0,6204 | 0,6030 | 132,0419 | 849,6727 |
| Age Height Neck Chest Hip Thigh Knee Ankle Bicep Forearm Wrist | 11 | 0,6201 | 0,6026 | 132,3327 | 849,8762 |
| Age Weight Height Neck Chest Hip Thigh Ankle Bicep Forearm Wrist | 11 | 0,6199 | 0,6025 | 132,4652 | 849,9688 |
| Age Weight Height Neck Chest Thigh Knee Ankle Bicep Forearm Wrist | 11 | 0,6185 | 0,6010 | 133,7974 | 850,8984 |
| Age Weight Height Neck Chest Hip Thigh Knee Ankle Bicep Wrist | 11 | 0,6174 | 0,5999 | 134,8271 | 851,6146 |
| Age Weight Height Chest Hip Thigh Knee Ankle Bicep Forearm Wrist | 11 | 0,6173 | 0,5997 | 134,9917 | 851,7289 |
| Age Weight Neck Chest Hip Thigh Knee Ankle Bicep Forearm Wrist | 11 | 0,6164 | 0,5988 | 135,7761 | 852,2728 |
| Age Weight Height Neck Chest Hip Knee Ankle Bicep Forearm Wrist | 11 | 0,6098 | 0,5919 | 142,0766 | 856,6001 |
| Age Weight Height Neck Chest Hip Thigh Knee Ankle Bicep Forearm | 11 | 0,5969 | 0,5784 | 154,2891 | 864,7818 |
| Age Weight Height Neck Hip Thigh Knee Ankle Bicep Forearm Wrist | 11 | 0,5875 | 0,5686 | 163,2377 | 870,6126 |
| Weight Height Neck Chest Hip Thigh Knee Ankle Bicep Forearm Wrist | 11 | 0,5575 | 0,5372 | 191,6523 | 888,2806 |
| Age Weight Height Neck Chest Abdomen Hip Thigh Ankle Bicep Forearm Wrist | 12 | 0,7490 | 0,7364 | 12,0040 | 747,3616 |
| Age Weight Height Neck Abdomen Hip Thigh Knee Ankle Bicep Forearm Wrist | 12 | 0,7490 | 0,7364 | 12,0579 | 747,4187 |
| Age Weight Neck Chest Abdomen Hip Thigh Knee Ankle Bicep Forearm Wrist | 12 | 0,7485 | 0,7359 | 12,5254 | 747,9131 |
| Age Weight Height Neck Chest Abdomen Hip Thigh Knee Bicep Forearm Wrist | 12 | 0,7484 | 0,7358 | 12,6172 | 748,0101 |
| Age Weight Height Neck Chest Abdomen Hip Thigh Knee Ankle Forearm Wrist | 12 | 0,7479 | 0,7352 | 13,1262 | 748,5470 |
| Age Weight Height Neck Chest Abdomen Thigh Knee Ankle Bicep Forearm Wrist | 12 | 0,7469 | 0,7342 | 14,0232 | 749,4905 |
| Age Weight Height Neck Chest Abdomen Hip Knee Ankle Bicep Forearm Wrist | 12 | 0,7462 | 0,7335 | 14,6749 | 750,1738 |
| Age Height Neck Chest Abdomen Hip Thigh Knee Ankle Bicep Forearm Wrist | 12 | 0,7462 | 0,7334 | 14,7304 | 750,2319 |
| Weight Height Neck Chest Abdomen Hip Thigh Knee Ankle Bicep Forearm Wrist | 12 | 0,7452 | 0,7324 | 15,6827 | 751,2268 |
| Age Weight Height Chest Abdomen Hip Thigh Knee Ankle Bicep Forearm Wrist | 12 | 0,7447 | 0,7319 | 16,0981 | 751,6596 |
| Age Weight Height Neck Chest Abdomen Hip Thigh Knee Ankle Bicep Wrist | 12 | 0,7436 | 0,7307 | 17,1530 | 752,7552 |
| Age Weight Height Neck Chest Abdomen Hip Thigh Knee Ankle Bicep Forearm | 12 | 0,7394 | 0,7263 | 21,1781 | 756,8926 |
| Age Weight Height Neck Chest Hip Thigh Knee Ankle Bicep Forearm Wrist | 12 | 0,6204 | 0,6014 | 133,9796 | 851,6291 |
| Age Weight Height Neck Chest Abdomen Hip Thigh Knee Ankle Bicep Forearm Wrist | 13 | 0,7490 | 0,7353 | 14,0000 | 749,3574 |

**그림 6.7** 모든 가능한 회귀 변수선택 결과

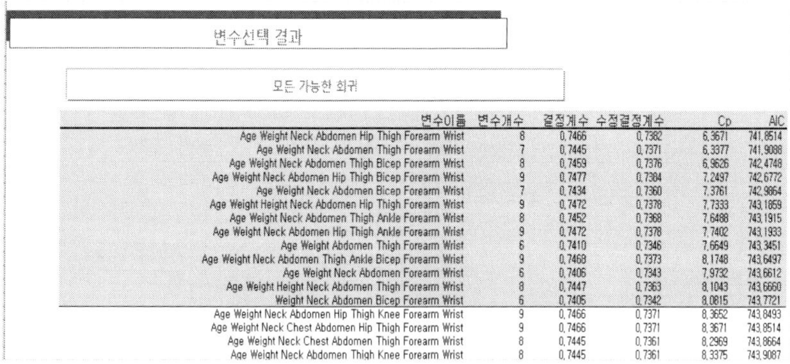

변수선택 결과

모든 가능한 회귀

| 변수이름 | 변수개수 | 결정계수 | 수정결정계수 | Cp | AIC |
|---|---|---|---|---|---|
| Age Weight Neck Abdomen Hip Thigh Forearm Wrist | 8 | 0,7466 | 0,7382 | 6,3671 | 741,8514 |
| Age Weight Neck Abdomen Thigh Forearm Wrist | 7 | 0,7445 | 0,7371 | 6,3377 | 741,9088 |
| Age Weight Neck Abdomen Thigh Bicep Forearm Wrist | 8 | 0,7459 | 0,7376 | 6,9626 | 742,4748 |
| Age Weight Neck Abdomen Hip Thigh Bicep Forearm Wrist | 9 | 0,7477 | 0,7384 | 7,2497 | 742,6772 |
| Age Weight Neck Abdomen Bicep Forearm Wrist | 7 | 0,7434 | 0,7360 | 7,3761 | 742,9864 |
| Age Weight Height Neck Abdomen Hip Thigh Forearm Wrist | 9 | 0,7472 | 0,7378 | 7,7333 | 743,1859 |
| Age Weight Neck Abdomen Thigh Ankle Forearm Wrist | 8 | 0,7452 | 0,7368 | 7,6488 | 743,1915 |
| Age Weight Neck Abdomen Hip Thigh Ankle Forearm Wrist | 9 | 0,7472 | 0,7378 | 7,7402 | 743,1933 |
| Age Weight Abdomen Thigh Forearm Wrist | 6 | 0,7410 | 0,7346 | 7,6649 | 743,3451 |
| Age Weight Neck Abdomen Thigh Ankle Bicep Forearm Wrist | 9 | 0,7468 | 0,7373 | 8,1748 | 743,6497 |
| Age Weight Neck Abdomen Forearm Wrist | 6 | 0,7406 | 0,7343 | 7,9732 | 743,6612 |
| Age Weight Height Neck Abdomen Thigh Forearm Wrist | 8 | 0,7447 | 0,7363 | 8,1043 | 743,6660 |
| Weight Neck Abdomen Bicep Forearm Wrist | 6 | 0,7405 | 0,7342 | 8,0815 | 743,7721 |
| Age Weight Neck Abdomen Hip Thigh Knee Forearm Wrist | 9 | 0,7466 | 0,7371 | 8,3652 | 743,8493 |
| Age Weight Neck Chest Abdomen Hip Thigh Forearm Wrist | 9 | 0,7466 | 0,7371 | 8,3671 | 743,8514 |
| Age Weight Neck Chest Abdomen Thigh Forearm Wrist | 8 | 0,7445 | 0,7361 | 8,2969 | 743,8664 |
| Age Weight Neck Abdomen Thigh Knee Forearm Wrist | 8 | 0,7445 | 0,7361 | 8,3375 | 743,9087 |

**그림 6.8** 변수선택 지표의 기준을 적용한 '모든 가능한 회귀' 결과

## 2. 전진선택법

전진선택법은 후진제거법의 반대로, 가장 상대적 영향력이 높은 중요한 변수를 하나씩 골라 주어가면서 더 이상 중요한 변수가 없다고 판정될 때 중단하는 것이다. 13개의 변수로 고려하는 다중회귀방정식의 수는 $13 \times 14/2 = 91$개다. 5% 유의수준 하에서 부분 $F$검정(추가, 제거 유의수준 5%)을 실시하여 유의한 설명변수를 선택한다. KESS 전진선택법을 선정하는 과정은 <그림 6.9>, 결과는 <그림 6.10>에서 살펴볼 수 있다.

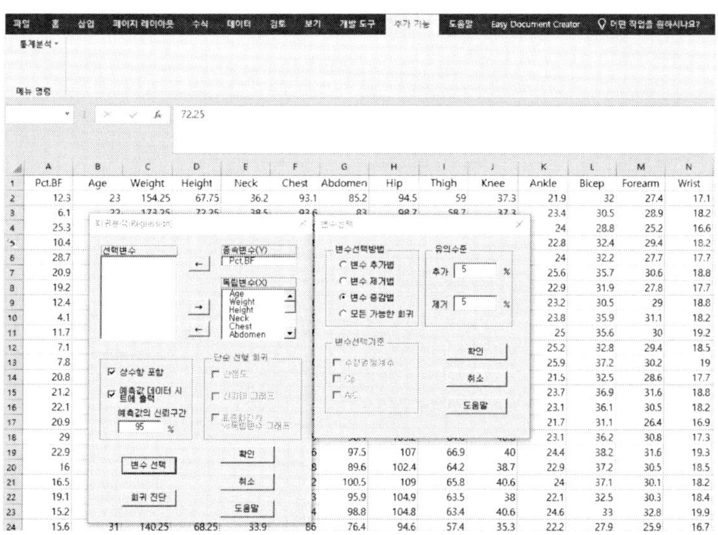

**그림 6.9** KESS 전진선택법의 변수선택과 5% 수준 지정한 화면

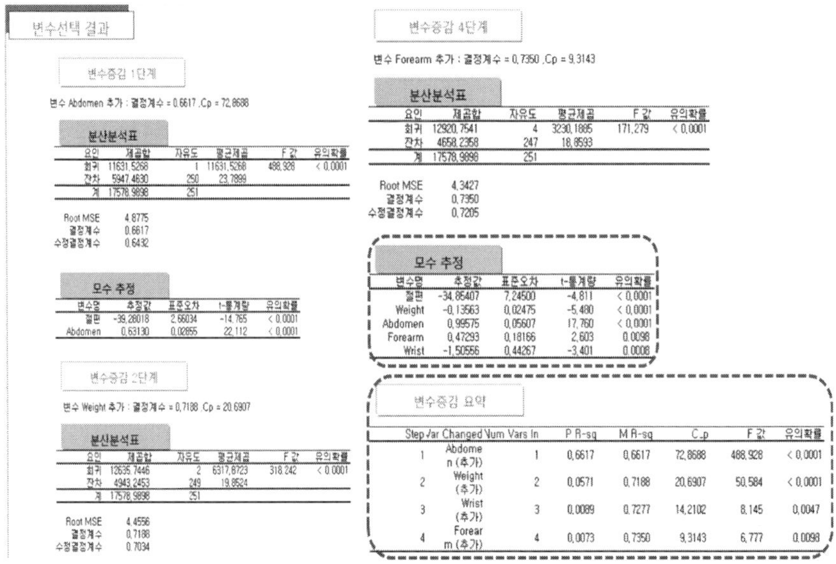

변수선택 결과

변수증감 1단계

변수 Abdomen 추가 : 결정계수 = 0,6617 ,Cp = 72,8688

분산분석표

| 요인 | 제곱합 | 자유도 | 평균제곱 | F 값 | 유의확률 |
|---|---|---|---|---|---|
| 회귀 | 11631,5268 | 1 | 11631,5268 | 488,928 | < 0,0001 |
| 잔차 | 5947,4630 | 250 | 23,7899 | | |
| 계 | 17578,9898 | 251 | | | |

| | |
|---|---|
| Root MSE | 4,8775 |
| 결정계수 | 0,6617 |
| 수정결정계수 | 0,6432 |

모수 추정

| 변수명 | 추정값 | 표준오차 | t-통계량 | 유의확률 |
|---|---|---|---|---|
| 절편 | -39,28018 | 2,66034 | -14,765 | < 0,0001 |
| Abdomen | 0,63130 | 0,02855 | 22,112 | < 0,0001 |

변수증감 2단계

변수 Weight 추가 : 결정계수 = 0,7188 ,Cp = 20,6907

분산분석표

| 요인 | 제곱합 | 자유도 | 평균제곱 | F 값 | 유의확률 |
|---|---|---|---|---|---|
| 회귀 | 12635,7446 | 2 | 6317,8723 | 318,242 | < 0,0001 |
| 잔차 | 4943,2453 | 249 | 19,8524 | | |
| 계 | 17578,9898 | 251 | | | |

| | |
|---|---|
| Root MSE | 4,4556 |
| 결정계수 | 0,7188 |
| 수정결정계수 | 0,7034 |

변수증감 4단계

변수 Forearm 추가 : 결정계수 = 0,7350 ,Cp = 9,3143

분산분석표

| 요인 | 제곱합 | 자유도 | 평균제곱 | F 값 | 유의확률 |
|---|---|---|---|---|---|
| 회귀 | 12920,7541 | 4 | 3230,1885 | 171,279 | < 0,0001 |
| 잔차 | 4658,2358 | 247 | 18,8593 | | |
| 계 | 17578,9898 | 251 | | | |

| | |
|---|---|
| Root MSE | 4,3427 |
| 결정계수 | 0,7350 |
| 수정결정계수 | 0,7205 |

모수 추정

| 변수명 | 추정값 | 표준오차 | t-통계량 | 유의확률 |
|---|---|---|---|---|
| 절편 | -34,85407 | 7,24500 | -4,811 | < 0,0001 |
| Weight | -0,13563 | 0,02475 | -5,480 | < 0,0001 |
| Abdomen | 0,99575 | 0,05607 | 17,760 | < 0,0001 |
| Forearm | 0,47293 | 0,18166 | 2,603 | 0,0098 |
| Wrist | -1,50556 | 0,44267 | -3,401 | 0,0008 |

변수증감 요약

| Step | Var Changed | Num Vars In | P R-sq | M R-sq | C_p | F 값 | 유의확률 |
|---|---|---|---|---|---|---|---|
| 1 | Abdomen (추가) | 1 | 0,6617 | 0,6617 | 72,8688 | 488,928 | < 0,0001 |
| 2 | Weight (추가) | 2 | 0,0571 | 0,7188 | 20,6907 | 50,584 | < 0,0001 |
| 3 | Wrist (추가) | 3 | 0,0089 | 0,7277 | 14,2102 | 8,145 | 0,0047 |
| 4 | Forearm (추가) | 4 | 0,0073 | 0,7350 | 9,3143 | 6,777 | 0,0098 |

**그림 6.10** 전진선택법 결과

그리고 KESS 전진선택법은 변수증감 단계별로 유의한 변수 순서를 보여준다. 가장 영향력이 높은 변수는 Abdomen(배둘레)이고 마지막 4번째로 추가된 유의한 변수는 Forearm(팔뚝둘레)이다. 전진선택법의 결과는 총 4단계로 4개의 설명변수를 선택한 과정과 변수선택 지표값을 보여주며, 최적회귀방정식은 $\hat{y_i} = -34.854 - 0.135\,Weight_i + 0.996Abdomen_i + 0.473Forearm_i - 1.506\,Wrist_i$이다.

## 3. 후진제거법

모든 설명변수를 포함하는 가장 큰 모형에서 종속변수에 상대적 영향력이 낮은 변수를 차례로 제거해 나가는 후진제거법은 설명변수가 $k$개 있을 경우에 조합해야 할 다중회귀방정식의 수가 $k$개다. body fat은 13개의 설명변수이므로 13개의 다중회귀방정식이 도출된다. KESS를 사용하여 후진제거법을 5% 유의수준으로 선정하는 과정은 <그림 6.11>에서 살펴볼 수 있다.

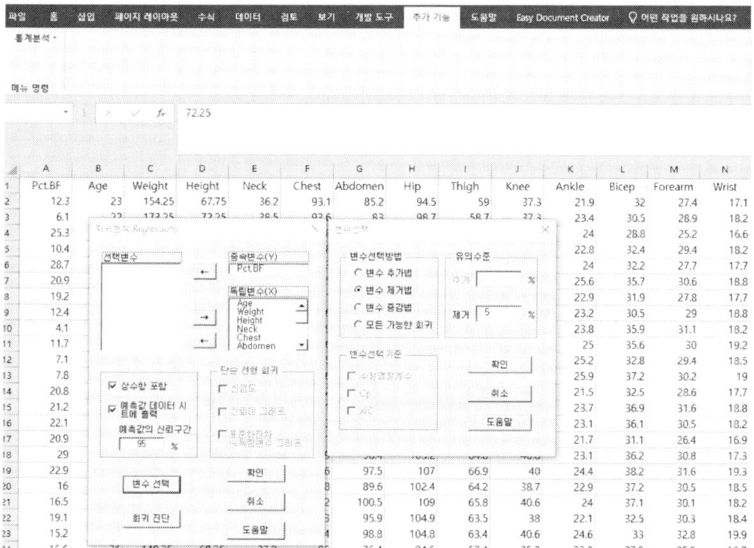

**그림 6.11** KESS 후진제거법 변수선택과 5% 수준 지정한 화면

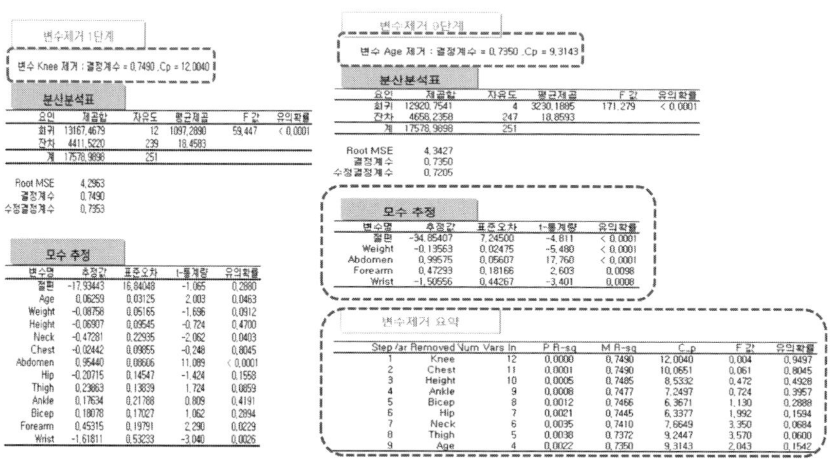

**그림 6.12** 후진제거법 결과

<그림 6.12>와 같이 KESS 후진제거법은 변수제거 단계별로 유의하지 않은 변수 순서를 보여준다. 영향력이 가장 낮은 변수는 Knee(무릎둘레)이고 마지막 9번째로 제거된 유의하지 않은 변수는 Age(나이)이다. 후진제거법의 결과는 총 9단계로, 13개 변수 중에서 9개를 제거한 과정과 변수선택 지표값을 보여준다. 후진제거법으로 도출된 최적회귀방정식은 전진제거법의 결과와 일치한다.

# 4. 단계별 회귀

단계별 회귀는 전진선택법을 개선한 것으로, 중요한 변수를 하나씩 추가 선택해 나가면서 미리 선택된 변수와 새로운 선택변수와 상관관계를 살펴 선형 여부를 체크하여 다음 변수선택 단계에서 제거될 수 있도록 변수선택의 단계마다 검토하는 방법이다. <그림 6.13>은 단계별 회귀인 KESS 변수추가법을 보여준다.

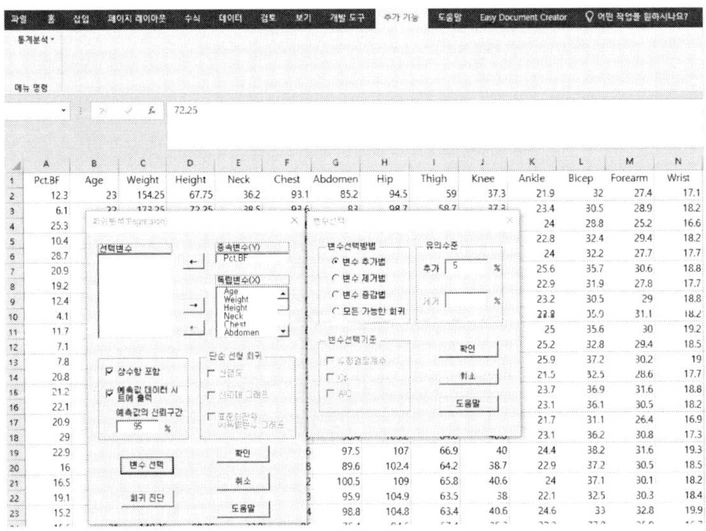

**그림 6.13** KESS 변수추가법 5% 수준 지정한 화면

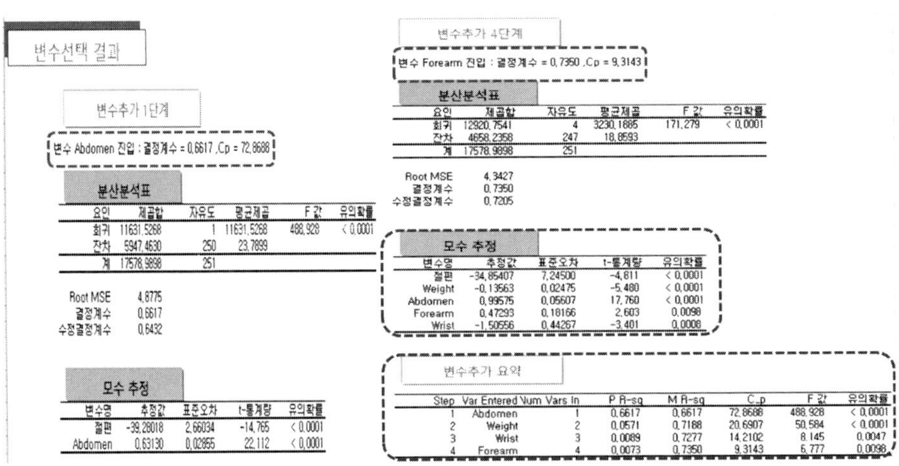


**그림 6.14** 변수추가법 결과

<그림 6.14>는 KESS 변수추가법의 변수선택 단계별에 따른 유의한 변수 순서를 보여준다. 영향력이 가장 높은 변수는 Abdomen(배 둘레)이고 마지막 4번째로 추가된 유의한 변수는 Forearm(팔뚝둘레)이다. 변수추가법의 결과는 총 4단계로 13개 변수 중에서 4개를 선택하는 과정과 변수선택 지표값을 보여주며, 최적회귀방정식은 전진제거법, 후진제거법과 동일하다.

## 5. 최적회귀방정식 도출

이번 절은 변수선택 4가지 방법의 결과를 종합하여 최종 최적회귀방정식을 도출한다. 4가지 방법의 $adj-R^2$, $C_p$, $AIC$를 정리하면 <표 6.3>과 같다. 전진선택법, 후진제거법, 변수추가법은 모두 동일한 값과 결과를 보여주지만, 모든 가능한 회귀는 $adj-R^2$, $C_p$, $AIC$의 기준에 따른 결과가 <표 6.3>과 같이 다르게 나타난다.

**표 6.3** 변수선택 4가지 방법에 대한 변수선택 지표값과 기준

| 모형 | | $adj-R^2$ (높을수록 좋음) | $C_p$ (낮을수록 좋음) | $AIC$ (낮을수록 좋음) |
|---|---|---|---|---|
| 전진선택법 | | 0.7205 | 9.3143 | 745.0747 |
| 후진제거법 | | 0.7205 | 9.3143 | 745.0747 |
| 변수추가법 | | 0.7205 | 9.3143 | 745.0747 |
| 모든 가능한 회귀 | $C_p$ | 0.7371 | 6.3377 | 741.9088 |
| | $AIC$ | 0.7382 | 6.3671 | 741.8514 |
| | $adj-R^2$ | 0.7384 | 7.2497 | 742.6772 |

* $AIC$는 모든 가능한 회귀에서 찾음

따라서 모든 가능한 회귀는 최적회귀방정식의 참고용으로 사용하고 전진선택법, 후진제거법, 변수추가법에서 최적회귀방정식을 도출한다.

변수선택법 결과, 모든 가능한 회귀를 제외한 3가지 방법의 변수선택 지표값과 추정 모수값은 동일하며, <표 6.4>를 참고하여 최종 최적회귀방정식을 도출하면 다음과 같다.

$$\hat{y}_i = -34.854 - 0.135x_{2i} + 0.996x_{6i} + 0.473x_{12i} - 1.506x_{13i}$$

따라서 체지방지수에 영향을 미치는 설명변수는 몸무게, 배둘레, 팔뚝둘레, 손목둘레이다. 그리고 체지방지수에 양의 영향을 미치는 변수는 배둘레와 팔뚝둘레이고, 음의 영향은 몸무게와 손목둘레이다.

변수선택 결과

모든 가능한 회귀

| 변수이 | 변수개 | 결정계 | 수정결정계 | [illegible] | A |
|---:|---:|---:|---:|---:|---:|
| Age Weight Neck Abdomen Thigh Forearm Wrist | 7 | 0,7445 | 0,7371 | 6,3377 | 741,9088 |
| Age Weight Neck Abdomen Hip Thigh Forearm Wrist | 8 | 0,7466 | 0,7382 | 6,3671 | 741,8514 |
| Age Weight Neck Abdomen Thigh Bicep Forearm Wrist | 8 | 0,7459 | 0,7376 | 6,9626 | 742,4748 |
| Age Weight Neck Abdomen Hip Thigh Bicep Forearm Wrist | 9 | 0,7477 | 0,7384 | 7,2497 | 742,6772 |
| Age Weight Neck Abdomen Bicep Forearm Wrist | 7 | 0,7434 | 0,7360 | 7,3761 | 742,9864 |
| Age Weight Neck Abdomen Thigh Ankle Forearm Wrist | 8 | 0,7452 | 0,7368 | 7,6488 | 743,1915 |
| Age Weight Abdomen Thigh Forearm Wrist | 6 | 0,7410 | 0,7346 | 7,6649 | 743,3451 |
| Age Weight Height Neck Abdomen Hip Thigh Forearm Wrist | 9 | 0,7472 | 0,7378 | 7,7333 | 743,1859 |
| Age Weight Neck Abdomen Hip Thigh Ankle Forearm Wrist | 9 | 0,7472 | 0,7378 | 7,7402 | 743,1933 |
| Age Weight Neck Abdomen Forearm Wrist | 6 | 0,7406 | 0,7343 | 7,9732 | 743,6612 |
| Weight Neck Abdomen Bicep Forearm Wrist | 6 | 0,7405 | 0,7342 | 8,0815 | 743,7721 |
| Age Weight Height Neck Abdomen Thigh Forearm Wrist | 8 | 0,7447 | 0,7363 | 8,1043 | 743,6660 |
| Age Weight Neck Abdomen Thigh Ankle Bicep Forearm Wrist | 9 | 0,7468 | 0,7373 | 8,1748 | 743,6497 |

**표 6.4** 변수선택의 모수추정 결과

• **전진선택법**

| 변수명 | 추정값 | 표준오차 | $t$-통계량 | 유의확률 |
|---|---|---|---|---|
| 절편 | -34.85407 | 7.24500 | -4.811 | 〈 0.0001 |
| Weight | -0.13563 | 0.02475 | -5.480 | 〈 0.0001 |
| Abdomen | 0.99575 | 0.05607 | 17.760 | 〈 0.0001 |
| Forearm | 0.47293 | 0.18166 | 2.603 | 0.0098 |
| Wrist | -1.50556 | 0.44267 | -3.401 | 0.0008 |

• **후진제거법**

| 변수명 | 추정값 | 표준오차 | $t$-통계량 | 유의확률 |
|---|---|---|---|---|
| 절편 | -34.85407 | 7.24500 | -4.811 | 〈 0.0001 |
| Weight | -0.13563 | 0.02475 | -5.480 | 〈 0.0001 |
| Abdomen | 0.99575 | 0.05607 | 17.760 | 〈 0.0001 |
| Forearm | 0.47293 | 0.18166 | 2.603 | 0.0098 |
| Wrist | -1.50556 | 0.44267 | -3.401 | 0.0008 |

• **변수추가법**

| 변수명 | 추정값 | 표준오차 | $t$-통계량 | 유의확률 |
|---|---|---|---|---|
| 절편 | -34.85407 | 7.24500 | -4.811 | 〈 0.0001 |
| Weight | -0.13563 | 0.02475 | -5.480 | 〈 0.0001 |
| Abdomen | 0.99575 | 0.05607 | 17.760 | 〈 0.0001 |
| Forearm | 0.47293 | 0.18166 | 2.603 | 0.0098 |
| Wrist | -1.50556 | 0.44267 | -3.401 | 0.0008 |

<그림 6.15>는 변수선택 4가지 방법의 모델링 결과를 보여준다. 전진선택법, 후진제거법, 변수추가법은 4개, 모든 가능한 회귀는 7~9개가 선정되었음을 알 수 있다.

$$y_i = \beta_0 + \beta_1 x_{1i} + \beta_2 x_{2i} + \cdots + \beta_{13} x_{13i} + \epsilon_i$$

**최적회귀방정식 도출 4개 방법 비교**

| | | | 4개 | 4개 | 4개 | 8개 | 7개 | 9개 |
|---|---|---|---|---|---|---|---|---|
| 변수구분 | 변수명 | 설명 | 변수증감법 | 변수제거법 | 변수선택법 | 모든가능한회귀(Cp) | 모든가능한회귀(AIC) | 모든가능한회귀(수정결정계수) |
| 독립변수1 | Age | 나이 | | | | | | |
| 독립변수2 | Weight | 몸무게 | | | | | | |
| 독립변수3 | Height | 키 | | | | | | |
| 독립변수4 | Neck | 목둘레 | | | | | | |
| 독립변수5 | Chest | 가슴둘레 | | | | | | |
| 독립변수6 | Abdomen | 복부(배) | | | | | | |
| 독립변수7 | Hip | 엉덩이둘레 | | | | | | |
| 독립변수8 | Thigh | 넓적다리 | | | | | | |
| 독립변수9 | Knee | 무릎 | | | | | | |
| 독립변수10 | Ankle | 발목 | | | | | | |
| 독립변수11 | Bicep | 이두박근 | | | | | | |
| 독립변수12 | Forearm | 팔뚝 | | | | | | |
| 독립변수13 | Wrist | 손목둘레 | | | | | | |

⇩

• 변수선택법, 변수증감법, 변수제거법 선택 경우: $\hat{y_i} = \hat{\beta_0} + \hat{\beta}_2 x_{2i} + \hat{\beta}_6 x_{6i} + \hat{\beta}_{12} x_{12i} + \hat{\beta}_{13} x_{13i}$

• 모든 가능한 회귀

$C_p$ 기준: $\hat{y_i} = \hat{\beta_0} + \hat{\beta}_1 x_{1i} + \hat{\beta}_2 x_{2i} + \hat{\beta}_4 x_{4i} + \hat{\beta}_6 x_{6i} + \hat{\beta}_7 x_{7i} + \hat{\beta}_8 x_{8i} + \hat{\beta}_{12} x_{12i} + \hat{\beta}_{13} x_{13i}$

$AIC$ 기준: $\hat{y_i} = \hat{\beta_0} + \hat{\beta}_1 x_{1i} + \hat{\beta}_2 x_{2i} + \hat{\beta}_4 x_{4i} + \hat{\beta}_6 x_{6i} + \hat{\beta}_8 x_{8i} + \hat{\beta}_{12} x_{12i} + \hat{\beta}_{13} x_{13i}$

$adj-R^2$ 기준: $\hat{y_i} = \hat{\beta_0} + \hat{\beta}_1 x_{1i} + \hat{\beta}_2 x_{2i} + \hat{\beta}_4 x_{4i} + \hat{\beta}_6 x_{6i} + \hat{\beta}_7 x_{7i} + \hat{\beta}_8 x_{8i} + \hat{\beta}_{11} x_{11i} + \hat{\beta}_{12} x_{12i} + \hat{\beta}_{13} x_{13i}$

**그림 6.15** 변수선택 4가지 방법 결과 비교

추가로, <표 6.5>와 같이 '모든 가능한 회귀'의 3가지 결과를 다중회귀모형으로 적합한 결과, 유의수준 5% 기준에서 선형적 관련성을 보이지 않는 변수(① Hip, ② Neck, Thigh, ③ Hip, Bicep)가 추가되었음을 확인할 수 있었다. 이처럼 모든 가능한 회귀는 참고용으로만 활용되어야 하고 최적회귀방정식이 될 수 없음을 알 수 있다.

**표 6.5** 모든 가능한 회귀의 다중회귀모형 적합

• **모든 가능한 회귀($C_p$)**

| 변수명 | 추정값 | 표준오차 | $t$-통계량 | 유의확률 |
|---|---|---|---|---|
| 절편 | -22.65637 | 11.71385 | -1.934 | 0.0543 |
| Age | 0.06578 | 0.03078 | 2.137 | 0.0336 |
| Weight | -0.08985 | 0.03991 | -2.252 | 0.0252 |
| Neck | -0.46656 | 0.22462 | -2.077 | 0.0388 |
| Abdomen | 0.94482 | 0.07193 | 13.134 | < 0.0001 |
| **Hip** | **-0.19543** | **0.13847** | **-1.411** | **0.1594** |
| Thigh | 0.30239 | 0.12904 | 2.343 | 0.0199 |
| Forearm | 0.51572 | 0.18631 | 2.768 | 0.0061 |
| Wrist | -1.53665 | 0.50939 | -3.017 | 0.0028 |

• **모든 가능한 회귀($AIC$)**

| 변수명 | 추정값 | 표준오차 | $t$-통계량 | 유의확률 |
|---|---|---|---|---|
| 절편 | -33.25799 | 9.00681 | -3.693 | 0.0003 |
| Age | 0.06817 | 0.03079 | 2.214 | 0.0278 |
| Weight | 0.011944 | 0.03403 | -3.510 | 0.0005 |
| Neck | 0.040380 | 0.22062 | -1.830 | 0.0684 |
| Abdomen | 0.91788 | 0.06950 | 13.207 | < 0.0001 |
| Thigh | 0.22196 | 0.11601 | 1.913 | 0.0569 |
| Forearm | 0.55314 | 0.18479 | 2.993 | 0.0030 |
| Wrist | -1.53240 | 0.51041 | -3.002 | 0.0030 |

• **모든 가능한 회귀($adj-R^2$)**

| 변수명 | 추정값 | 표준오차 | $t$-통계량 | 유의확률 |
|---|---|---|---|---|
| 절편 | -23.30499 | 11.72660 | -1.987 | 0.0480 |
| Age | 0.06348 | 0.03084 | 2.058 | 0.0406 |
| Weight | -0.09843 | 0.04070 | -2.418 | 0.0163 |
| Neck | -0.49330 | 0.22596 | -2.183 | 0.0300 |
| Abdomen | 0.94926 | 0.07204 | 13.177 | < 0.0001 |
| Hip | -0.18287 | 0.13893 | -1.316 | 0.1893 |
| Thigh | 0.26538 | 0.13362 | 1.986 | 0.0482 |
| Bicep | 0.17889 | 0.16827 | 1.063 | 0.2888 |
| Forearm | 0.45150 | 0.19581 | 2.306 | 0.0220 |
| Wrist | -1.54208 | 0.50928 | -3.028 | 0.0027 |

## 6. 최적회귀방정식 활용

이번 절은 최적회귀방정식 $\hat{y}_i = -34.854 - 0.135x_{2i} + 0.996x_{6i} + 0.473x_{12i} - 1.506x_{13i}$을 활용하는 방법에 대해 알아보자. 다음은 최적 회귀방정식이 도출한 이유를 중점적으로 다루어져야 할 문제들이다.

---

첫째, 최적회귀방정식에 포함된 설명변수가 임의의 값을 가질 때 평균적인 체지방률(%)은 어느 정도인가?
둘째, 적합다중회귀식의 설명변수들의 기울기와 해석은 어떠한가?
셋째, 최적회귀방정식에 포함된 4개의 설명변수 가운데 체지방지수에 가장 큰 영향을 미치는 설명변수와 영향순위는 무엇인가?
넷째, 유의한 설명변수들과 체지방지수에 선형적 관련성과 구간추정은 어떻게 되는가?

---

먼저, 평균적인 체지방률 문제는 '몸무게가 150(lb), 배둘레 105 cm, 팔뚝둘레 31 cm, 손목둘레 17.5 cm인 경우 평균 체지방지수는 어느 정도인가?'이다. 이 문제의 답은 최적회귀방정식에 4개의 임의의 값을 대입하여 평균적인 체지방률 37.784를 도출하는 것이다.

$$\hat{y}_i = -34.854 - 0.135 \times 150 + 0.996 \times 105 + 0.473 \times 31 - 1.506 \times 17.5 = 37.784$$

다음으로 기울기를 해석하면, −0.135는 배, 팔뚝, 손목둘레가 일정 값 또는 수준으로 고정되어 있을 때, 몸무게가 1(lb) 증가할 때 평균적으로 체지방률은 0.135(13.5%) 정도 감소한다. 0.996은 몸무게가 일정 무게로 고정되어 있고 팔뚝, 손목둘레가 일정 값으로 유지될 때, 배 둘레가 1(cm) 증가할 때 평균적으로 체지방률은 0.996(99.6%) 증가한다. 0.473은 몸무게가 일정 무게로 고정되어 있고 배, 손목둘레가 일정 값으로 유지될 때, 팔뚝 둘레가 1(cm) 증가할 때 평균적으로 체지방률은 0.473(47.3%) 증가한다. −1.506은 몸무게가 일정 무게로 고정되어 있고 배, 팔뚝둘레가 일정 값으로 유지될 때, 손목 둘레가 1(cm) 증가할 때 평균적으로 체지방률은 1.506(150.6%) 정도 감소한다.

그리고 4개 변수의 영향순위는 $t$값과 $p-value$을 참고하여 결정하면 된다. 배둘레, 몸무게, 손목둘레, 팔뚝둘레 순이다.

끝으로 선형적 관련성은 배둘레, 몸무게, 손목둘레, 팔뚝둘레의 설명변수와 체지방지수와의 선형성을 살펴보는 것으로, 모수추정 결과의 $t$값과 $p-value$을 참고하면 모두 선형적 관련성을 보이는 것을 알 수 있다. 또한, 유의수준 $\alpha$에서 $\beta_2, \beta_6, \beta_{12}$, 그리고 $\beta_{13}$의 $100(1-\alpha)\%$의 구간추정은 $\hat{\beta}_i \pm t_{\alpha/2}(n-p-1)s.e(\hat{\beta}_i)$이다. 엑셀 데이터분석 기능을 활용하여 <표 6.6>과 같이 모수추정 결과에서 구간추정 정보(하위 95%, 상위 95%)를 찾아낸다. 몸무게는 (−0.184 lb, −0.087 lb), 배둘레는 (0.885 cm, 1.106 cm), 팔뚝둘레는 (0.115 cm, 0.831 cm), 손목둘레는 (−2.377 cm, −0.634 cm)이다. 몸무게는 $-0.136 \pm t_{0.025}(252-4-1) \times 0.025$이고 $t_{0.025}(247) \fallingdotseq 1.96$이므로 (−0.184 lb, −0.087 lb)로 계산된다.

**표 6.6** 최적회귀방정식에 포함된 4개 변수 다중회귀모형(모수추정)

| 변수명 | 계수 | 표준오차 | $t$-통계량 | $p-value$ | 하위 95% | 상위 95% |
|---|---|---|---|---|---|---|
| $Y$ 절편 | -34.854 | 7.245 | -4.811 | 0.000 | -49.124 | -20.584 |
| Weight | -0.136 | 0.025 | -5.480 | 0.000 | -0.184 | -0.087 |
| Abdomen | 0.996 | 0.056 | 17.760 | 0.000 | 0.885 | 1.106 |
| Forearm | 0.473 | 0.182 | 2.603 | 0.010 | 0.115 | 0.831 |
| Wrist | -1.506 | 0.443 | -3.401 | 0.001 | -2.377 | -0.634 |

7 장

# 인공지능 빅데이터 모델링


**7.1** 인공지능 평가와 데이터 분할

**7.2** 앙상블 알고리즘

**7.3** R을 활용한 앙상블 모델링

# 1 인공지능 평가와 데이터 분할

## 1. 인공지능 평가

빅데이터 시대에 인공지능을 활용하여 예측을 도출하는 일은 일상생활이 되어버렸다. 이런 예측 결과를 정확하게 평가할 수 있는 지표는 없을까? 즉, 인공지능 기계학습의 결과에 대한 평가를 해야 한다. 평가를 위해 강아지 사진을 구분하는 사례를 살펴보자. 실제 결과가 참(강아지)과 거짓(강아지가 아님)의 두 경우를 고려한다. 인공지능은 이런 수많은 이미지를 학습한 상태이고, 지도학습(supervised learning)으로 추론, 예측하여 참(강아지)과 거짓(강아지가 아님)으로 분류한다. 이런 이진(discrete) 분류 문제는 <표 7.1>처럼 정리된다.

**표 7.1** 참과 거짓의 실제와 예측의 2×2 혼동행렬

| | | 추론, 예측한 결과 | |
|---|---|---|---|
| | | 참 (Positive) | 거짓 (Negative) |
| 실제 | 참 | Good<br>True Positive (TP) | Bad<br>False Negative (FN) |
| | 거짓 | Bad<br>False Positive (FP) | Good<br>True Negative (TN) |

* Positive는 양성, Negative는 음성으로 정의

실제(이미지, 영상, 자료, 강아지)의 참(실제, 강아지)과 거짓(실제와 다른 이미지, 영상, 자료 등, 강아지가 아님)에 따라 추론과 예측의 결과는 참(Positive) 또는 거짓(Negative)으로 나타난다. 만약, 이미지 10,000개(9,500개는 강아지 사진, 500개는 고양이 사진)의 학습데이터로 강아지 분류 문제에 대해서 인공지능이 실제 강아지 사진을 올바르게 맞추면 True, 그렇지 않으면 False라고 할 수 있을 것이다. 이런 분류 문제의 결과는 4가지이다.

첫째 강아지 사진(positive)을 올바르게 맞추면(true) True Positive(TP), 둘째 강아지가 아닌(Negative) 고양이를 맞추면(True) True Negative(TN), 고양이 사진을 강아지 사진(Positive)이라고 잘못(False) 분류하는 경우 False Positive(FP), 강아지 사진을 고양이 사진(Negative)이라고 잘못(False) 분류하는 경우 False Negative(FN)이다.

이런 4가지 결과를 정리한 표를 교차표(cross table) 또는 분할표(contingency table)라고 하며, 통계학의 가설검정 2가지 오류(제1종 오류, 제2종 오류)와 동일하다. 데이터과학(Data Science)에서 이런 결과표를 오차행렬 또는 혼동행렬(confusion matrix)이라고 한다.

우리는 이런 네 가지 상황을 놓고 다음과 같은 여러 평가지표를 고려할 수 있다.

실제 결과가 참, 거짓이고, 예측도 참과 거짓으로 결과를 정확하게 출력하면 정확도 지표가 된다. <표 7.1> 혼동행렬에서 대각선 부분이 된다. 즉, 정확도(Accuracy)는 '(TP+TN)/N(총 예측 수)', 에러율(error rate)은 '1-정확도'이다. 정확도는 참 양성과 참 음성의 개수에서 전체 예측값 개수를 나눈 값이고, 에러율은 잘못 분류한 비율(1-정확도)을 의미한다.

다음으로, 정밀도(precision)는 인공지능이 참(positive)으로 분류한 결과 중에서 실제로 참인 경우의 비율이다. 즉, 참으로 예측한 것 중에서 실제 참과 거짓에 대한 참의 비율이다. 따라서 정밀도는 양성으로 분류, 예측된 모든 양성 개수(TP+FP)에서 참 양성(TP)이 차지하는 비율 'TP/(TP+FP)'이다. 예를 들어, 인공지능이 사기 거래라고 판단한 거래 중 실제 사기 거래의 비율을 의미하거나 인터넷 검색 시 자신이 원하는 검색 결과가 출력되기를 기대하는 것과 동일하다. 이런 경우는 예측 정밀도의 관점으로 정밀도가 높을수록 좋은 결과이다.

민감도(sensitivity, 재현율(Recall))는 참 양성 비율(True Positive rate)이다. 실제 참인 자료 중에서 인공지능이 참으로 속한다고 분류한 경우의 비율 'TP/(TP+FN)'이다. 의료 분야에서 중요한 정밀검사는 조금이라도 오진이 있거나 발생하면 경고를 알려줘야 하고, 차량을 출고할 때는 결함이 없어야 하지만 오작동이거나 부품 문제인 경우 리콜하는 사례가 종종 있다. 이 두 사례는 상당히 민감한 분야이므로 재현율(리콜)이 높아야 한다. 이를 민감도(sensitivity)라고도 정의하며 '참 양성 비율'이라고 한다. 즉, FN의 경우에 상당히 민감하다는 의미에서 생겨난 용어이다.

특이도(specificity)는 참 음성 비율(True Negative rate)이다. 실제 참에 속하지 않는 자료 중에서 올바르게 분류한 비율을 의미한다. 즉, 병원에서 정기 검진을 할 때 실제 병이 없는데, 병원에서 돈벌이 목적으로 병이 있다고 예측하는 경우이며, 'TN/(FP+TN)'으로 계산한다.

지금까지 정확도, 에러율, 정밀도, 민감도(재현율, 참 양성 비율), 특이도(참 음성 비율)를 살펴보았으며, 이들 지표가 인공지능 평가에서 어떻게 활용되는지 알아보았다.

다음의 사례를 통해 평가지표를 활용하여 인공지능 모델들을 어떻게 평가하는지 알아보자.

H병원은 10년간 위암 환자로부터 수집된 위암 1, 2, 3기, 말기에 대한 MRI 이미지 파일 1만 장(10,000)을 지도학습으로 인공지능에 학습시켰다. H병원은 2024년부터 위암 환자의 진단과 처치를 위해 위암 MRI 사진을 비지도 학습으로 변경하였다. 2023년에 위암 2기 환자 이미지를 인공지능으로 판단한 결과는 다음과 같다.

**표 7.2** 위암 판정 혼동행렬

| 실제 결과 \ 추론 예측 | 위암 2기 | 위암 2기 아님<br>(정상, 1, 3기, 말기) |
|---|---|---|
| 위암 2기 | 8500 | 400 |
| 위암 2기 아님<br>(정상, 1, 3기, 말기) | 600 | 500 |

위의 인공지능 판단 결과를 정확도와 민감도 지표관점에서 평가하고자 한다면 정확도는 (8,500+500)/10,000으로 0.90이고, 민감도는 8,500/(8,500+400)으로 0.96이다. 이처럼 혼동행렬에서 도출 가능한 각종 평가지표를 결합하면 모델의 예측 능력을 평가할 수 있다.

그런데 과거 데이터를 통해 예측 결과를 검증하는 문제에서는 과적합(overfitted)과 과소적합(underfitted) 문제가 종종 발생할 수 있다. <그림 7.1>은 과적합과 과소적합을 보여준다.

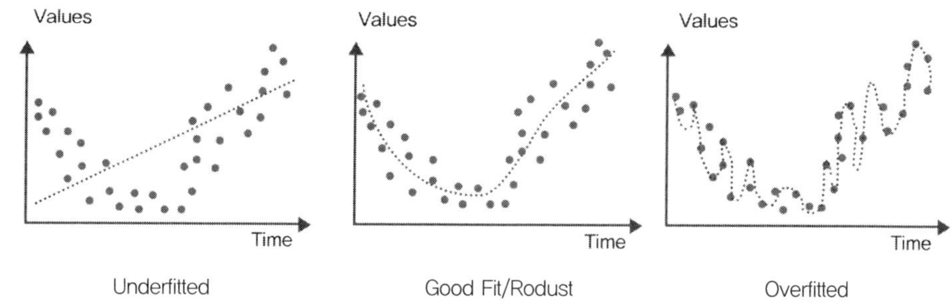


**그림 7.1** 과적합과 과소적합

이런 현상은 마치 수업 시간에 기출문제나 예제 문제로 시험을 보는 것과 같아서 지속적으로 좋은 점수를 얻을 수 있는 것과 동일하다. 과소적합은 <그림 7.1>의 왼쪽처럼 데이터 패턴을 잘 반영하지 못하는 데이터 모델링을 적용한 결과이다. 따라서 이런 두 가지 문제를 다루기 위해 교차검정(cross validation, CV)을 적용한다.

교차검정은 <그림 7.2>와 같이 인공지능 학습데이터를 랜덤(10개 그룹)으로 나누고, 첫 번째 평가과정에서는 1~9개 그룹 데이터를 이용해 모델링하고 10번째 데이터를 이용해 검증한다. 두 번째 과정에서는 2~10개 그룹 데이터를 이용해 모델링하고 1번째 데이

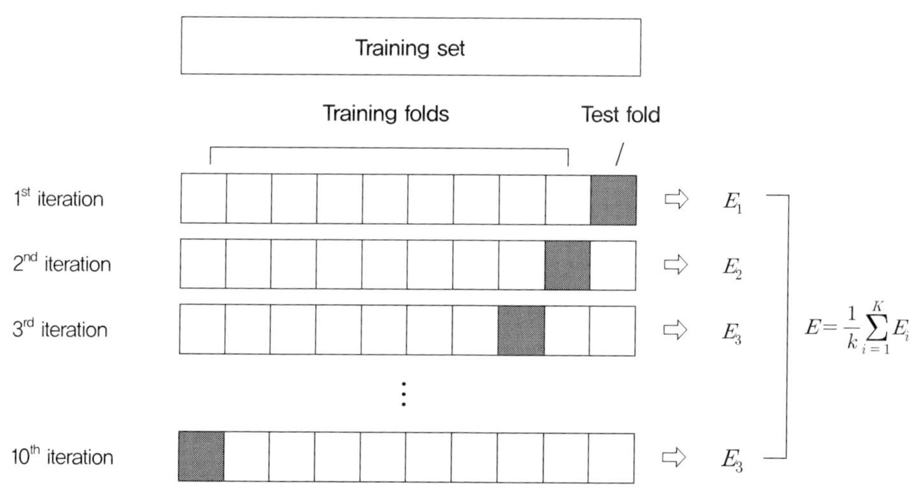


**그림 7.2** 10-fold cross Validation

자료: https://www.researchgate.net/figure/ Ten-fold-cross-validation-diagram-The-dataset-was-divided-into-ten-parts-and-nine-of_fig1 _326465007

터를 이용해 검증한다. 이런 과정을 10번 반복하여 10번의 결과를 종합적으로 분석해 모델의 효과를 평가하고 검증한다면 과적합 문제를 해결할 수 있다. 이에 대한 자세한 설명은 다음절에서 소개한다. <그림 7.2>의 $E$는 $i$번째 그룹의 CV의 $error$($MAE$ 또는 $MAPE$ 등)를 의미한다.

## 2. 데이터 분할

인공지능 평가는 전체 데이터를 한 번에 사용하지 않고, 부분으로 나누어 모델링한다. 이는 마치 우리가 마트에서 장을 보고 와서 맛있는 음식을 만들 때 재료 전부를 쓰지 않고, 며칠간 나누어서 쓰는 것과 같다. 이를 좀 더 구체적으로 살펴보면, 마트에서 6만 원으로 찌개 재료를 구입한 후, 3만 원의 재료로 된장찌개를 만든다. 그리고 며칠 지난 후 2만 원의 재료로 3만 원짜리의 조리법(recipe)을 모방해 맛을 가름하고, 가장 맛있었던 된장찌개 조리법을 선택한다. 그리고 1만 원의 재료로 가장 맛있는 된장찌개 조리법(최적 조리법, optimal recipe)으로 만든 찌개를 여러 사람에게 선보여 맛을 평가받는다. 이런 과정을 수천 번 해야 우리에게 잘 알려진 백주부가 되는 것이다.

이런 과정을 인공지능 학습평가에 적용해 보자. 인공지능의 학습용 데이터를 한꺼번에 쓰지 않고 3개로 나누어 사용한다고 했다. 즉, 데이터를 훈련(training), 평가(validation), 검증(test) 자료로 구분해 모델링하며, 데이터 분할 비율은 6:2:2 또는 5:2.5:2.5이다.

훈련데이터는 모형 적합(된장찌개)과 모수 추정(맛있는 된장찌개)에 사용되며, 평가데이터는 모수 튜닝(맛을 내는 비결), 변수선택(맛을 내기 위한 재료는 무엇인가?), 모형선택(여러 조리법 중에 가장 맛있는 조리법은 뭘까?)에 사용된다. 검증데이터는 모형적합과 모형 선택이 끝난 후, 최종 모형의 오류 확률(error rate, 맛을 평가하는 사람들의 호불호 비율)을 측정 및 추정하기 위해 사용된다(표 7.3).

**표 7.3** 최적 조리법 과정과 유사한 인공지능 학습 평가

| 조리법 과정 | 역할 | 모형 평가 데이터 집합 |
|---|---|---|
| - 여러 찌개 중 된장찌개 선택<br>- 맛있는 된장찌개는 어떻게 만들까? | 모형적합<br>모수추정 | 훈련데이터<br>(training dataset) |
| - 맛을 내는 비결(조미료 등, 순서)은?<br>- 최적의 맛을 내기 위한 재료<br>- 최적 된장찌개 조리법 | 모수튜닝,<br>변수선택<br>모형 선택 | 평가데이터<br>(validation dataset) |
| - 최적 조리법에 대한 요리전문가의 평가<br>(맛을 100점 만점에 95, 80점으로 평가) | 모형의 오류 확률<br>측정/추정 | 검증데이터<br>(test dataset) |

다음의 사례를 통해 과적합과 과소적합에 대해 알아보자.

---

김모델 학생은 지도학습으로 두 변수의 관계를 모색하고 예측하고자 한다. 이를 위해 서로 다른 인공지능 후보 모형 3개에 대해 10,000개 학습데이터를 6:2:2의 비중으로 훈련데이터, 평가데이터, 검증데이터로 분할하여 3개 모형의 예측 결과를 정확도(Accuracy) 지표로 조사하여 후보 모형을 비교하기로 하였다. 3개 모형의 정확도 지표는 다음과 같다.

| | 훈련데이터 | 평가데이터 | 검증데이터 |
|---|---|---|---|
| 모형1 | 100% | 60% | 50% |
| 모형2 | 85% | 88% | 90% |
| 모형3 | 50% | 40% | 30% |

---

'모형1'은 훈련데이터에서는 정확도가 1로 완벽한 적합이지만, 평가데이터는 0.6, 검증데이터에서는 0.5로 정확도가 떨어져 '과적합'이 되었음을 알 수 있다. '모형3'은 훈련, 평가, 검증데이터에서 모두 정확도 값이 좋지 않아 '과소적합' 판정을 내릴 수 있다. 결과적으로 김모델은 '모형2'를 선택하여 예측 또는 분류 문제를 해결한다.

위의 사례를 통해 데이터 분할 과정 없이 한번에 모든 자료를 모델링한다면 과적합, 과소적합에 빠질 위험이 있다.

추가로, 데이터를 랜덤으로 나눈 후 교차검증(cross validation)을 시행하기도 한다. 흔히 k-폴드(fold) 교차검증은 데이터를 k개 그룹으로 나누고 각각의 그룹을 차례로 검증 세트로 사용하여 평가지표를 계산한 후, k개의 평가지표 평균으로 최종 오차를 추정하

는 방법도 있다. 다음 절에서는 인공지능평가와 데이터 분할을 토대로 다양한 앙상블 알고리즘과 방법을 살펴본다.

# 2 앙상블 알고리즘

## 1. 앙상블이란?

네이버 지식백과에 따르면 앙상블(Ensemble)은 프랑스어로 '조화·통일'을 의미한다. 패션에서는 짝지어서 착용하는 것을 의도한 한 벌의 의복이란 뜻으로 드레스와 재킷, 코트와 슈트, 코트와 드레스 등이 천이나 무늬, 색, 디자인 등에 통일성이나 조화성이 있는 짝 맞춤이라는 것을 말한다. 이런 의미와 유사하게 통계학에서는 앙상블을 하나의 모델로 결과를 결정하는 것보다 더 높은 정확도를 위해 여러 모형을 조합하는 방법으로 사용하고 있다.

앙상블의 기본 아이디어는 '다양한 모델에서 최적의 하나의 모델을 도출하자'이다. 개별 모델의 오류가 존재하고 그 오류들은 독립적이라고 가정할 때, 그 오류들이 상쇄되어 전체의 성능을 향상될 가능성이 커진다. 대수의 법칙에 따라 모형의 수가 증가함에 따라 전체 예측 오차는 감소한다. 이는 여러 모델의 예측들이 평균화되면서 개별적인 오차의 영향을 줄어든다.

이러한 원리를 바탕으로 앙상블은 높은 정확성과 예측 성능을 보여준다. 즉, 앙상블은 여러 개의 단일 모델들의 평균치를 내거나, 투표를 통해 다수결에 의한 결정 등 여러 모델의 집단 지성을 활용하여 정확성이 높은 모델을 형성해 가는 것을 목적으로 한다.

그런데 앙상블 과정에서 중요한 점은 최적의 앙상블을 구성하는 것이다. 또한, 단일 모델이 특정 유형의 데이터에서는 적합력이 뛰어나지만(과적합이 발생하는 경우), 다른 유형의 데이터에서는 그렇지 않은 경우 다른 모델과 결합하여 전체 정확성을 높일 수 있다. 즉, 상이한 모델을 종합하여 예측하기 때문에 과적합이 발생할 확률이 낮다.

그리고 앙상블의 장점으로는 모델의 다양성이 증가함에 따라 예측의 안전성이 높아진다는 것이다. 특히, 노이즈(Noise)가 많은 데이터에서 정확한 분류와 인식으로 성능을 향상시킬 수 있다.

최근, 학문의 경계가 없는 빅블러(Big Blur) 시대, 그리고 융합학문의 시대가 출현했다. 이처럼 단일 학문으로 인문, 사회, 경제 현상을 탐구하는 것보다 요즘 주목받고 있는 융합학문으로 탐구하는 것이 더 나은 인사이트(insight)를 제공할 때가 많다. <그림 7.3>은 앙상블이 여러 모델을 합성하여 모델의 성능을 개선하는 것을 보여주고 있다.

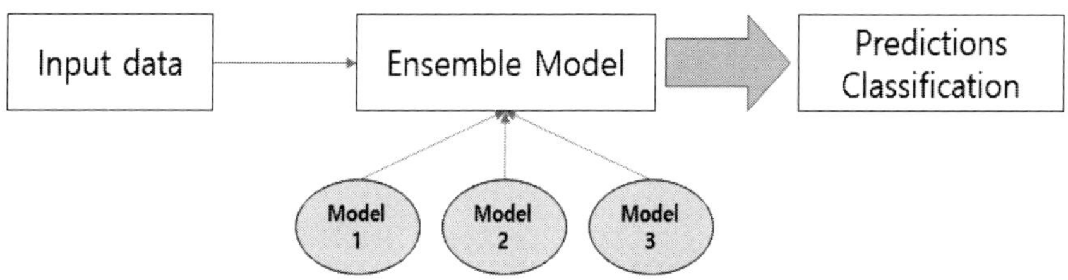


**그림 7.3** 앙상블(Ensemble) 방법

모델 앙상블 또는 앙상블 모형은 여러 모델을 합성하여 모델의 성능을 개선하는 것이다. 즉, 여러 모델을 사용하여 단일 모델 또는 기존 모델보다 예측력, 분류 정확성을 향상시키는 것이다. <그림 7.4>는 사과 이미지를 인식, 예측하는 6가지(선형회귀, 서포트벡터머신, 랜덤포레스트, 로지스틱회귀, 의사결정, 신경망)로 학습한 결과를 voting, bagging, boosting, stacking 등의 앙상블 방법으로 보다 좋은 예측력을 가지는 모델을 만드는 과정을 보여준다. 다음 절에서는 앙상블 알고리즘과 방법에 대해 소개한다.

**그림 7.4** 모델 앙상블

## 2. Voting

Voting은 투표란 뜻으로, 서로 다른 알고리즘이 도출해 낸 결과물에 대해 정확성을 비교하여 가장 많은 득표를 얻은 모델을 최종모델로 결정하는 것이다. Voting은 hard vote와 Soft vote의 두 가지로 나뉜다. 예를 들어, 분류 문제(Class A, Class B)에서 예측한 값이 B, A, A, B, B이었다고 한다면, A가 2표, B가 3표이므로 Hard vote 방식은 Class B가 최종값으로 분류된다. 반면, soft vote는 예측 확률의 평균값을 계산한 다음에 가장 확률이 큰 값으로 결정한다. Class A로 분류될 확률이 (0.4, 0.9, 0.9, 0.4, 0.4)이고, Class B로 나올 확률이 (0.6, 0.1, 0.1, 0.6, 0.6)이라면, Soft vote는 예측 확률의 평균값으로 결정하므로 Class A, B가 나올 확률은 각각 (0.4+0.9+0.9+0.4+0.4)/5=0.44, (0.6+0.1+0.1+0.6+0.6)/5=0.4가 된다.

따라서 Hard vote는 결과에 대한 최종값을 투표해서 결정하는 반면, Soft vote는 최종 결과물이 나올 확률값을 다 더해서 평균으로 최종 결과를 결정한다. 일반적으로 Hard vote 방식보다는 Soft vote가 상대적으로 더 합리적이고 좋은 성능을 보인다고 알려져 있다.

## 3. Bagging

Bagging은 Bootstrap Aggregating의 줄임말로 여러 개의 샘플(bootstrap)을 합산(Aggregating)한다는 의미이다. Bootstrap은 여러 개의 데이터 셋(dataset) 또는 샘플(sample)을 복원추출로 샘플링하여 분할하는 방식이다.

예를 들어, 데이터 셋이 [2, 4, 6, 8, 10]으로 되어 있다면, 데이터 셋 1=[2, 4, 6], 데이터 셋 2=[2, 8, 10], 데이터 셋 3=[4, 6, 10]으로 구성된다. 이런 방식을 bootstrap이라고 부르며, 이들 각각의 데이터 셋을 분류 문제에 적용하여 나온 분류 예측 결과에 대해 Voting 방법을 적용해 결정한다.

Bagging은 여러 다양성에서 하나로 만들어간다는 로직이므로 Voting과 유사할 수 있겠으나 가장 큰 차이는 Bagging은 여러 개의 샘플에 단일 알고리즘을 적용하는 방식이고, Voting은 동일한 샘플에 다양한 알고리즘을 적용하여 최종 투표를 하는 점이다. 즉, Bagging은 단일 알고리즘에 서로 다른 샘플 데이터를 학습하여 그 결과에서 투표로 결정하는 방식이다.

<그림 7.5>는 여러 개의 데이터 셋에서 독립적인 모델(Linear, ANN, CNN, Logistic 등)을 훈련하고 이들의 예측을 mean(회귀 문제) 또는 voting(분류 문제)하여 최종 예측을 생성한다. 잘 알려진 랜덤포레스트(Random Forest) 알고리즘이 Bagging의 대표적인 예이

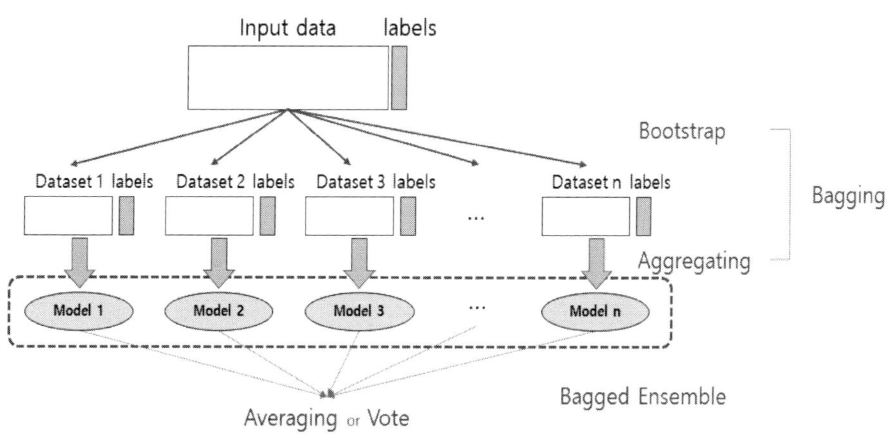


**그림 7.5** Bagging Ensemble

다. 랜덤포레스트는 단일 모델인 의사결정(decision Tree)을 여러 개 만든 다음 이들에 대해 개별 모델링하여 최종적으로 도출된 예측 결과를 voting하여 하나의 값을 선택한다.

이런 Bagging의 장점은 단일 모델을 활용하여 예측하는 경우보다 분산(variance)이 줄어드는 효과를 볼 수 있으며, 다중 병렬처리 방식으로 학습 시간이 오래 걸리지 않는다. 반면, 단점은 여러 데이터 셋으로 분류하는 Bootstrap 방식에서 복원추출방식이 활용되기 때문에 동일한 데이터가 여러 번 뽑힐 가능성이 있고 어떤 데이터는 뽑히지 않을 수도 있다. 또한, 결정트리 방식이 가지고 있는 과대 분산의 과적합 문제를 해결할 수 있으나 해석력이 떨어지는 단점이 있다.

## 4. Random Forest

Bagging의 단점은 여러 데이터 셋으로 분류하는 Bootstrap 방식에서 복원추출 방식이 활용되기 때문에 동일한 데이터가 여러 번 뽑힐 가능성이 있고 어떤 데이터는 뽑히지 않을 수도 있다. 특히, 결정트리에서는 이 방식이 가지고 있는 과대 분산의 과적합 문제를 해결할 수 있으나 해석력이 떨어진다. 특히, 동일한 데이터가 여러 번 뽑힐 가능성은 표본 간의 독립성이 성립되지 않음을 의미한다. 독립이 아니면, 각 base learner(기본 학습기) 간의 공분산이 발생하게 되고, 비슷한 tree가 만들어질 가능성이 크다는 것이다.

따라서 tree가 증가하면서 전체 모델의 분산이 증가하는 결과를 발생할 수도 있으므로, 이런 tree 간의 공분산을 줄이기 위해 나온 방법이 바로 Random Forest이다. Random Forest는 기본적으로 Ensemble learning의 '다양한 모델'이라는 기본 개념에 충실한 모델이며, Bagging에 랜덤 과정을 추가한 것이라고 보면 된다. 즉, <그림 7.6>과 같이 Random Forest는 Bagging과 같이 데이터를 반복 복원추출하면서, 동시에 변수 또한 random하게 추출하여 다양한 모델을 만드는 데 random하게 추출하므로 base learner 간 공분산이 줄어드는 효과가 있다.

랜덤포레스트 알고리즘은 분류(classification)에서 다수결, 회귀(regression)에서 평균화하여 다양한 의사결정트리를 구축하고 출력을 결합하여 판단한다. 이러한 의사결정트리는 변수와 훈련데이터 샘플의 random 하위 집합을 사용하여 구성되므로 이름이 '랜덤포레스트(random forest)'이며, 트리에서 다양성을 생성하여 과적합을 줄이고 모델의 성능을 향상시킨다.

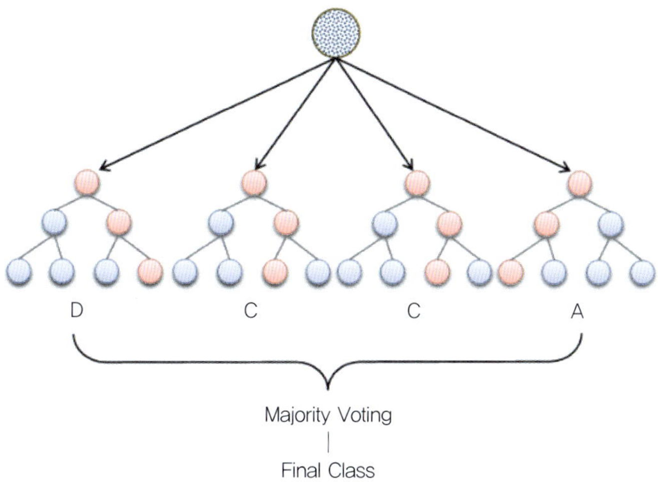


**그림 7.6** random forest Ensemble

## 5. Boosting

Boosting은 이전 모델의 오류[1]를 고려해서 가중치를 부여하는 과정에서 오류가 있는 데이터에 더 큰 가중치를 부여하면서 모델의 성능을 개선하는 효과를 말한다. Boosting은 하나의 데이터 셋에 모델을 적용하여 예측한다. 예측 결과에 따라 오분류나 잘못 예측된 데이터들이 두 번째 새로운 데이터에 포함되게 데이터 셋을 만든다. 이때 오류 데이터에 가중치를 부여하여 샘플링 과정에서 더 잘 뽑히게 한다. 이렇게 만든 두 번째 데이터 셋에 모델을 적용하여 분류 또는 예측을 한다. 그리고 두 번째 과정에서 오분류나 잘못 예측된 데이터들이 세 번째 새로운 데이터에 포함되게 데이터 셋을 만든다. 이런 과정을

1 부스팅은 약한 모델을 결합하면 임의의 강한 모델의 성능 이상으로 끌어올릴(Boosting) 수 있지 않을까 하는 관점에서 시작하였다. 초기 약한 모형(Weak Learner, 정확도 50% 수준의 모델 성능)으로 설정하여 계산 과정마다 가중치를 이용하여 이전 모형의 약점을 보완한다.

반복하여 잘못 예측된 데이터에 올바른 분류나 예측으로 이동하게 하는 로직이다(그림 7.7).

Boosting에서 자주 활용되는 알고리즘은 AdaBoost, Gradient Descent, GBM(gradient Boosting Machine), XGBoost 등이 있다.

AdaBoost는 adaptive Boosting으로 적응한 Boosting 기법으로 초기 약한 모형(Weak Learner)으로 설정하여 계산 과정마다 가중치를 이용하여 이전 모형의 약점을 보완하는 새로운 모형을 순차적으로 적합한 뒤 최종적으로 이들을 선형 결합하여 얻어진 모형을 생성시키는 알고리즘이다. 약한 모형으로 시작하여 이전 모형의 약점을 보완한 새로운 모형들의 선형결합을 통해 강한 모형을 얻는다는 관점에서 AdaBoost는 Boosting 알고리즘이다.

Gradient Descent는 인공지능의 손실함수 최적화에 사용되는 알고리즘으로 이전 학습에서 오차를 보완해 나가는 방식이다. 예측값은 '가중치×입력자료+bias'로 표현되고 손실함수(Loss function)는 예측값과 실제값의 차이다. 따라서 Gradient Descent는 예측값과 실측값의 차이를 미분을 통해 최소화해 나가는 방식이다. GBM은 Gradient Descent

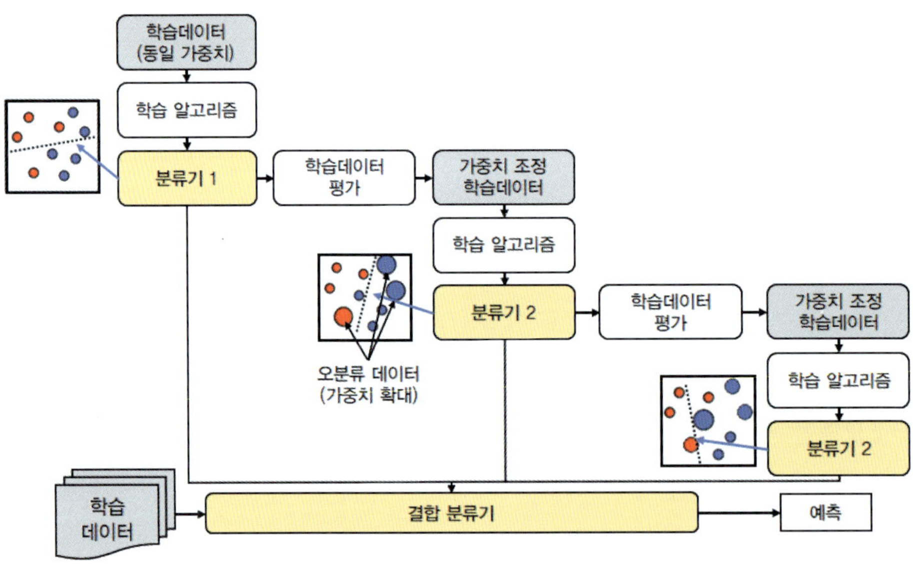


**그림 7.7** Boosting Ensemble

자료: github.com/adioshun/gitBook_Machinelearning/blob/master/ensemble/kb12d63c-c131-baa8-b378-c559-c0c1-be14.md

과정에 Boosting하는 알고리즘을 결합한 것을 말한다. GBM은 Boosting 기법이 공통으로 가지고 있던 순차적인 학습에 따른 학습 속도 문제점과 과적합을 방지하는 규제(regularization)가 존재하지 않았으나 이런 제약을 보완하여 구현한 것이 XGBoost이다.

Boosting의 단점은 예측이 틀린 데이터에 가중치를 부여하여 오류를 줄이는 모델 성능을 향상하는 측면이 있어 Bagging보다 성능은 좋지만 계산 시간이 오래 걸린다. 또한, 특이값(이상치, outlier)이나 과적합 문제에서는 정확도가 떨어지는 단점이 있다.

[Step 1] 데이터 셋을 훈련과 테스트셋으로 분할하여, 훈련 데이터 셋으로부터 데이터 셋을 하나를 만들어 모델 학습

[Step 2] 모델 학습 결과에 훈련 데이터 셋 전체를 가지고 테스트

[Step 3] Step 1의 훈련데이터와 Step 2에서 잘못 예측한(오분류) 데이터들이 합쳐져 새로운 데이터 셋 생성함. 이때 오분류 데이터에 가중치를 부여하여 우선적 샘플링이 되게 함

[Step 4] 새로운 데이터 셋을 이용해 모델 학습하고 훈련 데이터 셋 전체를 가지고 테스트함. 이때 Step 2에서 만든 모델도 같이 사용되며, 예측값은 모델이 2개이므로 2개의 셋이 생성되고 이를 voting해서 하나의 예측값을 사용

[Step 5] 다시 잘못 예측된 데이터가 존재하면 Step 3의 과정을 반복

그리고 <그림 7.8>은 Bagging과 Boosting의 차이를 보여준다.

Bagging은 여러 개의 데이터 셋에 독립적 모델을 병렬(parallel)적으로 처리하는 방식이라면, Boosting은 하나의 데이터 셋에서 출발하여 오분류 데이터와 다음 새로운 데이터(색깔이 다름)에 포함되어 학습하고 예측하는 순차(sequential)적 처리방식이다. 이처럼 Boosting은 순차적 처리방식이므로 Bagging보다 예측력 향상을 기대할 수 있으나 연산시간이 길다는 단점이 있다.

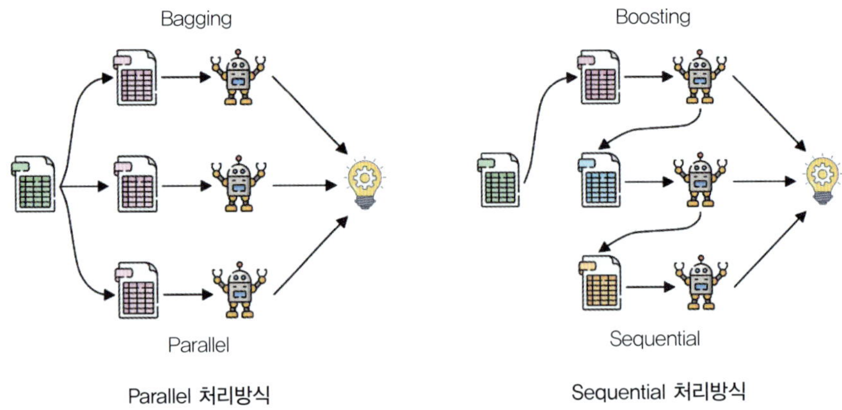


**그림 7.8** Bagging과 Boosting

자료: https://towardsdatascience.com/ensemble-learning-bagging-boosting-3098079e5422

## 6. Stacking

David H. Wolpert(1992)[2]가 제안한 Stacking은 Stacking generalization으로 더 잘 알려져 있다. 이 방법은 개별 알고리즘의 모델들로 예측 결과를 각각 도출한 뒤, 그 예측 결과들을 다시 모아서 학습데이터 셋(train dataset)을 만들어 별도의 기계학습 알고리즘으로 최종 학습을 수행하고 최종 예측을 수행하는 방식이다. Bagging, Boosting과 가장 큰 차이점은 학습데이터 셋에 여러 모델을 적용하여 모델에 따른 예측 결과를 또 다른 학습데이터로 생성한 후, 여기에 하나의 모델을 적용하여 예측하는 과정으로 정확성이 향상되는 결과를 도출한다.

즉, Stacking은 여러 개의 다른 종류의 모델(CNN, 로지스틱, 선형회귀, 신경망 등)의 결과를 다시 Level 2 모델의 Input 데이터로 활용하여 모델을 훈련하고 최종 예측을 한다는 개념이다. 여러 개별 모델의 예측 데이터를 각각 스태킹 형태로 결합하여 최종 메타 모델(Meta-model)의 학습용 데이터 셋과 테스트 데이터 셋을 만드는 것으로 설명한다. 따라서 여러 개의 개별 모델들이 필요하고 마지막에는 최종 메타 모델(meta model)이 필요하다.

---

2 David H. Wolpert(1992), 'Stacked generalization', Neural Networks, Volume 5, Issue 2, 241-259. https://www.sciencedirect.com/science/article/abs/pii/S0893608005800231

이 방법은 Meta-model을 만드는 것이 핵심이다. Meta-model 생성은 학습데이터 k-fold CV 방법으로 구현할 수 있다.

먼저 학습데이터(training data)를 k-fold CV(Cross Validation) 방법을 활용하여 기계학습 기본 모델(base model)의 예측값으로 만든다. 모델 1에 대해서 학습데이터를 k-fold CV 방법을 적용하여 첫 번째 예측값을 생성하고, 모델 2에 대해서 학습데이터를 k-fold CV 방법을 적용하여 두 번째 예측값을 생성한다. 이런 방식을 $k$번하여 $k$개의 Multi Layer(ML) base model의 예측값을 만든다. 즉, Stacking의 첫 번째 단계(Layer 1)에서 교차검증을 통해 훈련 세트가 생성된다. 학습데이터는 여러 하위 세트로 균등하게 나뉜다. CV 검증 과정에서 각 기계학습 알고리즘은 <그림 7.5>의 흰색 데이터인 3개 데이터 셋을 사용하여 하위 모델을 훈련하고 회색에 대한 예측을 생성하며, k-fold 교차검증 및 $n$개 유형의 기계학습 알고리즘의 경우 총 $n \times k$하위 모델이 만들어 진다. 다음으로 Layer 2에서는 각 기계학습 알고리즘에 대해 각 fold 예측을 연결하여 전체 훈련 세트(meta-model을 위한 새로운 데이터)를 새롭게 만들고, 새롭게 만들어진 데이터 셋에 기계학습 알고리즘을 적용하여 총 $n$개의 예측을 얻는다.

끝으로, 총 $n$개의 예측 결과에 대해 투표(Voting)를 적용하여 최종 예측 하나를 생성한다. 지금까지 과정을 그림으로 표현하면 <그림 7.9>와 같다.

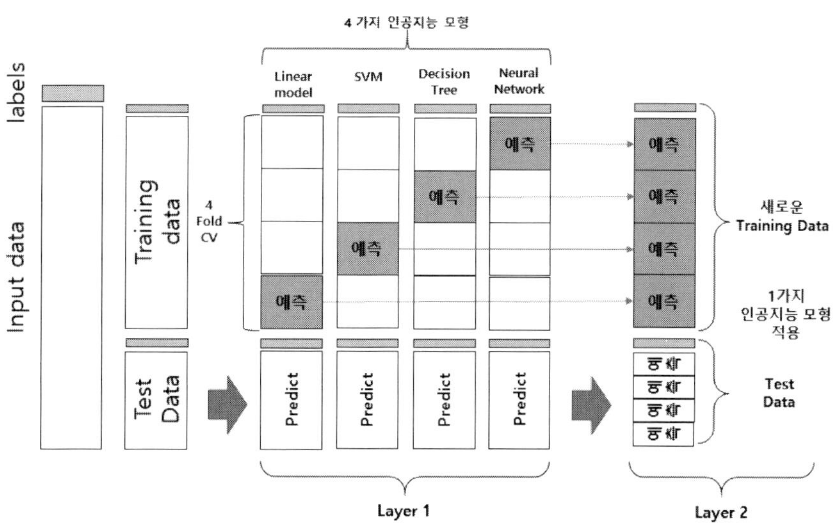


**그림 7.9** Stacking 과정(4-fold CV, 4 model, $n(4) \times k(4)$)

첫 번째 단계(Layer 1)에서 모델은 k-fold CV 검증을 통해 훈련되고 데이터 fold 수만큼의 예측 데이터 셋을 만든다. 두 번째 단계(Layer 2)에서는 4-fold CV에서 만들어진 예측이 전체 데이터 세트에 대한 예측으로 연결되고, 각 분류기에 대한 예측은 하나로 합쳐져 최종 예측을 얻는다.

따라서 stacking은 여러 모델을 학습하여 결합하여 단일 모델의 성능을 향상시키는 기술이며, 동일한 데이터 셋에 서로 다른 모델을 학습한 다음 이러한 모델의 출력을 결합하여 최종 예측 결과를 도출한다.

## 7. 앙상블의 한계

지금까지 앙상블 모델의 다양한 알고리즘을 살펴보았다.

Voting은 서로 다양한 알고리즘이 도출해 낸 결과물에 대해서 투표를 통해 결과를 도출하고, Bagging은 다양한 데이터 셋에 단일 알고리즘을 적용하여 모델의 다양성을, Boosting은 순차적인 훈련을 통해 다양성을, Stacking은 여러 다양한 모델을 결합하여 다양성을 증가시킨다. 이들 방법은 다양성에 융합의 개념을 적용하여 최적의 하나를 도출하는 관점에서는 동일하다. 하지만 이런 유용한 앙상블 모델도 단점이 있다.

첫째, 앙상블 모델은 최적의 하나의 예측이나 분류를 도출하기 위해 많은 시간이 요구되며 비용이 크다. 여러 모델을 훈련시키고 결합해야 하므로 단일 모델보다는 시간과 비용이 많이 든다. 이처럼 PC 사양이 좋고 복잡한 계산의 하드웨어 환경이 마련되고 충분한 경우에만 사용될 수 있다.

둘째, 모델의 간소화 관점에서 단일 모델은 앙상블 모델보다 해석상의 우위를 보이지만, 여러 모델이 결합된 앙상블 모형은 해석이 쉽지 않다.

셋째, 여러 모델의 많은 모수(hyper parameters)를 튜닝(Tuning)하는 문제가 있다. 또한, 모수 추정의 불확실성(uncertainty)도 내포하고 있다. 더불어 모델을 올바르게 결합하는 등의 과정이 필요하다.

# 3 R을 활용한 앙상블 모델링

이번 절에서는 앞 절에서 설명하고 소개한 앙상블 모델들에 대해 R을 활용하여 구현하고 결과를 확인한다. 여기서 소개하고자 하는 R 패키지는 adabag(An R Package for Classification with Boosting and Bagging)[3]이다.

## 1. Bagging

실습 예제는 adabag에 내장되어 있는 iris 데이터(3종류의 붓꽃(setosa, versicolor, virginica)과 이들의 특징을 나타내는 Sepal.Length, Sepal.Width, Petal.Length, Petal.Width의 4개의 변수가 포함)이다. iris의 3종류 붓꽃은 4개 보조변수를 사용하여 bagging 기법을 적용해 이들을 분류한다. 반복 복원추출은 15회 정도로 하고, 중요한 분류 보조변수를 알아보기 위해 iris.bagging$importance을 살펴본다. 그리고 분류 결과를 시각화하고, 분류 결과의 정확도를 혼동행렬(confusion matrix)의 정확도를 확인한다.

Bagging 분류 중요변수는 Petal.Length와 Petal.Width이고 정확도는 setosa는 50개 중에서 정확하게 50개, versicolor는 50개 중에서 47개, virginica는 50개 중에서 49개를 정확하게 분류한 것을 볼 수 있다. 분류평가 기준 정확도는 약 (50+48+45)/150=95.3으로 정확성이 높은 편이다. 이 정확도는 set.seed(1)을 부여한 결과이다.

3 Esteban Alfaro 외 2인(2013), "adabag: An R Package for Classification with Boosting and Bagging", Journal of Statistical Software, Vol 54(2), 1-35.

**표 7.4** R adabag 패키지 Iris 데이터 Bagging 프로그램

```
# 패키지 설치
# install.packages("adabag")
# 라이브러리 & 데이터 로딩
library(adabag)
data(iris)
# variables: Sepal.Length Sepal.Width Petal.Length Petal.Width Species
# Species: setosa, versicolor, virginica; 150 rows * 5 cols
# Bagging model
set.seed(1)
iris.bagging <- bagging(Species~., data=iris, mfinal=15) # nbr of replacement
sampling=15
iris.bagging$importance
# 도식화
x11()
plot(iris.bagging$trees[[15]])
text(iris.bagging$trees[[15]])
# 예측값
pred.bagging <- predict(iris.bagging, newdata=iris)
# 오분류표
tb.bagging<-table(pred.bagging$class, iris[,5]) #
Accuracy.bagging <- (sum(diag(tb.bagging)/sum(tb.bagging)))
Accuracy.bagging
```

Bagging의 상세한 분석 결과는 아래와 같다.

```
> iris.bagging$importance
Petal.Length  Petal.Width  Sepal.Length  Sepal.Width
    71.10699     28.89301       0.00000      0.00000
```

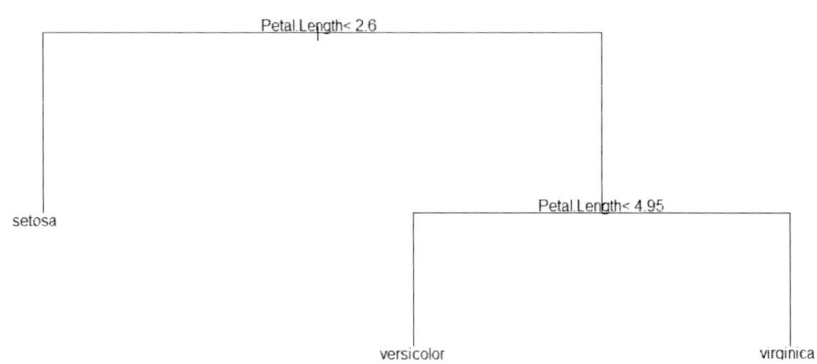

```
> table(pred.bagging$class, iris[,5])
            setosa versicolor virginica
  setosa        50          0         0
  versicolor     0         48         5
  virginica      0          2        45
```

iris 데이터 Bagging 결과 Petal.Length가 2.6 이하는 setosa 분류한 후, Petal.Length가 2.6 이상 4.95 이하이면 versicolor, 4.95 이상이면 virginica로 분류하는 것을 보여준다.

## 2. Boosting

iris 데이터를 Boosting 기법으로 3종류의 붓꽃을 분류해 보자. Bagging과 동일하게 반복 복원추출과정 15회를 거치고, 각 단계에서 오분류 데이터에 가중치를 부여하여 표본을 추출한다. 그 결과로 보았을 때, Sepal 변수의 중요도가 상승한 것을 알 수 있다.

Bagging의 iris.bagging$importance보다 iris.boosting$importance에서 확인할 수 있듯이 Sepal.Length와 Sepal.Width의 중요도가 상대적으로 상승한 것을 볼 수 있다.

Boosting 분류 기법은 Bagging 오분류 경우를 완벽하게 정분류로 전환하여 3종류 붓꽃을 정확하게 분류하고, Bagging 분류 정확도 95.3%보다 상승한 것을 알 수 있다.

이처럼 Boosting은 Bagging의 오분류 데이터에 가중치를 부여하는 과정에서 오류가 있는 데이터에 더 큰 가중치를 부여하면서 모델의 성능을 개선하는 효과를 말한다. 이런 효과를 iris 예제 데이터에서 확인할 수 있다.

이런 결과는 학습데이터와 검증데이터로 분할하여 예측력을 살펴본 결과에서도 동일하게 나타났다.

**표 7.5** Iris 데이터 Boosting 프로그램과 주요 결과

```
# boosting model
iris.boosting <- boosting(Species~., data=iris, boos=TRUE, mfinal=15)
iris.boosting$importance
# 도식화
x11()
plot(iris.boosting$trees[[15]])
text(iris.boosting$trees[[15]])
# 예측값
pred.boosting <- predict(iris.boosting, newdata = iris)
# 정오분류표
tb.boosting <- table(pred.boosting$class,iris[,5])
tb.boosting
Accuracy.boosting <- (sum(diag(tb.boosting)/sum(tb.boosting)))
Accuracy.boosting
```

```
> iris.boosting$importance
Petal.Length  Petal.Width  Sepal.Length  Sepal.Width
   51.553325   29.735195      6.598755    12.112726
```

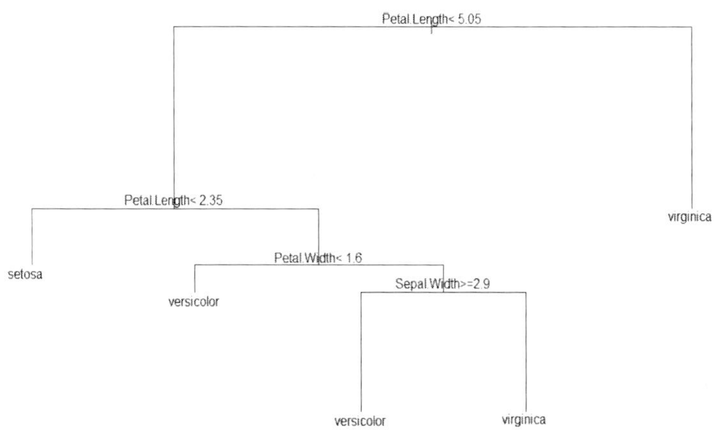


```
> tb
            setosa  versicolor  virginica
 setosa         50           0          0
 versicolor      0          50          0
 virginica       0           0         50
```

## 3. Random Forest

이번에는 Random Forest 패키지에 내장된 stagec 자료를 살펴보자. 이 자료에 Random forest 기법을 적용해 유동세포분석법(flow cytometry)의 C기 전립선암 환자 146명에 대한 ploidy(종양 배수성 상태[4])을 분류하는 문제이다. stagec 자료에 포함된 변수들은 다음과 같다.

**표 7.6** stagec 자료 변수 설명

| | |
|---|---|
| pgtime | 진행 또는 마지막 후속 조치까지의 시간(년) |
| pgstat | 1 = 진행 관찰됨, 0 = 검열됨 |
| age | 나이(년) |
| eet | 조기 내분비 요법, 1 = 아니요, 2 = 예 |
| g2 | 유동 세포 계측법으로 확인한 G2 단계의 세포 비율 |
| grade | 종양 등급, 분만 시스템 |
| gleason | 종양 등급, 글리슨 시스템 |
| ploidy | 유세포 분석을 통해 종양의 배수성 상태(diploid, tetraploid, aneuploid) |

앞 절에서 설명했지만 Bagging의 단점으로 동일한 데이터가 여러 번 뽑힐 가능성이 있고 어떤 데이터는 뽑히지 않을 수도 있으며, 결정트리 방식이 가지고 있는 과대 분산의 과적합 문제를 해결할 수 있으나 해석력이 떨어지는 문제를 설명했다. 특히, 이것은 tree 문제에서 tree가 증가하면서 전체 모델의 분산이 증가하는 결과를 발생할 수도 있으므로, 이런 tree 간의 공분산을 줄이기 위해 나온 방법이 Random forest이다.

Random forest 분석을 위해 훈련데이터(train data)와 검정데이터(test data)의 용도로 7:3의 비율로 구분한다. 따라서 146명 중에서 102명은 훈련데이터, 32명은 검증데이터로 사용된다. 훈련데이터로 ploidy 분류 문제를 다른 결과 정확도는 0.941 정도이고 오분류율이 약 6%(5.89%) 정도 수준이다. 그런데 검정데이터에서는 정확도가 상승한 것을 볼 수 있다.

---

4 최근 ploidy를 살펴 여러 종양을 예후를 암시하는 지표가 된다고 함

| Train data (102명) | diploid | tetraploid | aneuploid |
|---|---|---|---|
| diploid | 45 | 0 | 3 |
| tetraploid | 1 | 51 | 0 |
| aneuploid | 2 | 0 | 0 |

| Test data (32명) | diploid | tetraploid | aneuploid |
|---|---|---|---|
| diploid | 17 | 0 | 1 |
| tetraploid | 1 | 13 | 1 |
| aneuploid | 2 | 0 | 0 |

그리고 Random forest 방법에서 각 변수의 중요도는 importance(rf.train)로 확인 가능하다. 해당 변수로 분할작업이 이루어질 때, 불순도(impurity)의 감소가 얼마나 일어나는지 나타낸다. 즉, Gini 지수가 노드의 불순도를 나타내는 값이다. 그리고 불순도의 감소가 클수록 순수도가 증가한다. 불순도는 분류 문제에서는 Gini 지수, 회귀의 경우 잔차제곱합($MSE$)을 통해서 측정한다.

따라서 종양의 배수성 상태 ploidy은 'MeanDecreaseGini' 값을 참고할 때, g2, pgtime, age, gleason, pgstat, grade, eet 등이 ploidy를 분류하는 데 중요한 변수임을 알 수 있다.

그리고 예측 정오분류표와 margin표를 통해서 정확도를 살펴보기 위해 plot(margin(rf.train))을 <그림 7.10>에서 확인할 수 있다. margin이란 Random forest의 분류기(classifier) 가운데 정분류를 수행한 비율을 다른 클래스로 분류한 비율의 최대치를 뺀 값이다.

**표 7.7** stagec 데이터 random forest 프로그램과 주요 결과

```
# 라이브러리 로딩
install.packages("randomForest")
library(randomForest)
library(rpart)
# 데이터 로딩
data(stagec)
# 유세포 분석(flow cytometry)의 예후 가치를 탐구하는 연구에서 나온 C기 전립선암 환자 146명
# train/test split
stagec1 <- stagec[complete.cases(stagec),]
set.seed(1234)
ind <- sample(2, nrow(stagec1), replace = TRUE, prob = c(0.7,0.3))
trainData <- stagec1[ind==1,]    # n = 102
testData <- stagec1[ind==2,]     # n = 32
# randomforest for traindata
rf.train <- randomForest(ploidy~., data=trainData, ntree=100, proximity=TRUE)
```

```
# confusion_matrix
tb.randomforest<-table(predict(rf.train),trainData$ploidy)
tb.randomforest
# 정오분류표
Accuracy.randomforest <- (sum(diag(tb.randomforest)/sum(tb.randomforest)))
Accuracy.randomforest
# randomforest for test data
rf.pred <- predict(rf.train, newdata = testData)
table(rf.pred, testData$ploidy)
# margin 값
x11()
plot(margin(rf.train))
importance(rf.train)  # 변수 중요도
```

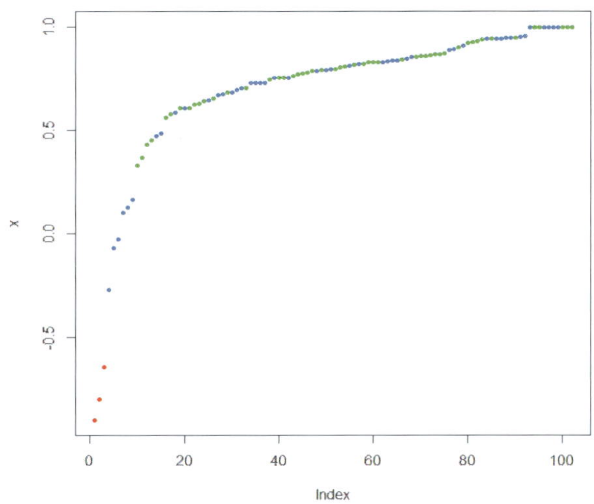


**그림 7.10** plot(margin(rf.train)) 결과

# 4. Stacking

Stacking은 다양한 통계 모델의 결과를 결합하기 위해 모델을 훈련시키는 앙상블 기술이며, 다양한 설정에서 예측 성능을 향상시키는 것으로 나타났다. Stacking의 첫 번째 단계는 사용 가능한 데이터 세트에서 모델을 training하는 것이고, 두 번째로 각 모델의 예측은 함께 쌓여 예측을 계산하기 위한 Meta data를 만드는 것이다. Meta data는 교차검증

을 통해 훈련된다.

이번 절은 유두암(Breast Cancer) 데이터의 분류와 보스턴 주택가격(bostonHousing) 예측의 2가지 문제를 4가지 모형(Gradient Boost(GB), Random Forest(RF), Logistic Regression(LR), stacked 모델)으로 비교하여, stacking의 정확도, 예측력 측면에서 상대적 우수성을 보이고자 한다. 이를 수행하기 위해 ensemble 모형을 구현할 수 있는 h2o R 패키지[5]를 설치한다. h2o 패키지는 Generalized Linear Models(GLM), Gradient Boosting Machines(including XGBoost), Random Forests, Deep Neural Networks(Deep Learning), Stacked Ensembles, Naive Bayes, Generalized Additive Models(GAM), ANOVA GLM, Cox Proportional Hazards, KMeans, PCA, ModelSelection과 같은 많은 지도 및 비지도 기계학습 알고리즘의 병렬 구현을 제공하는 확장 가능한 오픈소스 기계학습 플랫폼인 'h2o'용 R 인터페이스이다.

먼저 분류 문제를 살펴보자. 분석자료는 Diagnostic Wisconsin Breast Cancer Database의 537명의 breast cancer[6] 자료이다. 환자명, 진단상태와 각 세포핵에 대해 10개의 실제값 특징이 계산자료에 포함된 변수는 <표 7.8>과 같다.

**표 7.8** Breast Cancer 자료 변수 설명

1) 환자식별코드(ID number)
2) 진단(Diagnosis) (M = 악성종양(malignant), B = 양성종양(benign)
- Ten real-valued features are computed for each cell nucleus:
    a) radius (mean of distances from center to points on the perimeter)
    b) texture (standard deviation of gray-scale values)
    c) perimeter
    d) area
    e) smoothness (local variation in radius lengths)
    f) compactness (perimeter^2 / area - 1.0)
    g) concavity (severity of concave portions of the contour)
    h) concave points (number of concave portions of the contour)
    i) symmetry
    j) fractal dimension ("coastline approximation" - 1)

---

5 https://cran.r-project.org/web/packages/h2o/h2o.pdf
6 https://archive.ics.uci.edu/dataset/17/breast+cancer+wisconsin+diagnostic

전 세계적으로 유방암(Breast Cancer)은 여성에게 가장 흔한 침습성(invasive) 암이다. 전 세계 여성 7명 중 1명(14%)에게 영향을 미치고, 2008년에 유방암으로 인해 458,503명이 사망했다. 유방암의 발병률은 매우 다양하며, 개발도상국에서 가장 낮고 선진국에서 가장 높다. 1970년대 이후 전 세계적으로 사례 수가 크게 증가했는데, 이는 부분적으로 현대적인 생활 방식에 기인한 현상이다. 그리고 유방암은 나이와 밀접한 관련이 있으며 전체 유방암의 5%만이 40세 미만 여성에게서 발병한다. 유방암은 주로 여성에게 영향을 미치는 가장 심각하고 흔한 생식암 중 하나이다. 유방 종양(Breast tumor)은 유방 조직의 비정상적 성장으로 덩어리나 유두 분비물, 유두 주변 피부 질감의 변화 등으로 느껴질 수 있다. 암은 통제할 수 없게 분열하고 다른 조직을 침범할 수 있는 비정상적인 세포이고, 암세포는 혈액과 림프계를 통해 신체의 다른 부위로 퍼지는 능력이 있다. 이는 지난 50년 동안 주요 건강 문제가 되었으며 최근 몇 년간 발병률이 증가했다.

이에 첨단 기술, 의학 및 건강 시스템을 갖춘 오늘날의 세계에서는 암 발견 및 진단의 급속한 성장이 가속화되고 있다. 그리고 지역 사회에서 새로운 암 사례를 적절하게 감소시키기 위해 수많은 암 예방, 발견 및 진단 접근법이 시행되었다. 채택된 기술 중 인공지능(AI)과 머신러닝(ML)은 인간의 기대를 뛰어넘는 암 탐지 및 예측을 상당히 놀랍게 지원하고 있다.

학습데이터를 훈련(60%)과 검증(40%)데이터로 분할하고, 5-fold 교차검증을 사용하여 Gradient Boost(GB), Random Forest(RF), Logistic Regression(LR)과 같은 3가지 기본 모델을 실행한다. 여기서 Random Forest를 적용하여 3가지 기본 모델을 stacking하고 훈련한다. 'perf'는 교차검증에서 얻은 3개 모델의 예측값이며, 각 3개 모델과 Stacked 모델을 정확도(Accuracy), $MSE$, $GINI$, $AUC$[7] 지표의 관점에서 비교한다.

정확도 지표는 후보 모델 모두 동일하지만 stacked 모델은 분류가 명확히 된 것을 알 수 있으며, $AUC$를 제외하고는 모든 평가지표에서 Stacked 모델이 우수함을 알 수 있다.

7 불순도 계수 $GINI$는 작으면 순수한 것으로 집단분류가 잘되어 있는 것을 의미한다. $AUC$(Area Under the Curve)는 $ROC$(Receiver Operator Characteristic) 곡선의 면적이다. $ROC$ 커브는 클래스 판별 기준값의 변화에 따른 특이도와 민감도의 변화를 시각화한 것이다.

**표 7.9** 분류 결과 평가지표와 혼동행렬

| | Gradient Boost (GB) | Random Forest (RF) | Logistic Regression (LR) | Stacked Model |
|---|---|---|---|---|
| *MSE* | 0.034 | 0.036 | 0.052 | 0.039 |
| *GINI* | 0.988 | 0.987 | 0.985 | 0.988 |
| *AUC* | 0.993 | 0.993 | 0.992 | 0.994 |

| GB | B | M |
|---|---|---|
| B | 78 | 2 |
| M | 1 | 62 |

정확도=97.9
(78+62)/143

| RF | B | M |
|---|---|---|
| B | 79 | 1 |
| M | 3 | 60 |

정확도=97.2
(79+60)/143

| LR | B | M |
|---|---|---|
| B | 79 | 1 |
| M | 2 | 61 |

정확도=97.9
(79+61)/143

| Stacked | B | M |
|---|---|---|
| B | 80 | 0 |
| M | 3 | 60 |

정확도=97.9
(80+60)/143

**표 7.10** 유두암 분류 R 프로그램

```
library(tidyverse)
library(h2o)
bc<-read.csv("C:/Users/User/Desktop/stacking/breast_cancer.csv",
stringsAsFactors = TRUE)
# remove the id_number from the features
bc<-bc%>%select(-id_number)
# Split the data frame into Train and Test dataset
## 75% of the sample size
sample_size <- floor(0.65 * nrow(bc))
## set the seed to make your partition reproducible
set.seed(5)
train_ind <- sample(seq_len(nrow(bc)), size = sample_size)
train_bc <- bc[train_ind, ]
test_bc <- bc[-train_ind, ]
# initialize the h2o
h2o.init()
# create the train and test h2o data frames
train_bc_h2o<-as.h2o(train_bc)
test_bc_h2o<-as.h2o(test_bc)
# Identify predictors and response
y <- "diagnosis"
x <- setdiff(names(train_bc_h2o), y)
# Number of CV folds (to generate level-one data for stacking)
nfolds <- 5
# 1. Generate a 3-model ensemble (GBM + RF + Logistic)
# Train & Cross-validate a GBM
```

```
breast.c_gbm <- h2o.gbm(x = x,
                        y = y,
                        training_frame = train_bc_h2o,
                        nfolds = nfolds,
                        keep_cross_validation_predictions = TRUE,
                        seed = 5)
# Train & Cross-validate a RF
breast.c_rf <- h2o.randomForest(x = x,
                                y = y,
                                training_frame = train_bc_h2o,
                                nfolds = nfolds,
                                keep_cross_validation_predictions = TRUE,
                                seed = 5)
# Train & Cross-validate a LR
breast.c_lr <- h2o.glm(x = x,
                       y = y,
                       training_frame = train_bc_h2o,
                       family = c("binomial"),
                       nfolds = nfolds,
                       keep_cross_validation_predictions = TRUE,
                       seed = 5)
# Train a stacked random forest ensemble using the GBM, RF and LR above
ensemble <- h2o.stackedEnsemble(x = x,
                                y = y,
                                metalearner_algorithm="drf",
                                training_frame = train_bc_h2o,
                                base_models = list(breast.c_gbm, breast.c_rf, breast.c_lr))
# Eval ensemble performance on a test set
perf <- h2o.performance(ensemble, newdata = test_bc_h2o)
# Compare to base learner performance on the test set
perf_gbm_test <- h2o.performance(breast.c_gbm, newdata = test_bc_h2o)
perf_rf_test <- h2o.performance(breast.c_rf, newdata = test_bc_h2o)
perf_lr_test <- h2o.performance(breast.c_lr, newdata = test_bc_h2o)
```

다음으로 예측 문제를 살펴보자. 실습 예제는 보스턴 주택가격(bostonHousing)[8] 자료

8 Boston Housing Dataset은 기계학습 및 데이터과학에 사용되는 인기 있는 데이터 세트이다. 여기에는 Boston Mass 지역의 주택가격(medv)에 관해 미국 인구 조사국에서 수집한 13개 변수 정보가 포함되어 있습니다. medv(소유자가 거주하는 주택의 중간 가치)에 영향을 미치는 13개 설명변수는 crim(범죄율), rm(주택당 평균 방 수), dis(직업센터까지 접근성 지수), tax(재산세율) 등과 같다.

이다. 이 자료는 1970년 중반 보스턴 외곽 지역의 506개의 관측치에 대해 범죄율, 방 개수, 지방세율 등 총 14개 변수(표 7.11)로 구성되어 있다. 이 자료를 통해 보스턴 주택가격의 동향을 살펴보자.

**표 7.11** 보스턴 주택가격 자료 변수 설명

| 변수 | 설명 |
|---|---|
| crim | 자치시(town)별 1인당 범죄율 |
| zn | 25,000 평방피트를 초과하는 거주지역의 비율 |
| indus | 비소매 상업지역이 점유하고 있는 토지의 비율 |
| chas | 찰스강에 대한 더미변수(강의 경계에 있는 경우는 1, 아니면 0) |
| nox | 10 ppm당 농축 일산화질소 |
| rm | 주택 1가구당 평균 방의 개수 |
| age | 1940년 이전에 건축된 소유주택의 비율 |
| dis | 5개의 보스턴 직업센터까지의 접근성 지수 |
| rad | 방사형 도로까지의 접근성 지수 |
| tax | 10,000달러당 재산세율 |
| ptratio | 자치시(town)별 학생/교사 비율 |
| black | 1000(Bk-0.63), 여기서 Bk는 자치시별 흑인의 비율을 말함 |
| lstat | 모집단의 하위계층 비율(%) |
| medv | 본인 소유의 주택가격(중앙값)(단위: $1,000) |

이 예에서는 Boston Housing Dataset를 사용하고 GBM, 랜덤포레스트 및 회귀의 세 가지 모델을 stacking한다. 최종모델은 자체 교육을 위해 세 가지 기본 모델의 예측을 사용하는 stack model이다. <표 7.12>는 Boston Housing의 R 프로그램이다.

**표 7.12** Boston Housing의 R 프로그램

```
library(MASS)
data(Boston)
### Split data
set.seed(1234)
row_train <- sample(1:nrow(Boston), 303)  # 60%
train <- Boston[row_train,]
test <- Boston[-row_train,]
# initialize the h2o
h2o.init()
```

```
# create the train and test h2o data frames
train_BH_h2o<-as.h2o(train)
test_BH_h2o<-as.h2o(test)
# Identify predictors and response
y <- "medv"
x <- setdiff(names(train_BH_h2o), y)
# Number of CV folds (to generate level-one data for stacking)
nfolds <- 5
# 1. Generate a 3-model ensemble (GBM + RF + Logistic)
# Train & Cross-validate a GBM
BH_gbm <- h2o.gbm(x = x,
                  y = y,
                  training_frame = train_BH_h2o,
                  nfolds = nfolds,
                  keep_cross_validation_predictions = TRUE,
                  seed = 5)
# Train & Cross-validate a RF
BH_rf <- h2o.randomForest(x = x,
                          y = y,
                          training_frame = train_BH_h2o,
                          nfolds = nfolds,
                          keep_cross_validation_predictions = TRUE,
                          seed = 5)
# Train & Cross-validate a LR
BH_lr <- h2o.glm(x = x,
                 y = y,
                 training_frame = train_BH_h2o,
                 family = c("AUTO"),
                 nfolds = nfolds,
                 keep_cross_validation_predictions = TRUE,
                 seed = 5)
# Train a stacked random forest ensemble using the GBM, RF and LR above
ensemble <- h2o.stackedEnsemble(x = x,
                                y = y,
                                metalearner_algorithm="drf",
                                training_frame = train_BH_h2o,
                                base_models = list(BH_gbm, BH_rf, BH_lr))
# Eval ensemble performance on a test set
perf <- h2o.performance(ensemble, newdata = test_BH_h2o)
# Compare to base learner performance on the test set
perf_gbm_test <- h2o.performance(BH_gbm, newdata = test_BH_h2o)
perf_rf_test <- h2o.performance(BH_rf, newdata = test_BH_h2o)
perf_lr_test <- h2o.performance(BH_lr, newdata = test_BH_h2o)
```

학습데이터를 훈련(60%)과 검증(40%)데이터로 분할하고, 5-fold 교차검증을 사용하여 Gradient Boost(GB), Random Forest(RF), Logistic Regression(LR)과 같은 3가지 기본 모델을 실행한다. 여기서 Random Forest를 적용하여 3가지 기본 모델을 stacking하고 훈련한다. 'perf'는 교차검증에서 얻은 3개 모델의 예측값이며, 각 3개 모델과 Stacked 모델은 종속변수(medv)가 연속형이므로 $MSE$, $MAE$, $RMSLE$과 같은 지표로 비교한다.

비교 결과(표 7.13), 3개의 평가지표 관점에서 상대적으로 낮은 값을 나타낸 stacked 모델이 우수한 모델임을 알 수 있다.

**표 7.13** 보스턴 주택가격 예측 결과 평가지표

| | Gradient Boost (GB) | Random Forest (RF) | Logistic Regression (LR) | Stacked Model |
|---|---|---|---|---|
| $MSE$ | 10.194 | 12.971 | 27.609 | 9.191 |
| $MAE$ | 2.209 | 2.364 | 3.403 | 2.125 |
| $RMSLE$ | 0.128 | 0.134 | 0.238 | 0.127 |

지금까지 분류, 예측 문제에 대해 4가지 모델을 비교하였다. 비교 결과 2가지 사례에서 알 수 있듯이 Stacked 모델이 상대적으로 우수함을 알 수 있다. 따라서 다양한 모델을 테스트할 때마다 Stacked Ensemble Models를 시도해 볼 가치가 있다.

# 참고문헌

## 1장


- 박성현 (2010), 데이터기술, 한국품질경영학회. 38(3), 294~304.
- 박성현, 오진호, 권순선 (2021), 데이터사이언스 매력, 자유아카데미.
- 박성현, 오진호, 권순선 (2022), (개정판) 데이터사이언스 매력, 자유아카데미.
- 오진호 (2022), 기초통계학과 데이터사이언스, 자유아카데미.
- 질병관리청 (2017), 국민건강영향조사.
- Bryson, S., Kenwright, D., Cox, M., Ellsworth, D. & Haimes, R. (1999); Visually Exploring Gigabyte Data Sets in Real Time, Communications of the ACM, Vol. 42, No. 8, pp. 82-90.
- Cisco (2016), Internet of Things at a Glance, White Paper, Cisco, https://www.cisco.com/c/dam/en/us/producs/collateral/se/internet-of-things/at-a-glance-c45-731471.pdf.
- Kurzweil, Ray (2005), The singularity is near: When humans transcend biology, Penguin Books, One of amazon.com's Best Science Books of 2005.
- McKinsey Global Institute (2011), Big data: The next frontier for innovation, competition, and productivity, McKinsey & Company.
- Naur, P. (1974), Concise Survey of Computer Methods, Studentlitteratur, Lund, p.397, Sweden.
- O'Neil, Cathy and Schutt, Rachel (2013), Doing Data Science, O'Reilly Media, Inc., USA.

- O'Reilly, Tim. (2007), What Is Web 2.0? Design Patterns and Business Models for the Next Generation of Software, Communications & Strategies, No. 1, p. 17-37, First Quarter 2007, O'Reilly Media.
- Sung H. Park (2003), Data Technology and Knowledge-based Six Sigma, Asian Journal on Quality, vol 4(1). 40-45.
- Tukey, John W. (1962), The future of data analysis, The Annals of Mathematical Statistics, Vol. 33, No. 1, p. 1-67, published by the Institute of Mathematical Statistics.
- Tukey, John W. (1977), Exploratory Data Analysis, Addison-Wesley, Reading, Pennsylvania, USA.

### 인터넷사이트

- 소아청소년성장도표; https://knhanes.kdca.go.kr/knhanes/sub08/sub08_02.do
- https://ko.wikipedia.org/wiki/Garbage_in,_garbage_out
- https://chat.openai.com
- http://ncov.mohw.go.kr/bdBoardList_Real.do
- ORI; https://www.oriresults.com/who-we-are/#our-story
- https://www.rayshader.com
- Cauchy-Lorentz; https://www.explainxkcd.com/wiki/index.php /2048:_Curve-Fitting

## 2장

- 오진호 (2022), 기초통계학과 데이터사이언스, 자유아카데미.
- 클라우스 웰케 (2020).「데이터 시각화 교과서」.
- Bergstrom, C. T., and J. West. (2016), "The Principle of Proportional Ink.".
- http://callingbullshit.org/tools/tools_proportional_ink.html.

### 인터넷사이트

- 한국거래소 정보데이터시스템; http://data.krx.co.kr/contents/MDC/MAIN/main/index.cmd

- 워드클라우드 생성기 3.7; https://wordcloud.kr
- 게티즈버그 연설; https://ko.wikisource.org/wiki/게티즈버그_연설
- 구글 페이지랭크; https://ko.wikipedia.org/wiki/페이지랭크
- https://clauswilke.com/dataviz/proportional-ink.html#ref-BergstromWest2016
- https://www.finereport.com/kr/5-most-common-mistakes-in-data-visualization
- https://ko.wikipedia.org/wiki/RMS_타이타닉


## 3장


- 노맹석 외 5인 (2016), 기초통계학, 자유아카데미.
- 오진호 (2022), 기초통계학과 데이터사이언스, 자유아카데미.


### 인터넷사이트


- https://cran.r-project.org/bin/windows/base/


## 4장


- 김우철 (2021), 수리통계학(개정판), 민영사.
- 박성현 (2007), 회귀분석 제3판, 민영사.
- 박진수 (2019), R로 배우는 텍스트 마이닝(번역본), Jpub.
- 장영재, 손원, 황희진 (2020), 비정형 데이터 분석, KNOU Press.
- 오진호 (2022), 기초통계학과 데이터사이언스, 자유아카데미.
- Eisenstein, J. (2019). Introduction to Natural Language Processing, MIT Press.
- Julia Silge and David Robinson. (2017), Text Mining with R. O'Reilly.
- Webster and Kit (1992), Tokenization as the initial phase in NLP, in COLING 1992, vol. 4: The 15th International Conference on Computational Linguistics, USA.
- Weiss, S.M. Indurkhya, N., Zhang, T., & Damerau, F. (2010), Text mining: predictive method for analyzing unstructured information, Springer Science&Business Media.

## 인터넷사이트

- KESS(Korean Educational Statistics Software); http://147.46.90.249/time/kess_main.html
- https://mdis.kostat.go.kr/analysis/dataAnalysisToolDetail.do?toolMstrID=2

# 5장

- 임동훈 (2015), R을 이용한 빅데이터 분석, 자유아카데미.
- 장연지 외 5인 (2021), 감정 어휘 사전을 활용한 영화 리뷰 말뭉치 감정 분석, 33회 한글 및 한국어 정보처리 학술대회.
  http://www.koreascience.or.kr/article/CFKO202130060726836.pdf.
- Bing Liu (2012), Sentiment Analysis and Opinion Mining(Introduction and Survey), Morgan and Claypool Publishers.
- Bing Liu (2015), Sentiment Analysis: mining opinions, sentiments, and emotions, Cambridge University Press.

## 인터넷사이트

- https://github.com/aesuli/SentiWordNet
- https://www.cs.uic.edu/~liub/FBS/sentiment-analysis.html
- https://www.cs.uic.edu/~liub/FBS/sentiment-analysis.html#lexicon
- http://word.snu.ac.kr/kosac/index.php
- http://dicora.hufs.ac.kr
- 온병원, 박상민, 나철원. 군산대학교 소프트웨어융합공학과 Data Intelligence Lab; http://dilab.kunsan.ac.kr
- http://search.naver.com/search.naver?where=nexearch&sm=tab_etc&mra=bkEw&pkid=68&os=28565042&qvt=0&query=%EC%98%A4%ED%8E%9C%ED%95%98%EC%9D%B4%EB%A8%B8%20%ED%8F%89%EC%A0%90
- https://www.makeuseof.com/use-microsoft-excel-for-sentiment-analysis

- https://www.facebook.com/EngineeringML/videos/2353902668195026
- https://www.r-bloggers.com/2021/04/social-network-analysis-in-r
- https://github.com/finnstats/finnstats
- https://www.dimiter.eu/Visualizations.html
- http://www.dimiter.eu/Data_files/edgesdata3.txt


## 6장


- 박성현 (2007), 회귀분석 제3판, 민영사.


### 인터넷사이트


- http://lib.stat.cmu.edu/datasets/bodyfat


## 7장


- 박성현, 오진호, 권순선 (2022), 데이터사이언스 매력 제2판, 자유아카데미.
- David H. Wolpert (1992), 'Stacked generalization', Neural Networks, Vol.5, Issue 2, 241-259. https://www.sciencedirect.com/science/article/abs/pii/S0893608005800231
- Esteban A., Matias G. and Noelia G. (2013), "adabag: An R Package for Classification with Boosting and Bagging", Journal of Statistical Software, Vol 54(2), 1-35.


### 인터넷사이트


- https://www.researchgate.net/figure/Ten-fold-cross-validation-diagram-The-dataset-was-divided-into-ten-parts-and-nine-of_fig1_32646500
- github.com/adioshun/gitBook_Machinelearning/blob/master/ensemble/kb12d63c-c131-baa8-b378-c559-c0c1-be14.md
- https://towardsdatascience.com/ensemble-learning-bagging-boosting-3098079e5422
- https://cran.r-project.org/web/packages/h2o/h2o.pdf
- https://archive.ics.uci.edu/dataset/17/breast+cancer+wisconsin+diagnostic
- https://github.com/selva86/datasets/blob/master/BostonHousing.csv

# 부 록

## 표준정규분포표

(※ 이 표는 $z$가 -3.5부터 $P(Z \leq z)$까지의 면적(확률)을 보여준다.)

| | 0.00 | 0.01 | 0.02 | 0.03 | 0.04 | 0.05 | 0.06 | 0.07 | 0.08 | 0.09 |
|---|---|---|---|---|---|---|---|---|---|---|
| −3.5 | 0.0002 | 0.0002 | 0.0002 | 0.0002 | 0.0002 | 0.0002 | 0.0002 | 0.0002 | 0.0002 | 0.0002 |
| −3.4 | 0.0003 | 0.0003 | 0.0003 | 0.0003 | 0.0003 | 0.0003 | 0.0003 | 0.0003 | 0.0003 | 0.0002 |
| −3.3 | 0.0005 | 0.0005 | 0.0005 | 0.0004 | 0.0004 | 0.0004 | 0.0004 | 0.0004 | 0.0004 | 0.0003 |
| −3.2 | 0.0007 | 0.0007 | 0.0006 | 0.0006 | 0.0006 | 0.0006 | 0.0006 | 0.0005 | 0.0005 | 0.0005 |
| −3.1 | 0.0010 | 0.0009 | 0.0009 | 0.0009 | 0.0008 | 0.0008 | 0.0008 | 0.0008 | 0.0007 | 0.0007 |
| −3.0 | 0.0013 | 0.0013 | 0.0013 | 0.0012 | 0.0012 | 0.0011 | 0.0011 | 0.0011 | 0.0010 | 0.0010 |
| −2.9 | 0.0019 | 0.0018 | 0.0018 | 0.0017 | 0.0016 | 0.0016 | 0.0015 | 0.0015 | 0.0014 | 0.0014 |
| −2.8 | 0.0026 | 0.0025 | 0.0024 | 0.0023 | 0.0023 | 0.0022 | 0.0021 | 0.0021 | 0.0020 | 0.0019 |
| −2.7 | 0.0035 | 0.0034 | 0.0033 | 0.0032 | 0.0031 | 0.0030 | 0.0029 | 0.0028 | 0.0027 | 0.0026 |
| −2.6 | 0.0047 | 0.0045 | 0.0044 | 0.0043 | 0.0041 | 0.0040 | 0.0039 | 0.0038 | 0.0037 | 0.0036 |
| −2.5 | 0.0062 | 0.0060 | 0.0059 | 0.0057 | 0.0055 | 0.0054 | 0.0052 | 0.0051 | 0.0049 | 0.0048 |
| −2.4 | 0.0082 | 0.0080 | 0.0078 | 0.0075 | 0.0073 | 0.0071 | 0.0069 | 0.0068 | 0.0066 | 0.0064 |
| −2.3 | 0.0107 | 0.0104 | 0.0102 | 0.0099 | 0.0096 | 0.0094 | 0.0091 | 0.0089 | 0.0087 | 0.0084 |
| −2.2 | 0.0139 | 0.0136 | 0.0132 | 0.0129 | 0.0125 | 0.0122 | 0.0119 | 0.0116 | 0.0113 | 0.0110 |
| −2.1 | 0.0179 | 0.0174 | 0.0170 | 0.0166 | 0.0162 | 0.0158 | 0.0154 | 0.0150 | 0.0146 | 0.0143 |
| −2.0 | 0.0228 | 0.0222 | 0.0217 | 0.0212 | 0.0207 | 0.0202 | 0.0197 | 0.0192 | 0.0188 | 0.0183 |
| −1.9 | 0.0287 | 0.0281 | 0.0274 | 0.0268 | 0.0262 | 0.0256 | 0.0250 | 0.0244 | 0.0239 | 0.0233 |
| −1.8 | 0.0359 | 0.0351 | 0.0344 | 0.0336 | 0.0329 | 0.0322 | 0.0314 | 0.0307 | 0.0301 | 0.0294 |
| −1.7 | 0.0446 | 0.0436 | 0.0427 | 0.0418 | 0.0409 | 0.0401 | 0.0392 | 0.0384 | 0.0375 | 0.0367 |
| −1.6 | 0.0548 | 0.0537 | 0.0526 | 0.0516 | 0.0505 | 0.0495 | 0.0485 | 0.0475 | 0.0465 | 0.0455 |
| −1.5 | 0.0668 | 0.0655 | 0.0643 | 0.0630 | 0.0618 | 0.0606 | 0.0594 | 0.0582 | 0.0571 | 0.0559 |
| −1.4 | 0.0808 | 0.0793 | 0.0778 | 0.0764 | 0.0749 | 0.0735 | 0.0721 | 0.0708 | 0.0694 | 0.0681 |
| −1.3 | 0.0968 | 0.0951 | 0.0934 | 0.0918 | 0.0901 | 0.0885 | 0.0869 | 0.0853 | 0.0838 | 0.0823 |
| −1.2 | 0.1151 | 0.1131 | 0.1112 | 0.1093 | 0.1075 | 0.1056 | 0.1038 | 0.1020 | 0.1003 | 0.0985 |
| −1.1 | 0.1357 | 0.1335 | 0.1314 | 0.1292 | 0.1271 | 0.1251 | 0.1230 | 0.1210 | 0.1190 | 0.1170 |
| −1.0 | 0.1587 | 0.1562 | 0.1539 | 0.1515 | 0.1492 | 0.1469 | 0.1446 | 0.1423 | 0.1401 | 0.1379 |
| −0.9 | 0.1841 | 0.1814 | 0.1788 | 0.1762 | 0.1736 | 0.1711 | 0.1685 | 0.1660 | 0.1635 | 0.1611 |
| −0.8 | 0.2119 | 0.2090 | 0.2061 | 0.2033 | 0.2005 | 0.1977 | 0.1949 | 0.1922 | 0.1894 | 0.1867 |

| | 0.00 | 0.01 | 0.02 | 0.03 | 0.04 | 0.05 | 0.06 | 0.07 | 0.08 | 0.09 |
|---|---|---|---|---|---|---|---|---|---|---|
| −0.7 | 0.2420 | 0.2389 | 0.2358 | 0.2327 | 0.2296 | 0.2266 | 0.2236 | 0.2206 | 0.2177 | 0.2148 |
| −0.6 | 0.2743 | 0.2709 | 0.2676 | 0.2643 | 0.2611 | 0.2578 | 0.2546 | 0.2514 | 0.2483 | 0.2451 |
| −0.5 | 0.3085 | 0.3050 | 0.3015 | 0.2981 | 0.2946 | 0.2912 | 0.2877 | 0.2843 | 0.2810 | 0.2776 |
| −0.4 | 0.3446 | 0.3409 | 0.3372 | 0.3336 | 0.3300 | 0.3264 | 0.3228 | 0.3192 | 0.3156 | 0.3121 |
| −0.3 | 0.3821 | 0.3783 | 0.3745 | 0.3707 | 0.3669 | 0.3632 | 0.3594 | 0.3557 | 0.3520 | 0.3483 |
| −0.2 | 0.4207 | 0.4168 | 0.4129 | 0.4090 | 0.4052 | 0.4013 | 0.3974 | 0.3936 | 0.3897 | 0.3859 |
| −0.1 | 0.4602 | 0.4562 | 0.4522 | 0.4483 | 0.4443 | 0.4404 | 0.4364 | 0.4325 | 0.4286 | 0.4247 |
| −0.0 | 0.5000 | 0.4960 | 0.4920 | 0.4880 | 0.4840 | 0.4801 | 0.4761 | 0.4721 | 0.4681 | 0.4641 |
| 0.0 | 0.5000 | 0.5040 | 0.5080 | 0.5120 | 0.5160 | 0.5199 | 0.5239 | 0.5279 | 0.5319 | 0.5359 |
| 0.1 | 0.5398 | 0.5438 | 0.5478 | 0.5517 | 0.5557 | 0.5596 | 0.5636 | 0.5675 | 0.5714 | 0.5753 |
| 0.2 | 0.5793 | 0.5832 | 0.5871 | 0.5910 | 0.5948 | 0.5987 | 0.6026 | 0.6064 | 0.6103 | 0.6141 |
| 0.3 | 0.6179 | 0.6217 | 0.6255 | 0.6293 | 0.6331 | 0.6368 | 0.6406 | 0.6443 | 0.6480 | 0.6517 |
| 0.4 | 0.6554 | 0.6591 | 0.6628 | 0.6664 | 0.6700 | 0.6736 | 0.6772 | 0.6808 | 0.6844 | 0.6879 |
| 0.5 | 0.6915 | 0.6950 | 0.6985 | 0.7019 | 0.7054 | 0.7088 | 0.7123 | 0.7157 | 0.7190 | 0.7224 |
| 0.6 | 0.7257 | 0.7291 | 0.7324 | 0.7357 | 0.7389 | 0.7422 | 0.7454 | 0.7486 | 0.7517 | 0.7549 |
| 0.7 | 0.7580 | 0.7611 | 0.7642 | 0.7673 | 0.7704 | 0.7734 | 0.7764 | 0.7794 | 0.7823 | 0.7852 |
| 0.8 | 0.7881 | 0.7910 | 0.7939 | 0.7967 | 0.7995 | 0.8023 | 0.8051 | 0.8078 | 0.8106 | 0.8133 |
| 0.9 | 0.8159 | 0.8186 | 0.8212 | 0.8238 | 0.8264 | 0.8289 | 0.8315 | 0.8340 | 0.8365 | 0.8389 |
| 1.0 | 0.8413 | 0.8438 | 0.8461 | 0.8485 | 0.8508 | 0.8531 | 0.8554 | 0.8577 | 0.8599 | 0.8621 |
| 1.1 | 0.8643 | 0.8665 | 0.8686 | 0.8708 | 0.8729 | 0.8749 | 0.8770 | 0.8790 | 0.8810 | 0.8830 |
| 1.2 | 0.8849 | 0.8869 | 0.8888 | 0.8907 | 0.8925 | 0.8944 | 0.8962 | 0.8980 | 0.8997 | 0.9015 |
| 1.3 | 0.9032 | 0.9049 | 0.9066 | 0.9082 | 0.9099 | 0.9115 | 0.9131 | 0.9147 | 0.9162 | 0.9177 |
| 1.4 | 0.9192 | 0.9207 | 0.9222 | 0.9236 | 0.9251 | 0.9265 | 0.9279 | 0.9292 | 0.9306 | 0.9319 |
| 1.5 | 0.9332 | 0.9345 | 0.9357 | 0.9370 | 0.9382 | 0.9394 | 0.9406 | 0.9418 | 0.9429 | 0.9441 |
| 1.6 | 0.9452 | 0.9463 | 0.9474 | 0.9484 | 0.9495 | 0.9505 | 0.9515 | 0.9525 | 0.9535 | 0.9545 |
| 1.7 | 0.9554 | 0.9564 | 0.9573 | 0.9582 | 0.9591 | 0.9599 | 0.9608 | 0.9616 | 0.9625 | 0.9633 |
| 1.8 | 0.9641 | 0.9649 | 0.9656 | 0.9664 | 0.9671 | 0.9678 | 0.9686 | 0.9693 | 0.9699 | 0.9706 |
| 1.9 | 0.9713 | 0.9719 | 0.9726 | 0.9732 | 0.9738 | 0.9744 | 0.9750 | 0.9756 | 0.9761 | 0.9767 |
| 2.0 | 0.9772 | 0.9778 | 0.9783 | 0.9788 | 0.9793 | 0.9798 | 0.9803 | 0.9808 | 0.9812 | 0.9817 |
| 2.1 | 0.9821 | 0.9826 | 0.9830 | 0.9834 | 0.9838 | 0.9842 | 0.9846 | 0.9850 | 0.9854 | 0.9857 |
| 2.2 | 0.9861 | 0.9864 | 0.9868 | 0.9871 | 0.9875 | 0.9878 | 0.9881 | 0.9884 | 0.9887 | 0.9890 |
| 2.3 | 0.9893 | 0.9896 | 0.9898 | 0.9901 | 0.9904 | 0.9906 | 0.9909 | 0.9911 | 0.9913 | 0.9916 |
| 2.4 | 0.9918 | 0.9920 | 0.9922 | 0.9925 | 0.9927 | 0.9929 | 0.9931 | 0.9932 | 0.9934 | 0.9936 |
| 2.5 | 0.9938 | 0.9940 | 0.9941 | 0.9943 | 0.9945 | 0.9946 | 0.9948 | 0.9949 | 0.9951 | 0.9952 |
| 2.6 | 0.9953 | 0.9955 | 0.9956 | 0.9957 | 0.9959 | 0.9960 | 0.9961 | 0.9962 | 0.9963 | 0.9964 |
| 2.7 | 0.9965 | 0.9966 | 0.9967 | 0.9968 | 0.9969 | 0.9970 | 0.9971 | 0.9972 | 0.9973 | 0.9974 |
| 2.8 | 0.9974 | 0.9975 | 0.9976 | 0.9977 | 0.9977 | 0.9978 | 0.9979 | 0.9979 | 0.9980 | 0.9981 |
| 2.9 | 0.9981 | 0.9982 | 0.9982 | 0.9983 | 0.9984 | 0.9984 | 0.9985 | 0.9985 | 0.9986 | 0.9986 |
| 3.0 | 0.9987 | 0.9987 | 0.9987 | 0.9988 | 0.9988 | 0.9989 | 0.9989 | 0.9989 | 0.9990 | 0.9990 |
| 3.1 | 0.9990 | 0.9991 | 0.9991 | 0.9991 | 0.9992 | 0.9992 | 0.9992 | 0.9992 | 0.9993 | 0.9993 |
| 3.2 | 0.9993 | 0.9993 | 0.9994 | 0.9994 | 0.9994 | 0.9994 | 0.9994 | 0.9995 | 0.9995 | 0.9995 |
| 3.3 | 0.9995 | 0.9995 | 0.9995 | 0.9996 | 0.9996 | 0.9996 | 0.9996 | 0.9996 | 0.9996 | 0.9997 |
| 3.4 | 0.9997 | 0.9997 | 0.9997 | 0.9997 | 0.9997 | 0.9997 | 0.9997 | 0.9997 | 0.9997 | 0.9998 |
| 3.5 | 0.9998 | 0.9998 | 0.9998 | 0.9998 | 0.9998 | 0.9998 | 0.9998 | 0.9998 | 0.9998 | 0.9998 |

# 찾아보기


**숫자**

2가짓수 6

2차원 6

4차 산업혁명 34

3D 차트 74

**A**

AdaBoost 250

Artificial Intelligence 22

Azure Machine Learning 195

Akaike Information Criterion 222

**B**

Bagging 247

Big data 22

Big Blur 22

Bioinformatics 24

Bootsting 249

Bootstrap 247

**C**

ChatGPT 24

Cisco 24

**D**

Data 21

Data Science 22

Data technology 21

Deep Learning 22

**F**

Fact 21

**G**

Google 24

GPT 24

Gradient Boosting Machine 251

Gradient Descent 250

**H**

Hadoop 24

HTML 27

**I**

Information 21

IoT 24

K

KESS 172

Knowledge 21

L

Large Language Model 24

M

Machine Learning 22

Meta-model 253

N

Natural Language Model 39

O

OpenAI 24

Opinion Lexicon 189

P

Perceptual Distortion Index 70

Principle of Proportion Ink 72

$p-value$ 141

Q

QR 25

R

Random Forest 248

S

Semi Structured Data 25

Stacking 252

Statistics 21

Structured Data 25

T

$t$-분포 116

$t$-분포표 118

U

uncertainty 21

Unstructured Data 25

V

Value 23

Variety 23

Velocity 23

Veracity 23

Visualization 23

Volume 22

Voting 246

X

XGBoost 251

ㄱ

감성분석 41
감성어휘사전 188
감성지수 69
감성점수 188
꺾은선그래프 36
결정계수 162
검정데이터 243
검정통계량 125
결정적 모형 152
계급도수 55
계급수 55
계급폭 55
계층적 관계 53
고차원 6
교차검정 241
과소적합 240
과적합 240
공분산 147
교호작용 214
구간추정 111
귀무가설 125
군집화 7
관계형 데이터베이스 31
그래프이론 42
근접중심성 198
기각역 131
기능어 179
기댓값 89
기술통계학 3
기울기 152
기하평균 9

ㄴ

내용어 179
내포비율 81
능형회귀 7

ㄷ

다중공선성 214
다중선형회귀 212
다중선형회귀모형 212
단계별 선택법 220
단순선형관계 153
단순선형회귀모형 153
단순회귀분석 153
단어주머니 가설 41
단측검정 129
대립가설 125
데이터모델 43
데이터모델링 45
데이터 분할 242
도수 50
도수분포표 50
독립변수 153
등간척도 29

ㄹ

라소회귀 216
랜덤포레스트 216
리커트척도 29

ㅁ

막대그래프 36
매개중심성 198
명목척도 29
모든 가능한 회귀 218
모분산 15
모비율 103
모상관계수 150
모수 3
모집단 2
모집단분포 102
모평균 103
모표준편차 16
민감도 239
밀도 198

ㅂ

바코드 26
반정형 데이터 31
백분위수 17
베깅회귀 216
베르누이 시행 108
범위 14
범주형 30
변동 7
변동계수 19
변수선택기준 221
변수선택문제 214
변수제거법 219
변수증감법 220
변수추가법 220
병렬상자그림 60
분산 15
불용어 179
불확실성 2
비율척도 29
비율효과 72

ㅅ

사분위수 17
사분위수범위 17
산술평균 9
산포 14
상관계수 147
상대도수 59
상대도수밀도 80
상자그림 60
산점도 146
샘플링 5
서포터 벡터 머신 7
선형관계 146

선형결합 216
선형판별분석 7
소셜 네트워크 42
순위척도 29
수염 60
수정결정계수 221
시계열 6
시장조사 3
시행 86
신뢰구간 112
신뢰구간 폭 122
신뢰수준 112

ㅇ

앙상블 244
앙상블 모형 245
앙상블 알고리즘 245
양적 데이터 29
양측검정 129
액터 198
어간 추출 178
에러율 239
여론조사 2
연결정도중심성 198
연속확률변수 87
연속형 30
영향치 11
오른쪽 꼬리검정 129
오차의 한계 112
오차항 153
오차행렬 239
오피니언 마이닝 69
왼쪽 꼬리검정 129
워드 벡터 176
워드 클라우드 64
위치모수 95
울타리 61
원그래프 36
원형 복원 178
유의수준 128
유의확률 141
이산확률변수 87
이산형 30
이상치 11
이진형 30
이항분포 108
인과관계 150
인공지능평가 238
인식왜곡지수 70
인접값 60

ㅈ

잔차 159
잔차제곱합 159
재현율 239
적합회귀직선 158

전수조사 2
전진선택법 220
절사평균 11
절편 152
정규분포곡선 79
정규표현식 178
정규확률밀도곡선 95
정규확률밀도함수 95
정규확률분포 93
정렬 35
정밀성 8
정확도 239
정확성 8
정형 데이터 28
제1종 오류 127
제2종 오류 127
종속변수 153
주성분분석 7
줄기-잎-그림 59
중심성 198
중심극한정리 104
중앙값 12
조화평균 10
질적 데이터 29

ㅊ

차원축소 6
참양성 비율 239
참음성 비율 240
채택역 143
챗봇 176
척도 28
척도모수 95
점추정 111
최대값 12
최빈값 12
최소값 12
최적단순회귀모형 167
최적 모델링 223
최소제곱법 156
최적회귀모형 214
최적회귀방정식 214
추측통계학 3
추정회귀직선 158
축약 177
총제곱오차 221

ㅋ

콜봇 176

ㅌ

텍스트 데이터 40
텍스트마이닝 175
통계 2
통계 리터러시 46
통계량 3

통계법 2
통계적 가설검정 124
통계적 의미론 가설 41
통계적 추정 111
통계적 확률 86
통계학 2
토큰화 177
트리맵차트 53
특이값 60
특이도 240

ㅍ

평가데이터 243
편미분 157
편차 14
평균 9
평균제곱오차 160
표본 2
표본분산 15
표본분포 102
표본비율 103
표본비율분포 107
표본상관계수 150
표본오차 103
표본조사 2
표본표준편차 103
표본추출분포 104
표본통계량 102
표준정규분포 97
표준정규분포표 101
표준정규확률밀도함수 98
표준정규확률분포 98
표준화 98
표준편차 16
표본평균 103
표본평균분포 104

ㅎ

확률 86
확률밀도곡선 79
확률변수 87
확률분포 87
확률분포표 88
확률실험 87
확률적모형 152
회귀계수 152
혼동행렬 239
후진제거법 219
훈련데이터 243
히스토그램 56

R과 Excel을 활용한
# 데이터 모델링

저　　자　오진호
발 행 인　김지영
발 행 처　자유아카데미
주　　소　경기도 파주시 회동길 37-42
　　　　　파주출판도시
전　　화　031-955-1321
팩　　스　031-955-1322
홈페이지　www.freeaca.com
전자우편　main@freeaca.com (대표)
　　　　　editor@freeaca.com (편집)
　　　　　crm@freeaca.com (영업)
등　　록　제406-2003-017호, 1980. 7. 12
제1판1쇄　2024년 3월 2일 발행

저자와의
협의하에
인지생략


ISBN 979-11-5808-563-6 93000